昆明理工大学人才培养项目(KKSY201967001)
云南省教育厅科学技术研究项目(2019J042)

安全检测技术

主编 吴桂香 彭希珑 杨 溢

中国矿业大学出版社
· 徐州 ·

内 容 提 要

本书以系统安全理论、安全控制理论为基础，全面介绍了工作场所空气中的粉尘、有毒有害物质、工业噪声等的检测内容。具体包括：绪论、常用的分析仪器及原理、工作场所空气样品的采集、工作场所空气中粉尘的测定、工作场所空气中有毒有害物质的检测、空气中有毒有害气体的应急检测、工作场所的噪声检测、安全检测与监控系统等。

本书可作为安全工程、防灾与减灾、消防工程等专业的本科教学用书，也可供相关专业研究生参考使用。

图书在版编目(CIP)数据

安全检测技术 / 吴桂香，彭希珑，杨溢主编.—徐州：中国矿业大学出版社，2021.4

ISBN 978-7-5646-5015-5

Ⅰ.①安… Ⅱ.①吴… ②彭… ③杨… Ⅲ.①安全检测—技术 Ⅳ.①X924.2

中国版本图书馆 CIP 数据核字(2021)第 072172 号

书　　名 安全检测技术
主　　编 吴桂香　彭希珑　杨　溢
责任编辑 陈红梅
出版发行 中国矿业大学出版社有限责任公司
(江苏省徐州市解放南路　邮编 221008)
营销热线 (0516)83884103　83885105
出版服务 (0516)83995789　83884920
网　　址 http://www.cumtp.com　**E-mail**:cumtpvip@cumtp.com
印　　刷 江苏淮阴新华印务有限公司
开　　本 787 mm×1092 mm　1/16　**印张** 15.25　**字数** 390 千字
版次印次 2021 年 4 月第 1 版　2021 年 4 月第 1 次印刷
定　　价 45.00 元

前　言

在人民生活水平达到小康水平的今天，职业安全受到党和政府的高度重视。“安全第一，预防为主，综合治理”是我国的安全生产方针，也是进行安全管理工作的基本出发点。安全检测的主要任务是及时、准确地为安全管理的决策提供丰富、可靠的现场安全因素信息，为采取安全技术措施、预防伤害事故的发生提供数据支持。工作场所空气中的粉尘、有毒有害物质及工业噪声是工厂企业生产过程中危害从业人员健康的主要因素，也是以职业健康为主要目的的安全检测的重要检测对象。因此，安全工程专业有必要设置“安全检测技术”课程，并作为本科生的必修专业课程。

本书共分8章，主要包括：绪论、常用的分析仪器及原理、工作场所空气样品的采集、工作场所空气中粉尘的测定、工作场所空气中有毒有害物质的检测、空气中有毒有害气体的应急检测、工作场所的噪声检测、安全检测与监控系统等。为了使学生充分理解各种有毒有害物质的检测原理，本书专门介绍了常用定量分析仪器的测定原理和基本构成，同时对颗粒物，无机、有机气态物质及液态挥发性物质的常用检测方法及原理做了比较详细的叙述。本书注重理论与实践相结合，内容符合现行国家标准，力求增加新方法、新技术，能够全面反映当前学科发展水平，内容新颖。

本书是作者在多年从事仪器分析、环境检测、安全检测技术的教学和科研实践的基础上完成的；同时，本书在编写过程中吸收了以前诸多教材的优点，也参阅大量国内同行的著作，在此对所引用文献的作者致以谢意，对此书编写出版给予帮助、支持、鼓励的专家致以谢意。

本书由昆明理工大学吴桂香、杨溢以及南昌大学彭希珑共同编写完成。全书由吴桂香统稿、定稿。

由于水平有限，错误和不妥之处在所难免，恳请广大读者批评指正。

编　者

2020年6月

目　录

第一章 绪论

第一节 安全检测技术基础

一、概述

安全检测的任务是为安全管理决策和确定安全技术有效性提供丰富、可靠的安全因素信息。狭义的安全检测侧重于测量，是对生产过程中某些不安全、不卫生因素等相关的量进行连续或间断监视测量，有时还要取得反馈信息，用以对生产过程进行检查、监督、保护、调整、预测，或者积累数据，寻求规律。广义的安全检测是把安全检测技术与安全监控统称为安全检测，安全检测是借助于仪器、传感器、探测设备迅速而准确地了解生产系统与作业环境中危险因素与有害因素的类型、危害程度、范围及动态变化的一种手段。

通过安全检测技术来获得信息，这是人类认识世界的重要技术手段。人们可以通过各种检验方式了解周围环境，进而实现对环境参数的控制。对于工业危险源，安全检测是作业环境安全与卫生条件、特种设备安全状态、生产过程危险参数、操作人员不规范动作等各种不安全因素检测的总称。其中，不安全因素主要包括如下几种：

(1) 粉尘危害因素：浓度、粒径分布、全尘或呼吸性粉尘、石棉尘、纤维尘、岩尘、沥青烟尘等。

(2) 化学危害因素：可燃气体、有毒有害气体在空气中的浓度和氧含量。

(3) 物理危害因素：噪声与振动、辐射（紫外线、红外线、射频、微波、激光）、静电、电磁场、照度等。

(4) 机械伤害因素：运动机械偏离规定的轨迹对人体部位造成伤害。

(5) 电气伤害因素：触电、电灼伤等。

(6) 气体条件因素：气温、气压、湿度、风速等。

安全检测主要针对前三种不安全因素。

安全检测方法依检测项目不同而异，种类繁多。根据检测的原理机制不同，大致可分为化学检测和物理检测两大类。化学检测是利用检测对象的化学性质指标，通过仪器对检测对象进行定性或定量分析的一种检测方法。它主要用于有毒有害物质的检测，例如，有毒有害气体、水质和固液体毒物的测定。物理检测利用检测对象的物理量（热、声、光、电、磁等）来分析对象，如噪声、电磁波、放射性、水质物理参数（水温、浊度、电导率）等。

二、安全检测技术的目的和意义

尽管当前我国正处于经济长期向好的高速增长期，但安全生产形势依然十分严峻，煤矿透水、瓦斯爆炸、油气泄漏、火灾等各种灾难性事故频频发生，由此造成的重大安全事故和因各种事故所造成死亡的人数触目惊心，给人民群众的生命财产造成重大损失。

随着现代工业生产的发展和科学技术的进步，新技术、新材料、新工艺不断涌现，并且被迅速地应用到人们的生产和生活中，由此也不可避免地引发各种安全问题。世界上部分国家发生的一些特大事故，不但造成巨大的经济损失，而且造成严重的人员伤亡和环境污染，影响了全球经济的可持续发展和社会稳定。例如，苏联切尔诺贝利核事故曾引起世界各国对核电站安全性的争议，对核能的发展产生了巨大影响；美国"挑战者"号航天飞机失事使美国航天事业的发展一度陷于停顿，对整个行业产生巨大影响。在我国，煤矿透水、天然气井喷、瓦斯爆炸等恶性伤亡事故已引起国际社会的关注。为了发现、检查、预测、排除和防止各种安全隐患，就必须对各种危险、有害因素进行安全检测。因此，相关部门应充分认识安全检测技术的重要性，认真开展对安全检测技术的研究，切实提高安全检测的技术水平，为有效发现事故隐患、预防和控制特大事故的发生、保证国民经济的持续稳定发展提供技术支持。

所谓工业危险源，通常涉及人（劳动者）—机（生产过程和设备）—环境（工作场所）的全部或一部分，属于"人造系统"，绝大多数具有观测性和可控性。表征工业危险源状态的可观测的参数称为危险源的"状态信息"，这是一种广义的概念，包括对安全生产和人员身心健康有直接或间接危害的各种因素，如反映生产过程或设备的运行状况正常与否的参数、工作环境中化学和物理危害因素的浓度或强度等。安全状态信息出现异常，说明危险正在从相对安全的状态向即将发生事故的临界状态转化，提示人们必须及时采取措施，以避免事故发生或将事故的伤害和损失降至最低程度。

安全检测的目的就是对劳动者作业场所有毒有害物质和物理危害因素以及生产过程中的不安全因素进行检测，为安全管理决策和安全技术的有效实施提供丰富、可靠的安全状态信息，以改善劳动作业条件、检查生产过程、预测危险信息、控制系统或设备的事故（故障）发生。

三、安全检测技术的特点

安全检测技术具有它自身的特点，安全检测仪器与过程控制仪表的检测对象不尽相同，过程控制仪表主要检测与生产工艺有密切关系的参数，而安全检测仪器主要检测与生产工艺不一定有直接关系却能反映潜在危害的状态信息。安全检测技术的特点如下：

1. 检测系统自身具有高可靠性

用于安全检测的仪器仪表不同于过程控制仪表。首先，它自身必须是安全、可靠的，不能因为自身的性能和设计缺陷而导致事故，而检测系统一旦发生机械故障或者某些意外，应具有保证人身安全的能力。

此外，可靠性要求系统中的每个部件的可靠性必须符合有关标准，组成系统并投入运行之后，还必须定期检验，力求整个系统的可靠性达到最佳状态。

2. 预测异常现象具有高难度

在安全与灾害中，若能正确预测异常现象，就能避免事故发生，而预测异常现象难度较大。通常传感器只能检测被测对象的实时值，若要预测异常现象就需要检测与异常现象有关的未来值。若从被测对象的现时值来外推预测未来值，则必须建立高精度的数学模型。然而，异常现象不可能重复若干次，所以建立高精度的数学模型比较困难。

3. 测量点分布范围广

由于测量点常常具有分布性的特点，有时很难预测发生异常事故、灾害的具体位置，必须对检测对象同时从不同测量点收集信息进行预测。

4. 检测系统维护难度大

安全与灾害检测中使用的传感器及部分线路往往是不能进行维护和检修的。例如，检测高炉炉壁腐蚀情况的热电偶安装在炉壁上，检测水坝坝体形变的电阻应变片埋在水坝内，它们难以维护和检修，故对用于安全检测的传感器和线路的稳定性、耐久性要求很高。

5. 检测技术涉及多领域、多学科

安全检测涉及的领域较广，从军工、民用品到日常生活，无处不在。设计工业危险源安全检测、监控及预警系统，要用到安全科学的理论和方法，要借鉴系统论、控制论和信息论及相邻学科的经验，对危险源进行全面的评估，才能给出相应的对策。安全检测涉及的学科较多，有材料学、机械工程学、物理、化学、电子学、力学、光学、声学、生物学、毒性学以及仪器仪表等学科，这就要求从事安全检测的技术人员要有较宽的知识面和较扎实的理论基础，具备广博的知识和丰富的实践经验。

四、安全检测与监控系统

传感器或检测器及信号处理、显示单元组成了安全检测仪器。如果将传感器或检测器及信号处理、显示单元集于一体，固定安装在现场，对安全状态信息进行实时检测，则称这种装置为安全监测仪器。如果只是将传感器或检测器固定安装于现场，而信号处理、显示、报警等单元安装在远离现场的控制室内，则称为安全监测系统。将监测系统与控制系统结合起来，把监测数据转变成控制信号，则称为监控系统。在安全检测与监控系统中所称的控制可分为两种：

1. 过程控制

在现代化工业体系中，一些重要的工艺参数一般由变送器（其中包含传感器）、控制仪表（包括工控机）、执行机构及信息传输载体构成的控制系统获得，通过遴选适宜的控制系统结构和控制算法，来保证生产过程及产品质量的稳定。在比较完善的过程控制设计中，有时也会考虑工艺参数的超限报警、外界危险因素（如可燃气体、有毒气体在环境中的浓度，烟雾、火焰信息等）的检测，甚至紧急停车等联锁系统。如车间内可燃气体或有毒气体达到报警浓度时，通风设备根据检测控制器发出的指令性信号自动启动，如用空气氧化某种气态物料的合成工艺过程中，检测系统的检测数据发现氧气浓度达到或超过设定的临界浓度时，控制系统调整空气输送速度，就可以将氧气浓度调整到安全的范围内。

2. 应急控制

在对危险源的可控制性进行分析之后，选出一个或几个能将危险源从事故临界状态调整到相对安全状态的参数进行测控，以避免事故发生或将事故的危害及损失降至最小程度。这种具有安全防范性质的控制称为应急控制。

从安全科学的整体观点出发，现代生产工艺的过程控制和安全监控功能应融为一体，综合成一个包括过程控制、安全状态信息检监测、实时仿真、应急控制、自诊断及专家决策等各项功能在内的综合系统。综合系统既能够对生产工艺进行比较集中的控制，又能够在出现异常情况时及时给出预警信息，紧急情况下还能自动采取安全技术措施，避免事故发生或将事故危害降到最低程度。

第二节　安全检测技术的发展历史

检测是人类认识物质世界、改造物质世界的重要手段。远古时期，人类就知道用自身的指幅、臂长为标准确定其他物体的长度，用步弓丈量土地，用绳扣记录数量，后来又发现了观察时间用的日晷以及测定方向的指南针。在安全检测方面，我国是最早发明测量温度、湿度及毒气仪器的国家。例如，我国清代的黄履庄发明了验燥湿器和验冷热器，是当时灵敏度较高的湿度计和温度计。这些发明彰显了我国古代劳动人民的聪明才智以及他们在安全检测方面所作的贡献。古时候的生产工具都很简单，所使用的能源也很少，所以相对来说发生安全事故的原因比较简单，往往凭经验就可以找出事故发生的原因和防止事故发生、减少事故损失的方法。随着生产力的发展，事故数量随着生产规模的扩大而增加，安全问题逐渐被人们重视，保障生产安全的各种技术手段也随之加强。安全问题最先是在煤炭生产中出现，随后在石油、化工、冶金等领域被提出。在检测技术和安全措施未完备之前，安全问题一直是困扰工业生产的一个重要问题。

一、安全检测与仪表发展

1815 年，英国发明了第一项安全仪器——安全灯，它是一种利用瓦斯在灯焰周围燃烧并根据火焰高度来测量瓦斯含量的简单仪器。由于其构造简单、性能可靠、使用寿命长，至今仍被许多国家使用。随后，由于基础科学的发展和技术的进步，在石油、化工、制药、冶金、煤炭等工业生产中，陆续出现了利用光学原理、热导原理、热催化原理、热电效应、弹性形变、半导体器件、气敏元件等不同工作原理和性能的各类检测仪器，对影响生产安全的各种因素实现了不同程度的检测，并逐渐形成了不同种类的检(监)测仪器仪表。

20 世纪 50 年代之后，随着电子通信和自动化技术的发展，出现了能够把工业生产过程中不同部位的测量信息远距离传输并集中监视、集中控制和报警的生产控制装置，初步实现了由“间断”“就地”检测到“连续”“远地”检测的飞跃，由单体检测仪表发展到安全检测与监控系统。早期的安全检测与监控系统，其检测功能少、精度低、可靠性差、信息传递速度慢。

20 世纪 80 年代以来，随着电子技术和微电子技术的发展，特别是计算机技术的应用，实现了化工生产过程控制最优化和管理调度自动化相结合的分级计算机控制，检测仪器仪表和安全检测与监控系统，其功能、可靠性和实用性都产生了质的飞跃，使安全检测技术与现代化的生产过程控制紧密地联系在一起。目前，大型化工企业中的安全检测与监控系统可使检测的模拟量和开关量达上千个，巡检周期短，能同时完成信号的自动处理、记录、报警、联锁动作、打印、计算等；检测参数除可燃气体(如 H_2、CO 等)成分、浓度，可燃粉尘浓度，可燃液体泄漏量外，还有温度、压力、压差、风速、火灾特征(烟、温度、光)等环境参数和生产过程参数。由于可以从连续检测数据、屏幕显示图形和数据处理得到各种图表，从而及时掌握整个化工生产过程的过程参数、环境参数和生产机械的状态，保证了生产的连续与均衡、减少停顿和阻塞，防止了重大事故发生。同时，由于及时掌握生产设备和机械的工作状态，可以分析设备的配置情况和利用率，发现生产薄弱环节，改善管理，提高生产效率。

改革开放以来，我国的工业生产发展很快，国家十分重视安全问题，在安全检测仪表的研究和生产制造方面投入了很大的力量，使安全仪表生产具备了相当的规模，形成了以北京、抚顺、重庆、西安、常州、上海等城市为中心的生产基地，可以生产多种型号环境参数、工业过程参数及安全参数的检测、遥测仪器。此外，具有发达国家20世纪90年代水平的安全检测与监控系统已开始应用于我国的石油、化工、煤矿等工业生产部门。安全检测、报警及联锁控制装置等，也在我国自行设计的石化生产设备中获得了应用，这标志着我国安全检测仪器的研制进入了新的阶段。必须指出的是，目前我国传感器种类较少，质量尚不稳定；检测数据处理、计算机应用与一些发达国家存在一定差距，这些都需要在今后重点解决。

二、安全检测与监控技术发展

1. 危险性分析——定量分析阶段

美国在1906年首次提出“安全第一、质量第二、产量第三”的口号，并采取了一系列安全操作的新措施。日本也在1927年组织开展以“安全第一”为方针的“安全周”运动，大部分工厂提出了“001”口号，即做到事故、公害为零，生产为世界一流。

对于安全检测技术，实际上自有工业生产以来就存在。安全检测技术作为一门学科，则是20世纪60年代以后才发展起来的。第二次世界大战后，关于劳动安全方面的一门边缘学科——人机工程学诞生了。人机工程学需要解决的问题，一方面是从机器方面考虑如何适应人体在劳动中的生理特征；另一方面是人如何适应机器，最终达到保证人和机器的安全的目的。1950年以后，随着化学工业的迅速发展，国际上相继发生了许多恶性爆炸事故，引起国际社会的震惊。这时美国道化学公司提出运用“火灾爆炸指数”来衡量化学装置的危险性。在定性分析的基础上，1970年安全诊断的数学方法——定量分析法应运而生。定量分析法通过对运行系统进行数学计算，求得其发生事故的概率值，预报运行系统的安全性。

2. 实时在线监控系统

早期安全检测仪表的信号传输制式由厂商自行决定，各品牌产品互不兼容。随着过程控制仪表中Ⅲ型电动单元组合仪表及DCS(集散控制系统)的普及，安全参数的检测也自然地移植了4～20 mA的信号传输制式，也能融于过程控制DCS中；在过程控制领域引进推广现场总线、工业以太网、无线传感网络的发展趋势激励下，智能型安全参数传感器随之发展起来，使得安全状态信息也能借助于网络技术送达各个层面。

将安全检测与监控技术作为安全生产的技术保障体系的最初构想产生于20世纪90年代初。在国家“八五”科技攻关计划中，首次列入了与安全生产有关的科研项目“劳动安全关键技术”，重大危险源监控预警技术研究专题也从此跻身于科技部管辖的课题序列。在“九五”科技攻关计划中，进一步探索“溯源”技术的工程实现途径，即：根据设置在液化天然气储罐周边已知空间坐标的传感器实时检测的浓度信号、气象参数和地形地貌等特征参数反演推算泄漏源实际泄放物质的数量，据此计算出对下游地域的真实波及范围，这有利于应急预案的实施。其后的“十五”计划和“十一五”计划，研究内容不断扩大，其成果已经有各种“政府版”在多个省市推广应用，对当地的安全生产监督与管理起到一定的促进作用。GIS(地理信息系统)具有庞大的信息存储与灵活调用的功能，为安监管理部门实现办公自动化提供了得心应手的工具，拉近了与基层的距离。需要指出的是，这种系统因与辖区重大危险源之间缺乏传递实时数据的通道而无法实现动态监管。

发达国家在安全检测监控技术领域起步较早，研究投入较多，安全检测技术这一领域的理论、方法、技术和装备等已遍及诸多行业，如航空、核工业、石化、化工、电力、采矿、林业和建筑等各种社会支柱产业。我国安全检测技术在国家经济建设中发挥越来越大的作用，也取得十分显著的社会效益和经济效益。

第三节　安全检测技术的应用范围及发展趋势

一、安全检测技术的应用范围

安全检测技术应用广泛，其检测内容包括机械安全、电气安全、压力容器安全、防尘、防毒、防火、防爆、防辐射、防噪声与振动等方面。另外，安全检测技术基本涵盖了近代以来所有的新技术和新理论，如半导体技术、激光技术、光纤技术、声控技术、遥感技术、自动化技术、计算机应用技术以及数理统计、控制论、信息论等。

对于工业生产而言，采用各种先进的检测技术对生产全过程进行检查、检测，对确保安全生产、保证产品质量、提高产品合格率、降低能源和原材料消耗、提高企业的劳动生产率和经济效益是必不可少的。国内外职业安全与卫生理论和实践表明，完全依赖人们对于危险源的警惕性来保障生产安全并非万全之策，因为人可能受到生理、心理等诸多因素的影响而出现失误。此外，还有一些事故致因属于人的能力难以有效抑制的范畴。近年来，一些工矿企业发生多起重大伤亡事故，其主要原因归咎于违章、渎职等人为因素，但也与缺乏先进的、可靠的检测监控系统设施有关。

1. 工业生产和管理

利用各种传感器对生产过程各个环节的工作状态（如流体压力、流速、液面、成分、压力、转速、温度、厚度、噪声、平衡、泄漏、无损探伤等）进行检测与控制，不仅提高了产品的质量，而且保证了安全生产、管理和节约能源的需要。

2. 环境保护

在石油、化工、冶金、煤炭、化学等工业部门，安全生产和环境保护等问题已成为其能否持续高速发展的关键；相应地，易燃性气体、有毒气体的检测报警装置得到了迅速发展。目前，国内外已对十几种这类气体进行检测，我国在检测可燃气体、有害气体、烟雾及火灾等方面也取得了可喜的成绩，使气体检测的应用范围越来越广泛。

3. 公安部门

人们利用各种现代化检测手段取代以往的烦琐检查方法。据《世界科技译报》报道，海湾战争爆发后，各国采取了特别装备，特别是在机场纷纷采用了法国的新产品——全自动爆炸探测仪，代替X射线金属探测仪，用来对付国际恐怖分子的活动。该仪器的核心是中子发生器，其精确度可达98%，基本没有爆炸品可以漏掉。另外，随着世界人口的增多和国际交往的逐渐频繁，刑侦工作日趋复杂化，许多国家建立了声音识别、指纹识别和人脸识别系统。

4. 军事与航空航天

在火箭、导弹、卫星的研制过程中，动态高速的、与安全有关的参量数也很多，不仅需要检测宇宙飞船飞行速度、加速度、位移和姿态等，而且需要检测宇航员居住的空间的温度、湿度、气压、空气成分和气体，若没有精确、可靠的检测手段，要实现导弹准确命中目标、卫星准确入轨以及保证宇航员生命安全是根本不可能的。

5. 农业和林业

利用遥感技术可测定农作物品种分布区域、土壤的肥沃程度、植物生长及受灾情况、洪水泛滥灾情等。在地质方面，安全检测可以调查地热情况等；在海洋资源方面，可以遥测海洋生物分布、海流、海浪等。正是由于安全检测技术应用范围广，需要和能够检测的物理量和化学量越来越多，因此安全检测技术有着广泛的应用前景。

二、安全检测技术的发展趋势

安全检测技术应随着科学技术的发展不断拓宽和扩大可检测的范围，探讨新的检测方法和手段。其发展趋势主要有以下几个方面：

1. 开发综合性安全检测新系统

从安全科学的整体观点出发，安全检测技术应该综合成一个包括过程控制、安全状态信息检测、实时仿真、应急控制、自诊断以及专家决策等各项功能在内的综合系统。这种系统既能够对生产工艺进行比较理想的控制、使企业受益，又能够在出现异常情况时及时给出预警信息，紧急情况下恰到好处地自动采取措施，避免事故的发生或将事故危害降低到最低程度。

2. 拓展安全检测设备的测量范围，提高检测精度

随着科学技术的发展，对安全检测仪器及系统的性能要求，尤其是对测量范围和检测精度的要求越来越高。以测量温度为例，为满足某些科研实验的需求，不仅要求研制测温下限接近绝对零度（－273 ℃），且测温量程尽可能达到 15 K（－258 ℃）的高精度超低温检测仪表，同时某些场合需要连续测量液态金属的温度或长时间连续测量 2 500～3 000 ℃的高温介质温度。目前研制和生产的热电偶最高上限虽然超过 2 800 ℃，但测温范围一旦超过 2 500 ℃，其准确度将下降，而且极易氧化，从而严重影响其使用寿命与工作可靠性。因此，寻找能够长时间连续准确检测上限超过 2 000 ℃的测温传感器是各国科技工作者多年来亟待解决的问题。

3. 提高安全检测的可靠性、安全性

可靠性理论在安全系统工程中应用的结果会极大地推动安全科学的发展。从目前检测用的气敏传感器的状态看，还远远不如生物的嗅觉灵敏。对于物理传感器而言，只需要判断信号的“有无”或“强弱”，而对于用于安全检测的化学传感器而言，则还存在着“接收到的是什么类型的物质”的问题，这就要求采用气敏元件。

对某种检测气体要有判断上的可靠性。例如，家用煤气泄漏报警器，它只允许对煤气、液化气、天然气等家用气体发生反应，而对酒醉后呕吐的酒精气味和香烟气味则不能误报。这些对人来说很容易判断，可是对检测装置就十分困难了。世界上已经把生物传感器和化学传感器作为重要的研究对象。

4. 传感器向集成化、数字化、多功能化方向发展

传感器技术的发展直接影响着安全检测的水平。随着大规模集成电路技术的迅猛发展，目前已经有不少传感器实现了敏感元件与信号调理电路的集成和一体化，对外可直接输出标准的 4～20 mA 电流信号，成为名副其实的变送器。这为检测仪器整机研发与系统集成提供了很大的方便。一些厂商把 2 种或 2 种以上的敏感元件集成为一体，成为可实现多种功能的传感器。例如，将热敏元件和湿敏元件及信号调理电路集成在一起，一个传感器可以同时完成温度和湿度的测量。

此外，还将一些敏感元件与信号调理电路、信号处理电路统一设计并集成化，成为能够直接输出数字信号的新型传感器。例如，美国达拉斯（DALLAS）半导体公司推出的数字温

度传感器DSl8B20,可测温度范围为$-55\sim+150$ ℃,精度为0.5 ℃,封装和形状与普通小功率三极管十分相似,采用独特的一线制数字信号输出。

5. 发展非接触式、动态安全检测技术

在某些情况下,传感器的加入会对被测对象的工作状态产生影响和干扰,从而影响测量精度。然而,一些测试场合根本不允许或不可能安装传感器,如测量高速旋转轴的振动以及测量炮弹的装药情况等,这样就需要采用非接触法对被测对象进行检测,因此我们要重视和发展非接触检测技术。对于大坝这类对象的检测,由于其运行过程是一个动态的过程,静态检测不易捕捉诸多不利的数据,因此开展动态安全检测才能真正做到实时监控,避免事故发生。

复习思考题

1. 在工业生产过程中,安全检测起到什么样的作用?
2. 试述安全检测技术与安全监控技术的异同。
3. 作业场所不安全因素主要有哪些?检测方法又有哪些区别?
4. 试述安全检测技术的应用场所及将来的发展方向。

第二章

常用分析仪器及原理

第一节　概　　述

仪器分析是以物质的物理和物理化学性质为基础而建立起来的分析方法，测定时需要用到一些较为精密、特殊或昂贵的仪器，称之为仪器分析法，它是20世纪40年代发展起来的一类分析方法。除了用于成分的定性和定量分析之外，还可用于物质的结构、价态和状态分析，表面、微区和薄层分析，化学反应有关参数的测定以及为其他学科提供各种有用化学信息等。因此，仪器分析不仅是重要的分析测试方法，而且是强有力的科学研究手段。

一、仪器分析的分类

物质的物理或物理化学性质是多种多样的，根据所测量(分析中所用)物质属性的不同，将常用仪器分析法分为光学分析法、电化学分析法、色谱法、质谱法和热分析法等。

1. 光学分析法

光学分析法是根据物质发射的电磁辐射或电磁辐射与物质相互作用而建立起来的一类分析方法的统称。这些电磁辐射包括从γ射线到无线电波的所有电磁波谱范围，而不止局限于光学光谱区。因此，属于光学分析法范畴的方法有很多，一般可分为光谱法和非光谱法两大类。

光谱法是通过检测样品光谱的波长和强度来进行分析的。因为这些光谱是物质的原子或分子的特定能级的跃迁所产生的，它带有结构的信息，所以根据特征谱线的波长可以进行定性分析，而光谱强度与物质的含量有关，故可进行定量分析。属于这一类的方法有：原子发射光谱法、原子吸收光谱法、原子荧光光谱法、紫外-可见吸收光谱法、红外光谱法、核磁共振波谱法、X荧光光谱法、分子荧光光谱法、分子磷光光谱法、化学发光法和激光拉曼光谱法等。

非光谱法不涉及光谱的测量，即不涉及能级的跃迁。它是通过测量电磁辐射与物质相互作用后某些(如折射、反射、干涉、衍射和偏振等)基本性质的变化进行分析的。属于这类的方法有：折射法、干涉法、旋光法、X射线衍射法、电子衍射法等。

2. 电化学分析法

电化学分析法是根据电化学原理和溶液的电化学性质而建立的一类分析方法。溶液的电化学现象一般发生于化学电池中，所以测量时要使试液构成化学电池的组成部分。通过测量该电池的某些电参数，如电阻(电导)、电位、电流、电量的变化等对被测物质进行分析。根据测量参数的不同，可分为电导分析法、电位分析法、电解和库仑分析法以及伏安法和极谱法等。

3. 色谱法

色谱法是利用混合物各组分在互不相溶的两相（固定相和流动相）中的吸附能力、分配系数或其他亲和作用的差异而建立的分离分析方法。用气体作为流动相的称为气相色谱法；用液体作为流动相的称为液相色谱法。

4. 其他仪器分析方法

(1) 质谱法：首先将样品转化为运动的气态离子，然后利用离子在电场或磁场中运动性质的差异，再将其按质荷比（m/z）大小进行分离记录，即质谱图。因此，它是根据谱线的位置和谱线的相对强度进行分析的。

(2) 热分析法：通过测定物质的质量、体积、热导或反应热与温度之间的关系而建立起来的一种分析方法，包括热重量法、差热分析法等。

二、仪器分析的特点

仪器分析的内容十分广泛，各种方法相对比较独立，可以自成体系，而且每种方法都有自己的特点。然而，若将仪器分析作为一个整体与化学分析相比较，则其主要特点如下：

(1) 仪器分析方法的灵敏度高，其绝对灵敏度可达 1×10^{-9} g，甚至 1×10^{-12} g，远高于化学分析法。样品用量由化学分析的毫升、毫克级降低到仪器分析的微升、微克级，甚至更低。因此，仪器分析比较适合于微量、痕量和超痕量组分的测定。

(2) 仪器分析方法多数选择性较好。由于许多电子仪器对某些物理或物理化学性质的测试有较高的分辨能力，可以通过选择或调整测试条件使共存组分的测定相互间不产生干扰。

(3) 操作简便，分析速度快，易于实现自动化。使用仪器分析时，一般在数秒或几分钟内就可以完成一项测试工作。有些仪器还配有自动记录装置以及应用微型电子计算机采集和处理数据，这些都会大大缩短分析工作时间，及时报告分析结果，特别适合于控制生产过程的在线分析。

(4) 适应性强，应用广泛。仪器分析方法种类繁多，功能各不相同。因此，仪器分析的适应性很强，不仅可以做定性定量分析，还可以用于结构状态、空间分布、微观分布等有关特征分析，甚至可以进行微区、纵深分析以及遥测、遥控分析等。

第二节　电位分析法

一、概述

电位分析法是电分析化学法的重要组成部分，主要是应用电化学的基本原理和技术研究在化学电池内发生的特定现象，同时利用物质的组成及含量与该电池的电学量（如电导、电位、电流、电量等）存在的关系来建立分析方法。

电分析化学法的特点是灵敏度、选择性和准确度都较高，被分析物质的最低量接近 10^{-12} mol 数量级。近代电分析技术可对质量为 10^{-9} g 的试样做可靠性分析。随着电子技术的发展，自动化技术、遥控技术等在电化学分析中的应用已逐渐发展起来，微电极的研究成功为在生物体内实时监控提供了可能。

根据测量参数不同，电分析化学法主要分为电位分析法、库仑分析法、极谱分析法、电导分析法及电解分析法。本节重点讨论电位分析法。

电位分析法是通过测定含有待测溶液的化学电池的电动势，进而求得溶液中待测物质浓度的方法。通常在待测电解质溶液中，插入两支性质不同的电极，用导线相连组成化学电池。利用电池电动势与试液中离子活度之间一定的数量关系，从而测得离子的活度。它包括电位测定法和电位滴定法。电位测定法是根据测得的电池电动势求出被测离子活度（浓度）的直接电位法；电位滴定法是通过测量滴定过程中电池电动势的变化来确定滴定终点的滴定分析法，可用于酸碱、氧化还原等各类滴定反应终点的确定。此外，电位滴定法还可用来测定电对的条件电极电位、酸碱的离解常数、配合物的稳定常数等。

电位分析法的关键是如何准确测定电极电位值。利用电极电位与溶液中相应离子的活度之间的关系，可用能斯特方程式表示：

$$\varphi=\varphi^{-}+\frac{RT}{nF}\ln\frac{a_{\mathrm{O}_x}}{a_{\mathrm{Red}}} \tag{2-1}$$

在一定条件下，活度可近似地用浓度代替，则 25 ℃时，上式可写为：

$$\varphi=\varphi^{-}+\frac{0.059\ 2}{n}\ln\frac{[\mathrm{O}_x]}{[\mathrm{Red}]} \tag{2-2}$$

通过测量电极电位确定离子的活度（浓度），并在此基础上建立的一类分析方法称为电位分析法。

由于单个电极的电位是无法测量的，必须由一个能指示被测离子活度变化的指示电极和另一个与被测物无关的、电位稳定的、能提供电位测量标准的参比电极组成一个化学电池。在通过电路的电流接近于零的条件下，测量电池的电动势，然后用适当的方法求出被测物质的浓度。

电位分析法可分为两类：一类是根据测得的电池电动势求出被测离子活度（浓度）的直接电位法；另一类则向试液中滴加能与被测物质发生化学反应的已知浓度的试剂（滴定剂），并观测滴定过程中电池电动势的变化（指示电极电位的变化），以确定滴定终点，从所消耗的滴定剂的体积及其浓度计算出被测物质的含量，这类方法称为电位滴定法。

20 世纪 60 年代以前，可用于定量分析的电极并不多，电位法只用于测定 pH 值及少数离子。60 年代以后，离子选择性电极的兴起和发展，使电位法有了新的突破。目前已有几十种离子选择性电极可供使用，分析应用范围不断扩展。电位分析法还可以测定其他方法难以测定的许多离子，如碱金属和碱土金属离子、阴离子和有机离子等，而且使用的仪器非常简单，操作方便，又易于实现分析的自动化。在研究溶液平衡方面，电位法也是不可缺少的手段。本小节主要讨论使用离子选择性电极作指示电极的直接电位法，即离子选择电极法，并简单介绍电位滴定的原理和终点的确定方法。

二、参比电极

参比电极是测量电池电动势、计算电极电位的基准，因此要求它的电极电位已知而且恒定，在测量过程中，即使有微小的电流（约 10^{-8} A 或更小）通过，仍能保持不变。它与不同的测试溶液间的液体接界电位差异很小（1～2 mV），可以忽略不计，并且容易制作，使用寿命长。标准氢电极(SHE)是最精准的参比电极(一级标准),其电位值规定在任何温度下都是0 V。用标准氢电极与另一电极组成电池,测得的电池两极的电位差就是另一电极的电极电位。标准氢电极制作麻烦,氢气的净化以及压力的控制等难以满足要求,而且铂黑容易引起中毒。因此,直接用 SHE 作参比电极很不方便,实际工作中常用的参比电极是甘汞电极和银-氯化银电极。

(一)甘汞电极

甘汞电极由金属汞、甘汞和含 Cl^- 的溶液等组成,常用 $Hg|Hg_2Cl_2|Cl$ 表示。电极内,汞上有一层汞+甘汞的均匀糊状混合物,用铂丝与汞相接触作为导线。电解液一般采用氯化钾溶液。用饱和氯化钾溶液作为电解液的甘汞电极称为饱和甘汞电极(SCE),这是最常用的参比电极。除此之外,还有当量甘汞电极,其制作和保存都比较方便。甘汞电极的电极电势与氯化钾浓度和所处温度有关,在较高温度时性能较差。

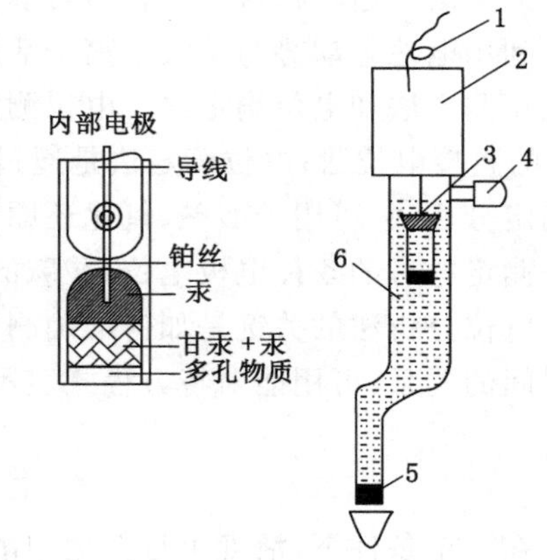

1—导线;2—绝缘体;3—内部电极;4—橡皮帽;5—多孔物质;6—饱和 KCl 溶液。

图 2-1　甘汞电极

甘汞电极半电池组成:$Hg,Hg_2Cl_{2(固)}/KCl$;

电极反应为:$Hg_2Cl_2+2e^-=\!=\!=2Hg+2Cl^-$;

或电子转移反应为:$Hg_2^{2+}+2e^-=\!=\!=2Hg$。

甘汞电极电位的大小由电极表面 Hg_2^{2+} 的活度 $\alpha_{Hg_2^{2+}}$ 决定,有微溶盐 Hg_2Cl_2 存在时,$\alpha_{Hg_2^{2+}}$ 值取决于 Cl^- 的活度 α_{Cl^-}。

电极电位(25 ℃)为:

$$\varphi=\varphi^{\ominus}_{Hg_2^{2+}/Hg}+\frac{0.059}{2}\lg\alpha_{Hg_2^{2+}}$$

$$\alpha_{Hg_2^{2+}}=\frac{K_{ap(Hg_2Cl_2)}}{\alpha^2_{Cl^-}}$$

由上式可得:

$$\varphi=\varphi^{\ominus}_{Hg_2Cl_2/Hg}-0.059\lg\alpha_{Cl^-}$$

因此:

$$\varphi^{\ominus}_{Hg_2Cl_2/Hg}=\varphi^{\ominus}_{Hg_2^{2+}/Hg}+\frac{0.059}{2}\lg K_{ap(Hg_2Cl_2)} \tag{2-3}$$

由式(2-3)可以看出,当温度一定时,甘汞电极的电极电位主要决定于 α_{Cl^-}。当 α_{Cl^-} 值一定时,其电极电位是个定值。不同浓度 KCl 溶液的甘汞电极电位,具有不同的恒定值,见表 2-1。

表 2-1　25 ℃时甘汞电极的电极电位(对 SHE)

名称	KCl 溶液的浓度	电极电位/V
0.1 mol/L 甘汞电极	0.1 mol/L	+0.336 5
标准甘汞电极(NCE)	1.0 mol/L	+0.282 8
饱和甘汞电极	饱和溶液	+0.243 8

如果温度不是 25 ℃，对电极电位值应进行校正。对于 SCE，温度为 t 时电极电位为：

$$\varphi = 0.2438 - 7.6 \times 10^{-4}(t - 25)$$

（二）银-氯化银电极

银丝镀上一层 AgCl，浸在一定浓度的 KCl 溶液中，可构成 Ag-AgCl 电极（图 2-2）。其半电池组成为：$Ag, AgCl_{(固)}|KCl$。

电极反应为：

$$AgCl + e^- \longrightarrow Ag + Cl^-$$

或电子转移反应为：

$$Ag^+ + e^- \longrightarrow Ag$$

Ag-AgCl 电极的电位决定于电极表面 Ag^+ 的活度 α_{Ag^+} 的大小，在微溶盐 AgCl 存在下，又决定于溶液中的 Cl^- 的活度 α_{Cl^-}。

Ag-AgCl 的电极电位（25 ℃）为：

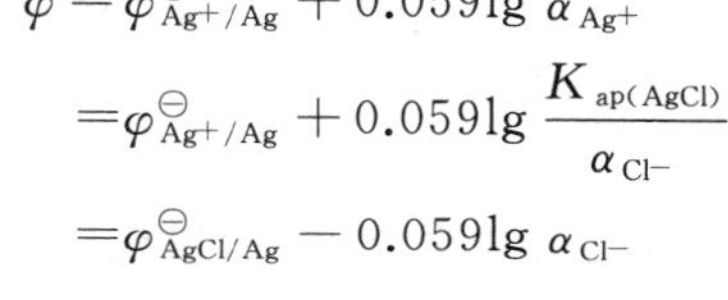

$$\begin{aligned}\varphi &= \varphi^{\ominus}_{Ag^+/Ag} + 0.059\lg \alpha_{Ag^+} \\ &= \varphi^{\ominus}_{Ag^+/Ag} + 0.059\lg \frac{K_{ap(AgCl)}}{\alpha_{Cl^-}} \\ &= \varphi^{\ominus}_{AgCl/Ag} - 0.059\lg \alpha_{Cl^-}\end{aligned}$$

导线
绝缘体
Ag-AgCl
橡皮帽
氯化钾溶液
多孔陶瓷

图 2-2　银-氯化银电极

因此：

$$\varphi^{\ominus}_{AgCl/Ag} = \varphi^{\ominus}_{Ag^+/Ag} + 0.059\lg K_{ap(AgCl)} \tag{2-4}$$

温度为 25 ℃时，不同浓度 KCl 溶液的 Ag-AgCl 电极的电极电位见表 2-2。

表 2-2　25 ℃时银-氯化银电极的电极电位（对 SHE）

名 称	KCl 溶液浓度	电极电位/V
0.1 mol/L Ag-AgCl 电极	0.1 mol/L	+0.288 0
标准 Ag-AgCl 电极	1.0 mol/L	+0.222 3
饱和 Ag-AgCl 电极	饱和溶液	+0.200 0

在温度为 t 时，标准 Ag-AgCl 电极的电极电位为：

$$\varphi = 0.2223 - 6 \times 10^{-4}(t - 25)$$

三、指示电极

在电位分析中，还需要另一类性质的电极，它能快速而灵敏地对溶液中参与半反应的离子活度或不同氧化态的离子的活度比产生能斯特响应，这类电极称为指示电极。

常用的指示电极主要是金属电极和膜电极两大类。根据其结构上的差异，可以分为金属-金属离子电极、金属-金属难溶盐电极、惰性金属电极、玻璃膜及其他膜电极等。

（一）金属-金属离子电极

金属-金属离子电极是由某些金属插入该金属离子的溶液中而组成的，称为第一类电极。这里只包括一个界面，这类电极是金属与该金属离子在该界面上发生可逆的电子转移，其电极电位的变化能够准确地反映溶液中金属离子活度的变化。例如，将金属银浸在 $AgNO_3$ 溶液中构成的电极，其电极反应为：

$$Ag^+ + e^- \longrightarrow Ag$$

温度为 25 ℃时,电极电位为:

$$\varphi_{Ag^+/Ag}=\varphi^{\ominus}_{Ag^+/Ag}+0.059\lg \alpha_{Ag^+} \tag{2-5}$$

由于电极电位仅与银离子活度有关,因此该电极不但可用来测定银离子活度,而且可用于滴定过程中由于沉淀或配合等反应而引起银离子活度变化的电位滴定。

组成这类电极的金属有银、铜、汞等。某些较活泼的金属,如铁、镍、钴、钨和铬等,它们的 $\varphi^{\ominus}_{M^{n+}/M}$ 都是负值,由于易受表面结构因素和表面氧化膜等影响,其电位重现性差,不能用作指示电极。

(二)金属-金属难溶盐电极

金属-金属难溶盐电极由金属表面带有该金属难溶盐的涂层浸在与其难溶盐有相同阴离子的溶液中组成,也称为第二类电极,如甘汞电极、Ag-AgCl 电极等,其电极电位随溶液中难溶盐的阴离子活度变化而变化。

此类电极用于测量并不直接参与电子转移的难溶盐阴离子活度,如 Ag-AgCl 电极可用于测定 α_{Cl^-}。这类电极电位值稳定,重现性好,常用作参比电极。在电位分析中,作为指示电极使用已不多见,已逐渐被离子选择性电极所代替。

(三)惰性金属电极

惰性金属电极一般由惰性材料(如铂、金或石墨炭)做成片状或棒状,浸入含有均相和可逆的同一元素的两种不同氧化态的离子溶液中,称为零类电极或氧化还原电极。这类电极的电极电势与两种氧化态离子活度的比率有关,电极的作用只是协助电子转移,电极本身不参与氧化还原反应。例如,将铂片插入 Fe^{3+} 与 Fe^{2+} 的溶液中,其电极反应为:

$$Fe^{3+}+e^-\longrightarrow Fe^{2+}$$

温度为 25 ℃时,电极电位为:

$$\varphi_{Fe^{3+}/Fe^{2+}}=\varphi^{\ominus}_{Fe^{3+}/Fe^{2+}}+0.059\lg\frac{\alpha_{Fe^{3+}}}{\alpha_{Fe^{2+}}} \tag{2-6}$$

对于含有强还原剂 Cr(Ⅱ)、Ti(Ⅲ)和 V(Ⅲ)的溶液,不能使用铂电极,因为铂片表面能催化这些还原剂对 H^+ 起到还原作用,以至于界面电极电位不能反映溶液的组成变化,这种情况下可用其他电极代替铂电极。

上述指示电极属于金属基电极,它们的电极电位主要来源于电极表面的氧化还原反应。由于这些电极受溶液中氧化剂、还原剂等许多因素的影响,选择性不如离子选择性电极高,使用时应当注意。

目前,指示电极中用得较多的是离子选择性电极,这类电极基本属膜电极。

(四)离子选择性电极

离子选择性电极(ISE)是一种新型的电化学传感器。它有选择地响应待测离子的活度(浓度),而对其他离子不响应或很少响应。离子选择性电极的电位与其他敏感离子的活度的对数呈线性关系,并遵循或近似遵循能斯特方程。这类电极所指示的电极电位不是由于氧化还原(电子交换)形成的,这与金属基电极有本质区别,它们都具有一个敏感膜,又称为膜电极。本节主要介绍具有代表性的 pH 玻璃电极、氟离子电极。

玻璃电极最早使用的离子选择性电极——pH 玻璃电极属于非晶体膜电极,如图 2-3 所示。它的主要部分是一个玻璃泡,泡的下半部是 SiO_2(72.2%,摩尔分数)基体中加入 Na_2O(21.4%,摩尔分数)和少量 CaO(6.4%,摩尔分数)经烧结而成的玻璃溶液(内参比溶液),其中插入一支Ag-AgCl电极(或甘汞电极)作为内参比电极,这样就构成了玻璃电极。

玻璃电极中内参比电极是恒定的,与待测溶液的 pH 值无关。由于玻璃电极产生的膜电位与待测溶液的 pH 值有关,所以玻璃电极能测定溶液的 pH 值。

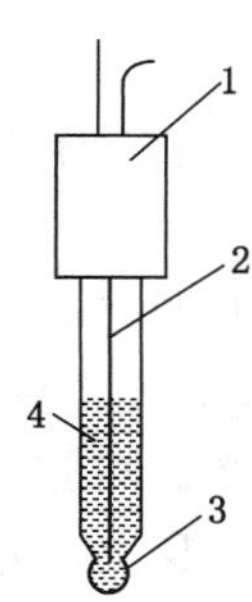

1—绝缘套;2—电极;
3—玻璃膜;4—内部缓冲溶液。

图 2-3　玻璃电极

玻璃电极在使用前必须在水中浸泡一定的时间,浸泡时玻璃膜表面形成一层很薄的水化层,这是电极起作用的主要部分。当玻璃膜浸泡在水中时,由于硅氧结构与 H^+ 的键合强度远大于其与 Na^+ 的强度(约为 10^{14} 倍) ,因此发生如下离子交换反应:

$$H^+_{液} + Na^+Gl^-_{(固)} \longrightarrow Na^+_{(液)} + H^+Gl^-_{(固)}$$

式中:Gl 表示玻璃膜的硅氧结构。其他二价、高价离子不能进入晶格与 Na^+ 发生交换。

交换达平衡后,玻璃表面几乎由硅酸(H^+Gl^-)组成。从表面到硅胶层内部, H^+ 的数目逐渐减少, Na^+ 的数目逐渐增多。玻璃膜内表面也发生上述过程而形成同样的水和硅胶层,如图 2-4 所示。

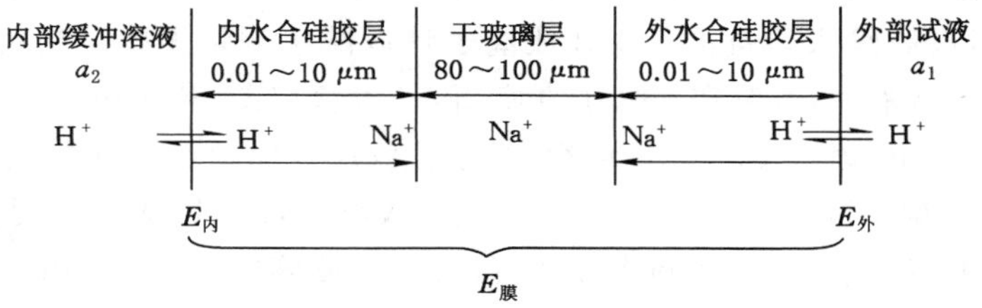

内部缓冲溶液 a_2	内水合硅胶层 0.01～10 μm	干玻璃层 80～100 μm	外水合硅胶层 0.01～10 μm	外部试液 a_1
H^+ ⇌	H^+　Na^+	Na^+	Na^+　H^+	⇌ H^+

$E_{内}$　　$E_{外}$

$E_{膜}$

图 2-4　浸泡后的玻璃膜示意图

当处理好的玻璃电极浸入待测溶液中时,水化胶层与外部试液接触,由于水化胶层表面和溶液 H^+ 活度不同,二者之间存在浓度差,因此 H^+ 从活度大的一方向活度小的一方扩散,并建立如下平衡:

$$H^+_{硅胶层} \rightleftharpoons H^+_{溶液}$$

这样就改变了膜外表面与试液两相界面的电荷分布,形成双电层,从而产生外相间电位 $\varphi_{外}$。同理,膜内表面与内参比溶液两相界也产生内相间电位 $\varphi_{内}$。

由此可知,玻璃膜两侧相界电位的产生不是电子的得失,而是离子 H^+ 在溶液和硅胶层界面间进行迁移的结果。

由热力学可以证明, $\varphi_{外}$、$\varphi_{内}$ 与每个相界的 H^+ 活度有关,并遵守能斯特方程。于是:

$$\varphi_{外} = k_1 + 0.059\lg \frac{a_1}{a_1'} \qquad (2\text{-}7)$$

$$\varphi_{内} = k_2 + 0.059\lg \frac{a_2}{a_2'} \qquad (2\text{-}8)$$

式中: a_1、a_2 分别为外部溶液和内参比溶液的活度; a_1'、a_2' 分别为玻璃膜外、内侧(水或硅胶)表面的 H^+ 活度; k_1、k_2 分别为玻璃外、内膜表面性质决定的常数。

因为玻璃内外膜表面性质基本相同,所以 $k_1 = k_2$;又因为水合硅胶层表面的 Na^+ 被

H^+所代替，故 $a_1'=a_2'$。因此，玻璃膜内外之间的电位差为：

$$\varphi_{膜}=\varphi_{外}-\varphi_{内}=0.059\lg\frac{a_1}{a_2} \tag{2-9}$$

由于内参比溶液 H^+ 活度 a_2 是一定值，故：

$$\varphi_{膜}=K+0.059\lg a_1=K-0.059\lg pH_{试} \tag{2-10}$$

式(2-10)说明，在一定温度下，玻璃电极的膜电位 $\varphi_{膜}$ 与试液的 pH 值呈线性关系。式中，K 值由每支玻璃电极本身的性质决定。

由式(2-9)可知，当 $a_1=a_2$ 时，$\varphi_{膜}=0$，如果内外参比电极使用相同电极，则原电池的电动势也应为零。但实际电动势不为零，仍有 1～30 mV，该电位称为不对称电位，用符号 $\varphi_{不对称}$ 表示。它主要是玻璃膜的电极膜内、外两个表面的结构和性能不完全一致所造成的。它对 pH 值测定的影响只能用标准缓冲溶液进行校正，即对电极电位进行定位的办法来加以消除。仪器上的"定位调节"就是为此而设置的。

用玻璃电极测定 pH 值的优点是不受氧化剂和还原剂的影响，玻璃电极不易因杂质的作用而中毒，能在胶体溶液和有色溶液中应用。其缺点是本身含有很高的电阻，通常高达 50～500 MΩ，所以其电极电位不能使用一般的电位差计或伏特计进行测量，否则会导致较大的测量误差。因此，在使用 pH 值玻璃电极或离子选择性电极测量溶液 pH 值和离子活度时，应该使用具有高输入阻抗的 pH 计或离子计以减小测量误差。当用此电极测定 pH 值大于 9 的强碱性溶液时，其测定值低于真实值，产生负误差，称为碱差或钠差。产生钠差的原因是溶液中 H^+ 浓度很低，Na^+ 浓度很大，水化胶层表面的点位没有全部为 H^+ 所占据，而 Na^+ 进入胶层占据了部分点位，代替 H^+ 产生电极响应，使 H^+ 表观活度变大，测定的 pH 值偏低。如果用 Li_2O 代替 Na_2O 制作玻璃膜，由于锂玻璃的硅氧网络中的空间较小，而钠离子的半径较大，不易进入与氢离子交换，因而避免了钠离子的干扰。实验表明，这种电极适用于测量 pH 值为 1～13.5 的溶液。当溶液 pH 值小于 1 时，pH 玻璃电极的响应也有误差，称为酸差。酸差使测定的 pH 值偏高。此外，使用玻璃电极测试 pH 值时，要求溶液的离子强度不能太大，一般不超过 3 mol/L，否则误差较大。

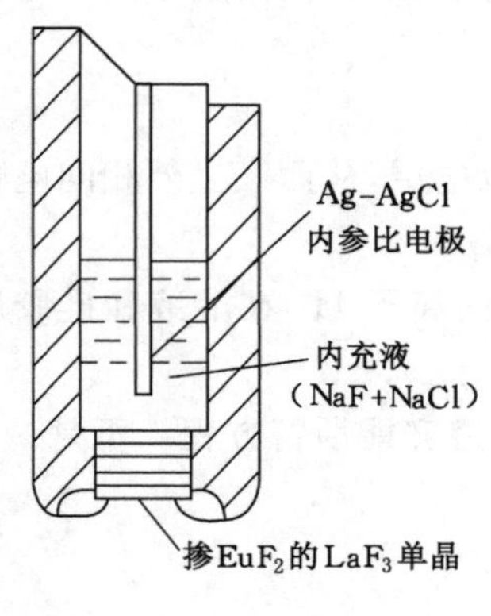

图 2-5　氟离子选择性电极

晶体膜电极这类电极的敏感膜由难溶盐的单晶或多晶沉淀压片制成。并不是所有难溶盐晶体都能用作电极的敏感膜，它们必须具备两个条件：溶解度要小；常温下能导电，即只有固体离子导体才能做成电阻不太大及电位稳定的敏感膜。其中，最典型、最成功的晶体膜电极是氟离子选择性电极，见图 2-5。敏感膜由 LaF_3 单晶片制成，为改善其导电性能，晶体中还掺杂了少量的 EuF_2 和 CaF_2。膜导电由离子半径小、带电荷较少的晶格离子 F^- 来实现。Eu^{2+}、Ca^+ 代替了晶格点阵中的 La^{3+}，形成了较多空的 F^- 点阵，降低了晶格的电阻。

当氟电极浸入被测溶液中时，溶液中的 F^- 与膜上的 F^- 进行离子交换，并通过扩散进入膜相，而膜相中由于晶格缺陷而产生的 F^- 也可扩散进入溶液相。这样在晶体膜外层与溶液接触的界面上形成双电层，产生相间电位。同理，膜内表面与内参比溶液之间产生相间电位，二者之差称为膜电位。氟离子选择性电极的电位与被测溶液中活度的关系符合能斯特方程。

$$\varphi_{膜}=K-0.059\lg\alpha_{F^-}=K+0.059 \tag{2-11}$$

氟电极对 F^- 响应的线性范围为 10^{-6}～10^{-1} mol/L，检出限为 10^{-7}，电极对有良好的选择性。一般地，阴离子除 OH^- 外，均不干扰电极对 F^- 的响应。OH^- 存在干扰是因为它在电极表面发生如下反应：

$$LaF_3+3OH^- \xlongequal{} La(OH)_3+3F^-$$

释放出来的 F^- 被电极响应，使表观 F^- 浓度增大，导致测定结果偏高。当 pH 值较低时，由于形成的 HF、HF_2^- 或 HF_3^{2-} 等降低了 F^- 浓度，而使分析结果偏低。实验表明，测定时需要控制溶液的 pH 值，一般以 5～6 为宜。

硫化银膜电极是另一种常用的晶体膜电极。它是由 Ag_2S 晶体粉末压制成坚实的薄片而制成的敏感膜。由于晶体膜中可移动离子是 Ag^+，所以电极对 Ag^+ 敏感，其电位与被测溶液中 Ag^+ 活度的关系符合能斯特方程：

$$\varphi=K+0.059\lg\alpha_{Ag^+} \tag{2-12}$$

据此，硫化银电极适用于溶液中 α_{Ag^+} 的测定，它是银离子电极。

与 Ag_2S 接触的试液中，由溶度积所决定的平衡关系为：

$$Ag_2S \longrightarrow 2Ag^+ + S^{2-}$$

$$\alpha_{Ag^+}\cdot\alpha_{S^{2+}}=K_{ap,Ag_2S}$$

$$\alpha_{Ag^+}^2=\frac{K_{ap,Ag_2S}}{\alpha_{S^{2+}}} \tag{2-13}$$

将式(2-13)代入式(2-12)，合并有关常数为 K'，则：

$$\varphi=K'-\frac{0.059}{2}\lg\alpha_{S^{2+}} \tag{2-14}$$

可见，硫化银电极同时能用作硫离子电极。

难溶盐 Ag_2S 和 AgX(X 为 C^-，Br^- 和 I^-)以及 Ag_2S 和 MS(M 为 Cu^{2+}、Pb^{2+}、Cd^{2+})也可制成电极。将难溶盐的粉末在 10^8～10^9 Pa 的压力条件下压成致密的薄片，就可制成电极。

(五) 非晶体膜电极

流动载体电极(液膜电极)与玻璃电极不同，玻璃电极的载体是固定不动的，流动载体电极的载体则可在膜内流动，但不能离开膜，而待测离子可以自由穿过膜。因为这类电极的膜是液态的，所以又称为液膜电极。其膜是由某种有机液体离子交换剂(活动载体)填充在惰性微孔支持体(聚四氟乙烯、聚偏氟乙烯、纤维素渗析膜或垂熔玻砂片、素烧陶瓷片等)内而形成的。有机相的膜将试液和内参比溶液分开，膜中的离子交换剂与膜两边水相中的待测离子分别发生离子交换反应，从而改变了膜内外两个相界面上的电荷分布，产生膜电位。

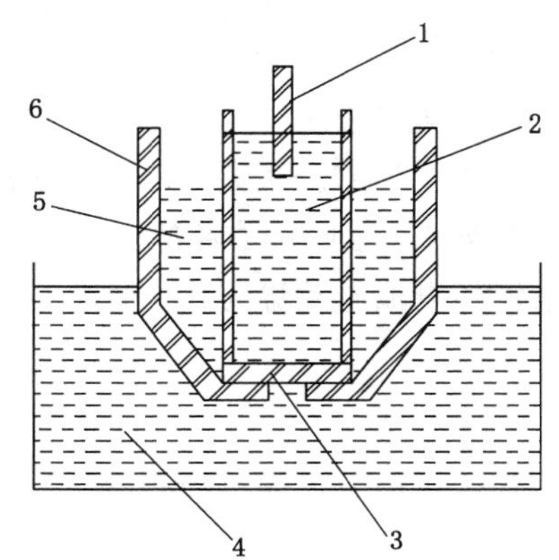

1—内参比电极；2—内参比溶液；3—多孔固态膜；4—试液；5—液体离子交换剂；6—壁。

图 2-6　液膜电极

Ca^{2+} 离子选择性电极是这类电极的典型例子，如图 2-6 所示。电极内装有两种溶液：一种是内部溶液(0.1 mol/L 的 $CaCl_2$ 水溶液)，其中插入内参比电极(Ag-AgCl 电极);另一种是液体离子交换剂的非水溶液，如 0.1 mol/L 二癸基磷酸钙的苯基膦酸二辛酯溶液，底部用多孔性膜材料(如纤维素渗析膜)与外部溶液(试液)隔开,由液体离子交换剂充分浸入多孔膜中,然后形成离子交换薄膜,即敏感膜内、外界面发生离子交换反应。

进行离子交换反应时,Ca^{2+} 可以自由通过水相和有机相膜,而带负电荷的载体 $(RO)_2PO_2^-$(Ca^{2+} 电极又称为带负电荷的流动载体电极)则被限制在膜相内,但在膜内可以自由活动。这点与固态膜不同,固态膜与试液中的离子进行交换作用的点位(定域体)是不能移动的。由于上述反应的结果改变了两相界面的电荷分布,而产生了膜电位。Ca^{2+} 选择性电极电位与溶液中活度的关系符合能斯特方程:

$$\varphi = K + \frac{0.059}{2}\lg \alpha_{Ca^{2+}} \tag{2-15}$$

NO_3^- 选择性电极是带正电荷的,如季铵类硝酸盐。将其溶于邻硝基十二烷醚中,然后再与含有 5% PVC(聚氯乙烯)的四氢呋喃溶液(1∶5)混合,在平板玻璃上制成薄膜,构成电极。其电极电位为:

$$\varphi = K - 0.059\lg \alpha_{NO_3^-} \tag{2-16}$$

四、直接电位法

被测离子的浓度需要通过下列方法来测定。

(一) 标准曲线法

首先,配制一系列含不同浓度被测离子的标准溶液,用选定的指示电极和参比电极插入以上溶液,分别测定其电池电动势 E,作 E-lg C 图;然后,在相同条件下测定由试液和电极所组成的电池电动势,并从标准曲线上求出待测液中所含被测离子的浓度。标准曲线法操作简便,特别适合于大批样品的分析,但它要求标准溶液的组成与样品溶液的组成相近,溶液的离子强度相同。因此,在配制标准系列和样品溶液时都必须加入适当的总离子强度调节缓冲剂(TISAB),以确保样品溶液和标准溶液的离子强度一致,并起到控制溶液 pH 值和掩蔽干扰离子的作用。例如,测定 F^- 时,TISAB 的组成为:0.1 mol/L 的 NaCl(控制离子强度),0.25 mol/L 的 LHAc-0.75 mol/L 的 NaAc(pH 缓冲调节剂)和 0.01 mol/L 柠檬酸钠(掩蔽干扰离子 Al^{3+}、Fe^{3+} 等)。

(二) 标准比较法

对浓度为 C_x 的某一离子未知液进行定量分析时,首先配制一浓度为 C_s 的标准溶液(使 C_s 同 C_x 相近),二者都加入相同质量的 TISAB。在相同条件下,分别测得未知液和标准溶液的电池电动势为 E_x 和 E_s,则:

$$E_x = K \pm S \cdot \lg C_x \tag{2-17}$$

$$E_s = K \pm S \cdot \lg C_s \tag{2-18}$$

式(2-17)与式(2-18)相减,得:

$$E_x - E_s = \Delta E = \pm S \cdot \lg \frac{C_x}{C_s} \tag{2-19}$$

式中:ΔE 为未知液和标准溶液电池电动势之差。

对上式取反对数，得:

$$C_x = C_s \cdot 10^{\pm \Delta E \cdot S} \tag{2-20}$$

式(2-20)是标准比较法的计算公式，对阳离子取正号“+”，对阴离子取负号“-”。S 为电极的响应斜率，$S=\frac{2.303RT}{nF}$。该方法适用于个别样品的分析。

(三) 标准加入法

如果样品的组成比较复杂且用校准曲线法有困难，此时可采用标准加入法。该方法通常是将小体积的标准溶液加入已知体积的未知试液中，根据加标样前后电池电动势的变化计算试液中被测离子的浓度。标准加入法测定分两步进行。

首先，假设待测离子的浓度为 C_x，体积为 V_x，活度系数为 γ_x，测得其电池电动势为 E_x，则：

$$E_x = K_1 \pm S \cdot \lg(\gamma_x C_x) \tag{2-21}$$

然后，向待测的样品试液中加入浓度为 C_s、体积为 V_s 的标准溶液（一般 $C_s \gg C_x$，$V_s \ll V_x$）。加入标准溶液后，待测离子的活度系数为 γ_x'。溶液被搅拌均匀后，在相同条件下再测量电池电动势 E_{x+s}，则：

$$E_{x+s} = K_2 \pm S \cdot \lg \gamma_x' \frac{C_x V_x + C_s V_s}{V_x + V_s} \tag{2-22}$$

由于所加入的标准溶液体积 $V_s \ll V_x$，认为标准溶液加入前后试液的其他组分基本不变，离子强度也基本不变，所以 $\gamma_x \approx \gamma_x'$；又因为测定时使用同一支电极，故 $K_1 = K_2$。将式(2-22)与式(2-21)相减，可得：

$$\Delta E = E_{x+s} - E_x = \pm S \cdot \lg \frac{C_x V_x + C_s V_s}{C_x (V_x + V_s)}$$

因为 $V_s \ll V_x$，所以 $V_x + V_s \approx V_x$，则上式可表示为：

$$\pm \Delta S / S = \lg \frac{C_x V_x + C_s V_s}{C_x V_x}$$

取反对数：

$$10^{\pm \Delta S/S} = \frac{C_x V_x + C_s V_s}{C_x V_x} = \frac{C_s V_s}{C_s V_x} + 1$$

所以：

$$C_x = \frac{C_s V_s}{V_x} (10^{\pm \Delta S/S} - 1)^{-1} \tag{2-23}$$

五、电位滴定法

电位滴定法是根据滴定过程中电池电动势的变化确定滴定终点的滴定分析法。进行电位滴定时，在被测溶液中插入指示电极和参比电极组成一工作电池。随着滴定剂的加入，被测离子与滴定剂发生化学反应，离子浓度的改变引起电位的改变。在滴定达到终点前后，离子浓度变化较大，引起电位突跃。因此，通过测量电池电动势的变化就可以确定滴定的终点。另外，被测组分的浓度通过消耗滴定剂的量计算。电位滴定基本装置见图 2-7。

电位滴定的最大优点是，它可以应用于不能使用指示剂滴定的场合（如待测试液浑浊、有色或者缺乏合适的指示剂等），并且便于实现自动化。

进行电位滴定时，每加一次滴定剂，测量一次电动势，直至超过化学计量点为止。这样就得到一系列的滴定剂用量（V_x）和相应的电动势（E）数据。另外，滴定终点可用图解法或二阶微商内插法计算求得。表 2-3 是用 0.1 mol/L 的 $AgNO_3$ 溶液滴定氯离子溶液时所得到的数据。指示电极是银电极，参比电极是饱和甘汞电极。

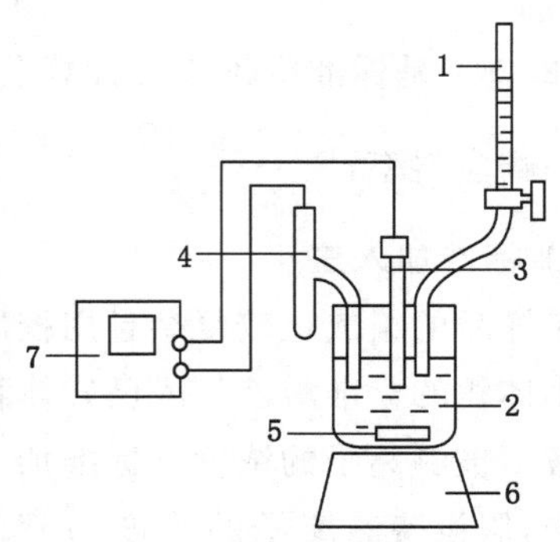

1—滴定管；2—滴定池；3—指示电极；4—参比电极；5—搅拌棒；6—电磁搅拌棒；7—电位计。

图 2-7　电位滴定用的基本仪器装置

表 2-3　以 0.1 mol/L 的 $AgNO_3$ 溶液滴定 NaCl

V_x/mL	$\frac{E}{V_x}$	$\frac{\Delta E/\Delta V_x}{V_x}$	$\frac{\Delta^2 E}{\Delta V_x^2}$	V_x/mL	$\frac{E}{V_x}$	$\frac{\Delta E/\Delta V_x}{V_x}$	$\frac{\Delta^2 E}{\Delta V_x^2}$
5.0	0.062			24.20	0.194		2.8
15.0	0.085	0.002		24.3	0.233	0.39	4.4
20.0	0.107	0.004		24.4	0.316	0.83	−5.9
22.0	0.123	0.008		24.5	0.340	0.24	−1.3
23.0	0.138	0.015		24.6	0.351	0.11	−0.4
23.5	0.146	0.016		24.7	0.358	0.07	
23.8	0.161	0.050		25.0	0.373	0.050	
24.0	0.174	0.065		25.5	0.385	0.024	
24.1	0.183	0.090					

1. 电位滴定终点的确定方法

利用表 2-3 数据可用下列方法确定终点。

（1）曲线法。用表 2-3 数据绘制曲线，如图 2-8 所示，纵轴代表电池电动势（V 或 mV），横轴代表所加滴定剂体积，在 S 形滴定曲线上绘制两条与滴定曲线相切的平行线，两平行线的等分线与曲线的交点为曲线的拐点，对应的体积即滴定至终点时所需的体积。

（2）$\Delta E/\Delta V_x$-V_x 曲线法。$\Delta E/\Delta V_x$ 代表 E 的变化值与相对应的加入滴定剂体积的增量（ΔV_x）的比，它是 $\frac{dE}{dV_x}$ 的估算值。例如，在 24.10 mL 和 24.20 mL 之间，相应地：

$$\frac{\Delta E}{\Delta V_x}=\frac{0.194-0.183}{24.20-24.10}=0.11$$

用表 2-3 中 $\Delta E/\Delta V_x$ 值绘成 $\Delta E/\Delta V_x$-V_x 曲线，如图 2-9 所示。曲线的最高点对应于滴定终点。曲线的一部分是用外延法绘出的。

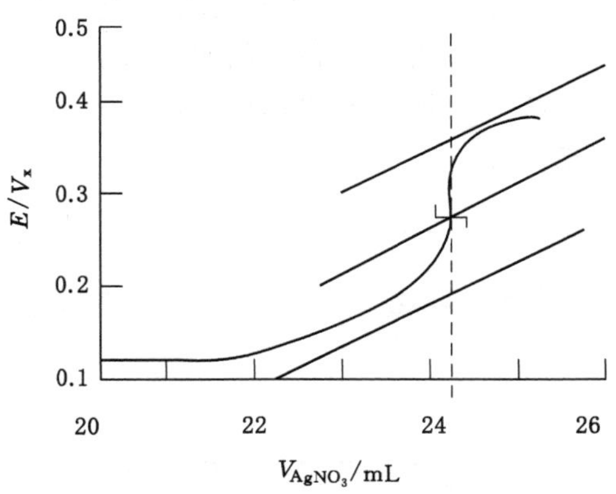

图 2-8　E/V_x-V_{AgNO_3} 曲线

(3) 二级微商法。这种方法基于 $\Delta E/\Delta V_x$-V_x 曲线的最高点正是二阶微商 $\Delta^2 E/\Delta V_x^2=0$ 处。以$\dfrac{\Delta^2 E}{\Delta V_x^2}$对 V_x 作图，得到二阶微商曲线，如图 2-10 所示，或者通过计算求得终点。例如：

对应于加入 $AgNO_3$ 溶液 24.30 mL 时：

$$\frac{\Delta^2 E}{\Delta V_x^2}=\frac{\left(\dfrac{\Delta E}{\Delta V_x}\right)_2-\left(\dfrac{\Delta E}{\Delta V_x}\right)_1}{\Delta V_x}=\frac{0.24-0.83}{24.45-24.35}=-5.9$$

对应于加入 $AgNO_3$ 溶液 24.40 mL 时，用内插法算出对应于 $\Delta^2 E/\Delta V_x^2=0$ 时的体积：

$$V_x=\left(24.30+0.10\times\frac{4.4}{4.4+5.9}\right)\ \text{mL}=24.34\ \text{mL}$$

这就是滴定终点时 $AgNO_3$ 溶液的消耗量。

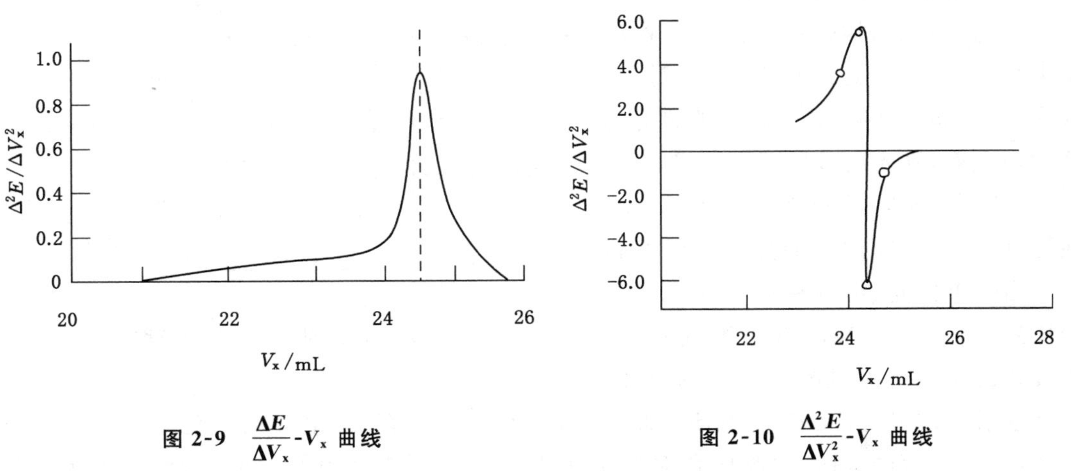

图 2-9　$\dfrac{\Delta E}{\Delta V_x}$-$V_x$ 曲线

图 2-10　$\dfrac{\Delta^2 E}{\Delta V_x^2}$-$V_x$ 曲线

2. 电位滴定指示电极的选择

电位滴定法应用广泛，可用于各种滴定分析，但是对不同类型的滴定，应选用相适应的指示电极。一般来说，酸碱滴定可选用 pH 玻璃电极；氧化还原滴定可选用铂电极；沉淀滴定可根据不同的滴定反应选择合适的指示电极。例如，以 $AgNO_3$ 滴定 Cl^-、Br^- 和 I^- 时，可选银电极；以 $Pb(NO_3)_2$ 滴定稀土硫酸盐时，可选用 Pb^{2+} 选择性电极；络合滴定可选用离子选择性电极、铂电极和 PM 电极等。

第三节 吸光光度法

一、概述

基于物质对光的选择性吸收而建立的分析方法称为吸光光度法，包括比色法、可见分光光度法、紫外分光光度法等。本节重点介绍可见分光光度法。

许多物质是有颜色的，如高锰酸钾水溶液呈深紫色，Cu^{2+} 水溶液呈蓝色。这些物质越浓，颜色越深，可以通过比较颜色的深浅来测量物质的浓度，人们把这种测定方法称为比色分析法。随着近代测试仪器的发展，目前普遍地使用分光光度计测量物质的吸光程度，人们把应用分光光度计的分析方法称为吸光光度法。

通常吸光光度法所测试液的浓度下限达 $10^{-5} \sim 10^{-6}$ mol/L，具有较高的灵敏度，适用于微量组分的测定。某些新技术(如催化分光光度法)灵敏度更高，可达 10^{-8} mol/L。

吸光光度法测定的相对误差为 2%～5%，可满足微量组分测定对准确度的要求。另外，吸光光度法测定速度快，仪器操作简单，价格便宜，应用广泛，无机物质和许多有机物质的微量组分都能用此方法测定，常用于化学平衡的研究。因此，吸光光度法对生产或科学研究都有极其重要的意义。

二、吸光光度法基本原理

(一) 物质对光的选择性吸收

当光束照射到物质上时，光与物质发生相互作用，于是产生反射、散射、吸收或透射，如图 2-11 所示。若被照射物系均匀溶液，则光的散射可以忽略。

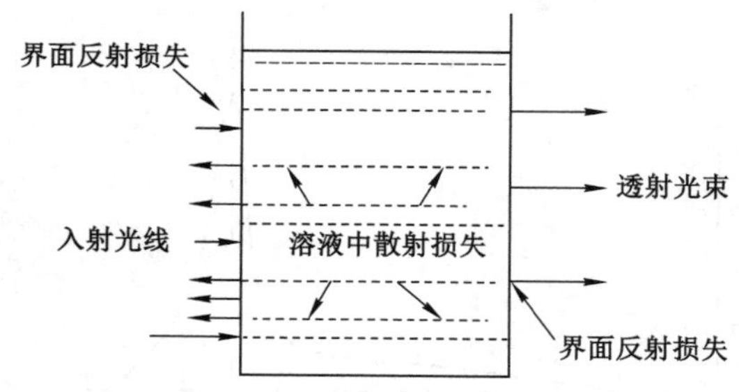

图 2-11 溶液对光的作用示意图

人眼能感觉到的光称为可见光。在可见光区，不同波长的光呈不同的颜色。当一束白光(由各种波长的光按一定比例组成)通过某一有色溶液时，一些波长的光被溶液吸收，另一些波长的光则透射。透射光(反射光)刺激人眼，使人感到颜色的存在，溶液的颜色由透射光的波长决定。能够组成白光的两种光称为补色光，两种颜色互为补色，如硫酸铜溶液因吸收白光中的黄色而呈蓝色，黄色和蓝色为补光。表2-4列出了物质与吸收光颜色的互补关系。

表 2-4　物质颜色与吸光颜色的互补关系

物质颜色	吸收光	
	颜色	波长/nm
黄绿	紫	400～500
黄	蓝	450～480
橙	绿蓝	480～490
红	蓝绿	490～500
紫红	绿	500～560
紫	黄绿	560～580
蓝	黄	580～600
绿蓝	橙	600～650
蓝绿	红	650～780

当一束光照射到某物质或某溶液时，组成该物质的分子、原子或离子与光子发生“碰撞”，光子的能量被分子、原子吸收，使这些粒子由最低能态（基态）跃迁到较高能态（激发态）：

$$M + h\nu \longrightarrow M^*$$

被激发的粒子约在 10^{-8} s 以后又回到基态，并以热或荧光等形式释放能量。

分子、原子或离子具有不连续的量子化能级，如图 2-12 所示，照射光的光子能量（$h\nu$）与被照射物质粒子的基态和激发态能量之差相当时才能发生吸收。不同物质微粒由于结构不同而具有不同量子化能级，其能级差也不相同。因此，物质对光的吸收具有选择性。

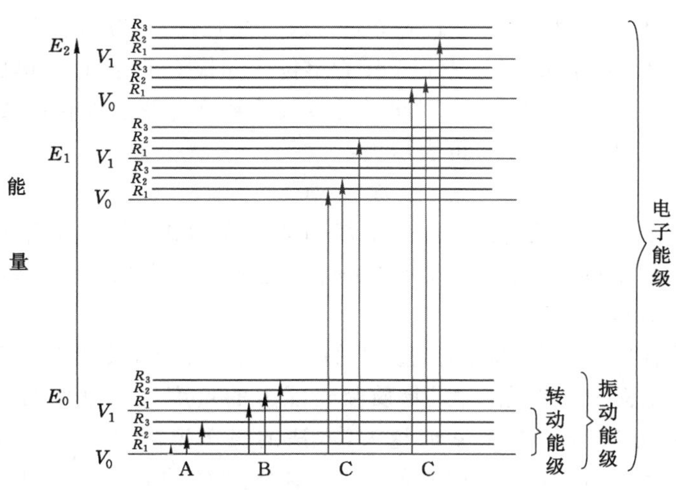

A—转动能级跃迁（远红外区）；B—转动/振动能级跃迁（近红外区）；C—转动/振动/电子能级跃迁（可见，紫外区）。

图 2-12　电磁波吸收与分子能级变化

各种物质都有其特征的分子能级，内部结构的差异决定了它们对光的吸收是具有选择性的。如果将各种波长的单色光，依次通过一定浓度的某物质溶液测量该溶液对各种光的吸收程度，然后以波长为横坐标、以物质的吸光度为纵坐标作图，即可以得到一条曲线，称为该物质的吸收光谱(吸收曲线)。图 2-13 为不同浓度的 1,10-邻二氮杂菲亚铁的吸收曲线。可见，该溶液对不同波长的光吸收情况不同。对 510 nm 的绿色光吸收最多，对应的波长称为最大吸收波长，用 λ_{max} 表示。对波长 600 nm 以上的橙红色光，则基本不吸收，甚至完全透过，所以溶液呈现橙红色，这说明物质呈色的原因以及对光的选择性吸收。不同物质其吸收曲线的形状和最大吸收波长各不相同，该特性可用于物质的初步定性分析。不同浓度的同一物质，最大吸收波长不变，在吸收峰及附近的吸光度随浓度的增加而增大。根据这个特性可对物质定量分析，若在 λ_{max} 处测定吸光度，则灵敏度最高。因此，吸收曲线是吸光光度法定量分析时选择测定波长的重要依据。

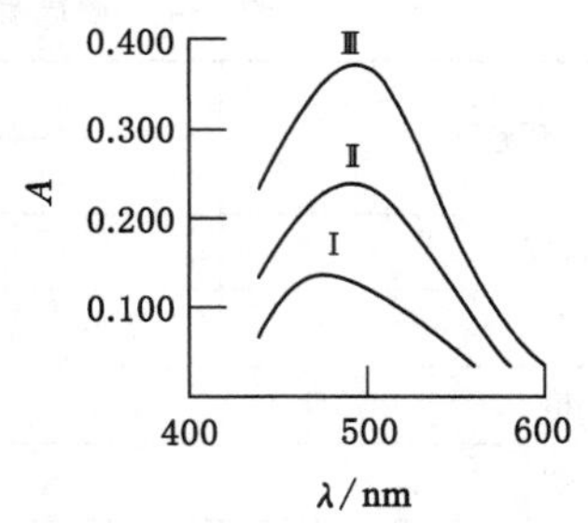

图 2-13　1,10-邻二氮杂菲亚铁溶液的吸收曲线

(二) 光的吸收基本定律——朗伯-比尔定律

当一束平行单色光通过单一均匀的、非散射的吸光物质溶液时，溶液吸收了光能，光的强度就要减弱。通过实验观察得到，溶液的浓度 C 越大，液层厚度 b 越厚，入射光越强，则光被吸收得越多，光强度的减弱也越显著。

$$A = -\lg T = \lg \frac{I_0}{I} = abC \tag{2-24}$$

式中：A 为吸光度；T 为透光度，$T=I/I_0$；I_0 为入射光强度；I 为透射光强度。比例常数 a 称为吸收系数，A 为无量纲量，通常 b 以 cm 为单位。如果 C 以 g/L 为单位，则 a 的单位为 L/(g·L)；如果 C 以 mol/L 为单位，则此时的吸收系数称为摩尔吸收系数，用 κ 表示，单位为 L/(mol·cm)。于是，式(2-24)可表示为：

$$A = \kappa bC \tag{2-25}$$

式(2-24)和式(2-25)都是朗伯-比尔定律的数学表达式。此定律不仅适用于溶液，也适用于其他均匀非散射的吸光物质(气体或固体)，是各类吸光光度法定量分析的依据。这种关系通常用回归方程式表示。

κ 是吸光物质在特定波长和溶剂情况下的一个特征常数，数值上等于浓度为1 mol/L 吸光物质在 1 cm 光程中的吸光度，是物质吸光能力的量度。它可作为定性鉴定的参数，也可用以估量定量方法的灵敏度：κ 值越大，方法的灵敏度越高。由实验结果计算 κ 时，常以被测物质的总浓度代替吸光物质的浓度，这样计算的 κ 值实际上是表观摩尔吸收系数。

κ 与 a 的关系为：

$$\kappa = Ma \tag{2-26}$$

式中：M 为物质的摩尔质量。

(三) 偏离朗伯-比尔定律的原因

根据朗伯-比尔定律,当吸收池厚度不变,以吸光度对浓度作图时,应得到一条通过原点的直线。但在实际工作中,常常产生正、负偏离现象,即对朗伯-比尔定律产生偏离(图 2-14),一般以负偏离的情况居多。

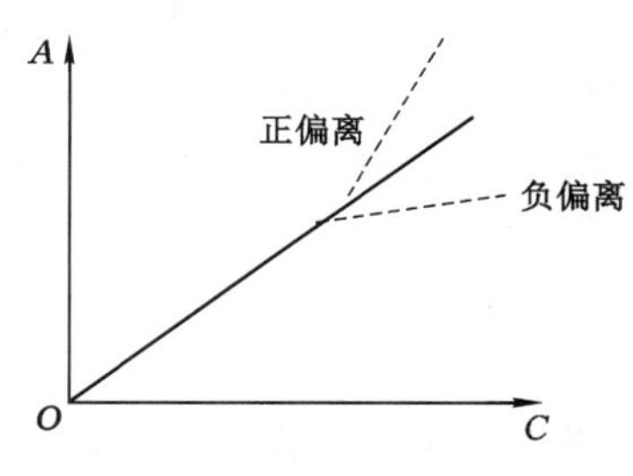

图 2-14 光度分析工作曲线

产生偏离的主要因素如下:

1. 仪器因素

朗伯-比尔定律仅适用于单色光。实际上,经单色器分光后通过仪器的出射狭缝投射到被测溶液的光,并不是理论上要求的单色光。这种非单色光是所有偏离朗伯-比尔定律的因素中较为重要的一个。通常用于测量的是一对小段波长范围的复合光,由于吸光物质对不同波长的光的吸收能力不一样,而导致对朗伯-比尔定律产生负偏离。在所使用的波长范围内,吸光物质的吸收能力变化越大,这种偏离就越显著。

2. 样品溶液因素

朗伯-比尔定律是建立在吸光质点之间没有相互作用的前提下的,它只适用于稀溶液。但随着溶液浓度的增大,吸光质点间的平均距离减小,彼此间相互影响和相互作用加强,就会改变吸光质点的电荷分布,从而改变它们对光的吸收能力,即改变物质的摩尔吸光系数,导致对朗伯-比尔定律产生偏离。此外,溶液中的化学反应,如吸光物质发生解离、缔合、形成新化合物或互变异构等作用,都会使被测组分的吸收曲线发生明显改变,吸收峰的位置、高度以及光谱的精细结构等都会不同,从而破坏了原来的吸光度与浓度的函数关系,偏离了朗伯-比尔定律。

三、光度计及其基本部件

吸光度的测定使用分光光度计进行,比如紫外-可见分光光度计、可见分光光度计等,种类和型号也繁多。按结构来分,可分为单波长单束光分光光度计、单波长双束光分光光度计、双波长分光光度计。单波长单光束分光光度计最常见,如图 2-15 所示。其特点是结构简单,参比池与样品吸收池先后被置于光路,时间间隔较长,若此时间内光源强度有波动,易带来测量误差,因此要求有稳定的光源电源。

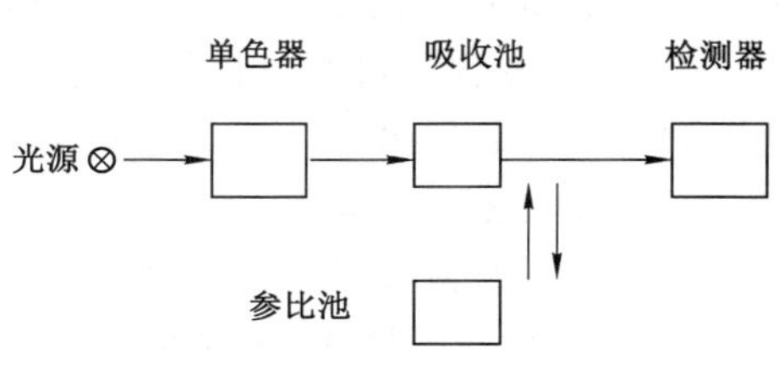

图 2-15 单波长单光束分光光度计

现将一般的分光光度计各部件的作用及性能介绍如下,以便正确使用各种仪器。

1. 光源

光源是提供入射光的装置,其基本要求是:在仪器的工作波长范围内,发射具有足够强度和良好稳定性的连续光谱,且辐射能量随波长无明显变化。在可见光区,最常用的光源是钨丝灯和碘钨灯,可使用的波长范围为 340～2 500 nm。氢灯和氘灯是紫外光区常用的连续光源,它们适用的波长范围为 160～375 nm。在相同的操作条件下,氘灯的光谱分布与氢灯类似,但光强度是氢灯的 3～5 倍,紫外-可见分光光度计同时配有可见和紫外两种光源。

2. 单色器

单色器是一种能将光源辐射的复合光分解为单色光的装置,通常由入射狭缝、准直镜、色散元件、聚焦透镜和出射狭缝等部件组成。其核心部分是色散元件,单色器的性能主要取决于色散元件的质量。常用的色散元件有棱镜和光栅。由于光栅在紫外、可见及近红外光谱区域内具有良好而均匀一致的色散能力,因此现在的商品仪器基本用光栅作为色散元件。

3. 吸收池

吸收池是用于盛装溶液并提供一定吸光厚度的器皿。它由透明的光学玻璃或石英材料制成,以透过所研究光谱区域的辐射。因此,可见光区进行测定时可以用玻璃吸收池,紫外光区则用石英吸收池。

4. 检测器

检测器是测量单色光透过溶液后光强度变化的装置。现在使用的分光光度计多使用光电管或光电倍增管作为检测器。它们通过光电效应将照射在检测器上的光信号转变为电信号。

5. 信号显示器

信号显示器的作用是将放大信号以适当方式显示或记录下来。简易型分光光度计通常采用悬镜式光电反射检流计测量光电流。一般地,高档的分光光度计采用函数记录仪、数字显示器或微处理机显示结果。

四、吸光度测量条件的选择

为使光度法有较高的灵敏度和准确度,除了要注意选择和控制适当的显色条件外,还必须选择和控制适当的吸光度测量条件。主要应考虑如下几点:

1. 入射光波长的选择

入射光的波长应根据吸收光谱曲线(图 2-13),一般选择 λ_{max}。这是因为在此波长处摩尔吸收系数最大,使测定有较高的灵敏度;同时,在此波长处的一个较小范围内,吸光度变化不大,不会造成对朗伯-比尔定律产生偏离,使测定有较高的灵敏度。

若 λ_{max} 不在仪器可测波长范围内或干扰物质在此波长处有强烈的吸收,那么可选用非最大吸收处的波长,并且应尽量选择 κ 值随波长改变而变化不太大的区域内的波长。

2. 参比溶液的选择

在吸光度的测量中,必须将溶液装入由透明材料制成的比色皿中,这样将发生如图 2-11所示的反射、吸收、透射等作用。由于反射以及溶液、试剂等对光的吸收会造成透射光强度的减弱,为了使光强度的减弱仅与溶液中待测物质的浓度有关,必须对上述影响进行校正,因此应采用光学性质相同、厚度相同的比色皿储存参比溶液。调节仪器使透过参比皿的吸光度为零,然后让光束通过样品池,测得试液显色液的吸光度为:

$$A=\lg\frac{I_0}{I}\approx\lg\frac{I_{参比}}{I_{试液}}$$

也就是说,将参比皿的光强度作为样品池的入射光强度。这样测得的吸光度比较真实地反映了待测物质对光的吸收,能够比较真实地反映待测物质的浓度。因此,在光度分析中,参比溶液的作用是非常重要的。一般参比溶液的原则如下:

(1) 如果仅待测物与显色剂的反应产物有吸收,可用纯溶液作为参比溶液。

(2) 如果显色剂或其他试剂略有吸收，应用空白溶液（不加试样的参比溶液）。

(3) 如果试样中其他组分有吸收，但不与显色剂反应，则当显色剂无吸收时，可用试样溶液作参比溶液；当显色剂略有吸收时，可在试液中加入适当掩蔽剂将待测组分掩蔽后再加显色剂，以此溶液作为参比溶液。

3. 吸光度度数范围的选择

吸光度实验测得的定值总是存在误差的。在不同吸光度下，相同的吸光度读数误差对测定带来的浓度误差是不同的。测量的吸光度过低或过高，误差都是非常大的，因而普通分光光度法不适用于高含量或极低含量物质的测定。

在实际工作中，应参照仪器说明书，创造条件使测定在适宜的吸光度范围内进行。例如，通过改变吸收池厚度或待测液浓度，使吸光度读数在适宜范围内。

第四节　原子吸收光谱法

一、概述

根据原子外层电子跃迁所产生的光谱进行分析的方法，称为原子光谱法，包括原子发射光谱法、原子吸收光谱法和原子荧光光谱法。本节重点介绍原子吸收光谱法。

原子吸收光谱法是以测量待测元素的气态基态原子外层电子对其特征谱线的吸收作用来进行定量分析的方法。以测定试液中镉离子的含量为例，说明原子吸收光谱法的分析过程，如图 2-16 所示。首先将试液喷射成雾状进入燃烧火焰中，含镉盐的细雾在高温火焰中蒸发、挥发并解离成镉的基态原子蒸气；然后用镉空心阴极灯作为光源，它能辐射出波长为 228.80 nm 的镉特征谱线的光，当光通过具有一定厚度的镉原子蒸气时，部分光被蒸气中的镉基态原子吸收而减弱，透过光通过单色器分光后，由检测系统测得镉特征谱线减弱的程度，即吸光度；最后根据吸光度与试液浓度之间的线性关系，可求得试液中镉的含量。

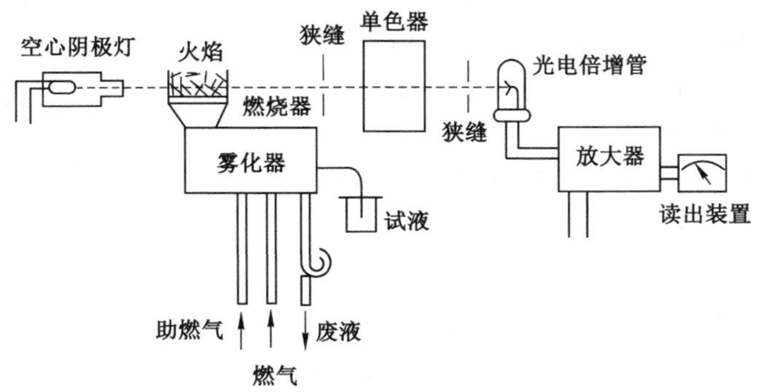

图 2-16　原子吸收分析示意图

原子吸收光谱法是一种重要的成分分析方法，可对 70 种以上的元素进行定量测定。该法具有如下优点：检出限低，火焰原子吸收法可达 10^{-9} g/mL，石墨炉原子吸收法可达到 $10^{-10}\sim10^{-14}$ g；准确度高，火焰原子吸收法的相对误差小于 1%，石墨炉原子吸收法约为

3%～5%；选择性好，在大多数情况下，共存元素对被测元素不产生干扰；分析速度快；仪器比较简单，价格较低廉，一般实验室都可配备。因此，原子吸收光谱法已成为一种常规的分析测试手段，得到广泛的应用。原子吸收光谱法的局限性如下：测定一些难溶元素，如稀土元素、锆、铪、铌、钽等以及非金属元素不能令人满意；测定一种元素就得换一个空心阴极灯，使多元素的同时分析受到限制。

二、原子吸收光谱法基本原理

1. 原子吸收光谱的产生

一个原子可以具有多种能级状态，当有辐射通过基态原子蒸气时，如果入射辐射的频率等于原子中外层电子由基态跃迁至激发态（一般都是第一激发态）所需要的能量频率，原子就会从辐射场中吸收能量产生共振吸收，电子从基态跃迁至激发态，同时使入射辐射减弱，产生原子吸收光谱。使电子从基态跃迁至第一激发态时所产生的吸收谱线称为共振吸收线；反之，当它再返回基态时，会发射出相同频率的谱线，称为共振发射线，统称为共振线。由于共振线激发时所需的能量最低、跃迁概率最大，因此对大多数元素来说，共振线是元素的灵敏线。

2. 原子吸收光谱的性质

(1) 原子吸收光谱的波长。原子对辐射的吸收是有选择性的，这种选择性由原子的能级结构决定。由于各种元素的原子结构及外层电子的排布不同，其能级结构也不同，因而各种元素的共振线各具有其特征波长，所以共振线是元素的特征谱线。由于原子外层电子产生共振吸收跃迁所需的能量一般在 1～20 eV，依据普朗克关系式

$$\Delta E = h\frac{c}{\lambda} \tag{2-27}$$

得到所对应共振线的波长位于紫外-可见光区。

(2) 原子吸收线的轮廓和吸收线宽度。原子吸收线并不是一条严格几何意义上的线，而是占据着有限的、相当窄的频率或波长范围，即谱线具有一定宽度和轮廓。吸收线可用吸收系数 K_v 与频率的关系图来表示，见图 2-17。若将入射光强度 I_0 的不同频率的光通过原子蒸气，吸收后其透过光强度 I_v 与原子蒸气的厚度 b 的关系，同可见光吸收情况类似，服从朗伯-比尔定律，即：

$$I_v = I_0 e^{-K_v b} \tag{2-28}$$

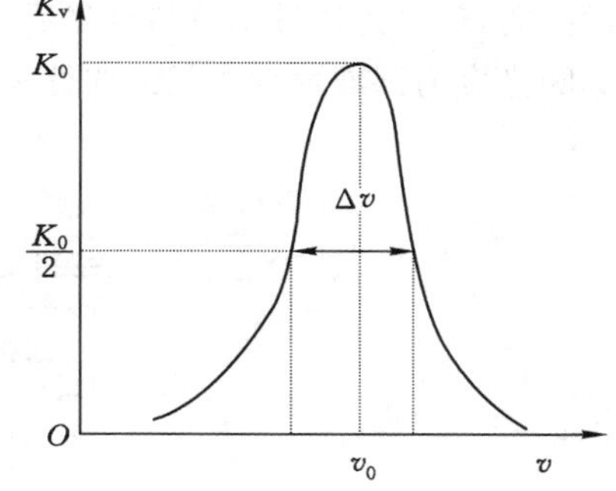

图 2-17 吸收线轮廓和半宽度

原子吸收线常用其中心频率 v_0（中心波长 λ_0）和半宽度 Δv（$\Delta\lambda$）来表征。与最大吸收对应的频率 v_0 称为中心频率，其值由原子能级决定。中心频率对应的吸收系数 K_0 称为峰值吸收系数。吸收线的半宽度是指吸收系数等于 $\frac{K_0}{2}$ 处吸收线轮廓上两点之间的频率或波长差 Δv 或 $\Delta\lambda$，简称吸收线的宽度，为 10^{-3}～10^{-2} nm。同样发射线也具有一定的宽度。

原子吸收线的宽度受诸多因素的影响，一是与原子自身的性质有关，二是受外界因素的影响造成谱线变宽。通常在原子吸收光谱法条件下，吸收线轮廓主要受多普勒变宽和劳

仑兹变宽(由于吸收原子和其他粒子碰撞而产生的变宽)的影响。当共存元素原子浓度很低时,吸收线变宽主要受多普勒变宽的影响。多普勒变宽是原子在空间做无规则的热运动产生多普勒效应而引起的,又称为热变宽。多普勒变宽可表示为:

$$\Delta v_D = 7.162 \times 10^{-7} v_0 \sqrt{\frac{T}{A_r}} \tag{2-29}$$

式中:v_0 为谱线的中心频率;T 为热力学温度;A_r 是相对原子质量。由式(2-28)可以看出,待测原子的相对原子质量越小,温度越高,则吸收线轮廓变宽越显著。

3. 基态原子数 N_0 与激发态原子数 N_j 的关系

在原子吸收光谱法中,大都采用火焰或石墨炉原子化器,常用温度低于 3 000 K。此时大多数化合物经过一系列过程转变成气态基态原子,其中可能有极小部分热激发为激发态原子。在一定温度下,当处于热力学平衡时,激发态原子数 N_j 与基态原子数 N_0 之比服从玻耳兹曼分布定律:

$$\frac{N_j}{N_0} = \frac{g_j}{g_0} e^{-\frac{E_j}{kT}} \tag{2-30}$$

式中:g_j 和 g_0 分别为激发态和基态的统计权重;E_j 为激发能;T 为热力学温度;k 为玻耳兹曼常数,$k=1.381\times10^{-23}$ J/K。

在原子光谱中,对于一定波长的谱线,$\frac{g_j}{g_0}$ 和 E_j 都是已知值,只要火焰温度确定,就可以计算出 $\frac{N_j}{N_0}$ 值。表 2-5 列出了几种元素共振线的 $\frac{N_j}{N_0}$ 值。

表 2-5　几种元素共振线的 N_j/N_0 值

元素	共振线的波长 λ/nm	g_j/g_0	N_j/N_0			
			T=2 000 K	T=3 000 K	T=4 000 K	T=5 000 K
Cs	852.1	2	4.44×10^{-4}	7.24×10^{-3}	2.98×10^{-2}	6.82×10^{-2}
Na	589.0	2	9.86×10^{-6}	5.88×10^{-4}	4.44×10^{-3}	1.51×10^{-2}
Ca	422.7	3	1.21×10^{-7}	3.69×10^{-5}	6.03×10^{-4}	3.33×10^{-3}
Zn	213.9	3	7.29×10^{-15}	5.58×10^{-10}	1.48×10^{-7}	4.32×10^{-6}

从表 2-5 可以看出,N_j/N_0 值是比较小的。由于大多数元素的共振线波长都小于 600 nm,常用于热激发温度又低于 3 000 K,因此对大多数元素来说,N_j/N_0 值都小于 1%,即热激发态原子数远小于基态原子数,热激发态中基态原子占绝对多数,N_j/N_0 值可忽略不计。可以认为,基态原子数实际代表待测元素的原子总数。

4. 原子吸收法的定量基础

基于原子蒸气所吸收的全部能量在原子吸收光谱法中称为积分吸收,即图 2-17 中原子吸收线下面所包括的整个面积。曲线积分 $\int K_v \mathrm{d}v$ 可用下式表示:

$$\int K_v \mathrm{d}v = \frac{\pi e^2}{mc} f N_0 \tag{2-31}$$

式中:e 为电子电荷;m 为电子质量;c 为光速;f 为振子强度,它代表每个原子能被光源辐射激发的平均电子数，在一定条件下，对于一定元素，f 可视为一常数；N_0 为单位体积内原子蒸气中吸收辐射的基态原子数。

式(2-31)表明，谱线的积分吸收与基态原子数成正比。所以，若能测得积分吸收值，便可计算出待测元素的含量。但是，由于原子吸收线的半宽度仅为 10^{-3} nm 数量级，若要准确测定积分吸收值，就要精确地对原子吸收线的轮廓进行扫描，这就需要高分辨率的单色仪。1955 年，澳大利亚物理学家沃尔什(A.Walsh)提出用测定峰值吸收系数 K_0 来代替积分吸收系数的测定，并采用锐线光源测量谱线的峰值吸收。

在通常原子吸收光谱测定条件下，吸收线形状只取决于多普勒变宽，此时 K_0 与多普勒变宽的半宽度 Δv_D 的关系为：

$$K_0 = \frac{2\sqrt{\pi \ln 2}}{\Delta v_D} \cdot \frac{e^2}{mc} N f \tag{2-32}$$

当测定条件不变时，多普勒变宽是常数，对一定的待测元素，振子强度 f 也是常数。因此，峰值吸收系数 K_0 与单位体积原子蒸气中基态原子数成正比。

为了测量 K_0 值，必须使光谱源发射线的中心频率与吸收线的中心频率一致，而且发射线的半宽度必须比吸收线半宽度小得多，如图 2-18 所示。

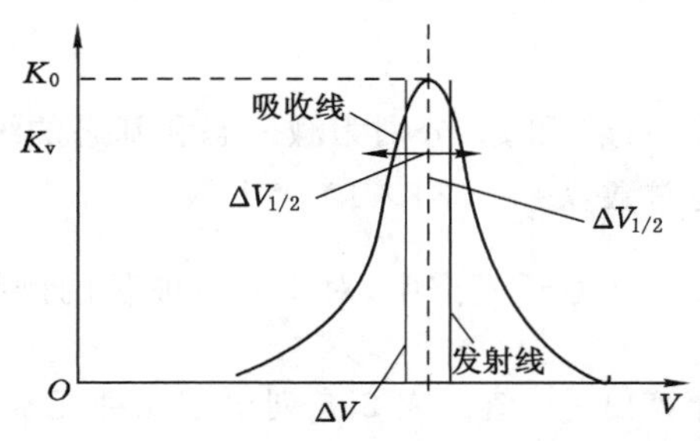

图 2-18　峰值吸收测量示意图

由于锐线光源发射线的半宽度只有吸收线半宽度的 1/5～1/10，这样积分吸收与峰值吸收非常接近，因此可以用 K_0 代替式(2-28)中的 K_v，即：

$$I_v = I_0 e^{-K_0 b} \tag{2-33}$$

则：

$$A = \lg \frac{I_0}{I_v} = 0.434\ 3 K_0 b \tag{2-34}$$

式中：A 为吸光度。

从式(2-34)可以看出，吸光度与吸收程长度成正比。因此，适当增加吸收程长度可以提高测定的灵敏度。

在实际测量中，若从吸光度来测量吸收特征谱线的原子总数，则不必求峰值吸收系数 K_0。将式(2-32)代入式(2-34)中，则：

$$A = 0.434\ 3 \times \frac{2\sqrt{\pi \ln 2}}{\Delta v_D} \cdot \frac{e^2}{mc} N f b \tag{2-35}$$

在一定实验条件下，Δv_D 和 f 都是常数，令：

$$k = 0.434\ 3 \times \frac{2\sqrt{\pi \ln 2}}{\Delta v_D} \cdot \frac{e^2}{mc} f \tag{2-36}$$

则式(2-35)可表示为：

$$A = kNb \tag{2-37}$$

式(2-36)表明，吸光度与待测元素原子总数成正比。在实际分析中，要求测定的是试样中待测元素的浓度，而此浓度是与原子蒸气中待测元素原子总数成正比的。因此，吸光度与试样中待测元素浓度 C 的关系可表示为：

$$A = KC \tag{2-38}$$

上式中，由于 K 值在一定实验条件下是一个常数，因此式(2-38)是原子吸收光谱法定量的依据。

三、原子吸收光谱仪

原子吸收光谱仪主要由光源、原子化系统、分光系统和检测系统组成，如图 2-19 所示。

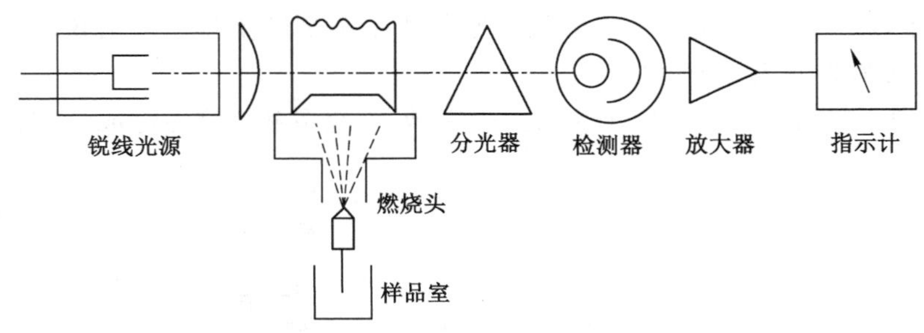

图 2-19　火焰原子吸收光谱仪

由锐线光源射出的待测元素的特征光谱线，通过原子化器，被火焰中待测元素基态原子吸收以后进入单色器，经分光之后由检测器转化为电信号，最后经放大在读数系统读出。

1. 光源

(1) 锐线光源。锐线光源的作用是发射待测元素的共振辐射。对光源的要求是：发射线的半宽度要明显小于吸收线的半宽度；辐射强度足够大；稳定性好；使用寿命长等。空心阴极灯是符合上述要求的理想锐线光源。

(2) 空心阴极灯的构造。如图 2-20 所示，空心阴极灯由一个用待测元素材料制成的空心圆筒形阴极和一个由钨、钛或其他材料制成的阳极组成，阴极和阳极密封在带有石英窗口的硬质玻璃壳内，内充低压惰性气体(氖或氩)。

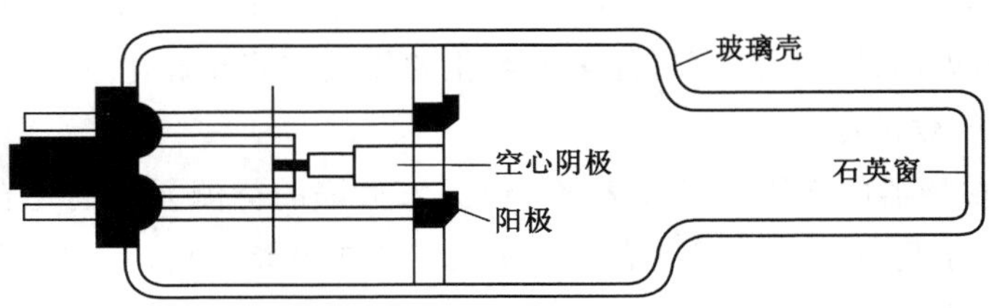

图 2-20　空心阴极灯示意图

(3) 空心阴极灯的工作原理。当在空心阴极灯的阴极和阳极之间施加 100～400 V 电压时，可产生辉光放电。阴极发射出的电子在电场作用下高速射向阳极的途中，可与内充惰性气体的原子碰撞并使之电离。惰性气体的离子(带正电荷)从电场中获得动能，高速撞击阴极表面，就可以使阴极表面待测元素的原子获得能量从晶格能的束缚中逸出而进入空腔，这种现象称为阴极的“溅射”。溅射出来的待测元素的原子在空腔内与电子、惰性气体的原子或离子相互碰撞，获得能量以后被激发，返回基态时发射出待测元素的特征谱线(其中也混杂着内充气体及阴极材料中杂质的谱线)。因此，用不同的待测元素作为阴极材料时，可以制成各相应待测元素的空心阴极灯,发射出各自的特征谱线。为了避免光谱干扰,制灯时必须选用纯度很高的金属或合金,使待测元素的共振线附近无内充气体或杂质元素的强谱线。

2. 原子化系统

原子化系统的作用是将试样中的待测元素转变成基态原子蒸气。待测元素由化合物离解成基态原子的过程,称为原子化过程,如图 2-21 所示。

需要指出的是,在原子化过程中,如果温度过高,则基态原子可能进一步激发或产生电离,使基态原子数量减少,测定灵敏度降低。原子化系统是原子吸收光谱仪的核心。目前,有火焰原子化法和非火焰原子化法。

(1) 火焰原子化装置。火焰原子化器由喷雾器、雾化室和燃烧器组成,如图 2-22 所示。

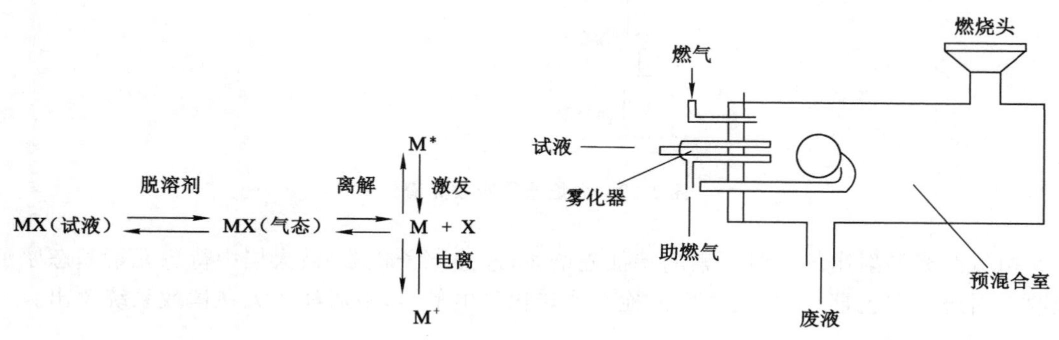

图 2-21 原子化过程

图 2-22 燃烧器结构示意图

① 喷雾器。喷雾器的作用是将样品溶液雾化,使之成为微米级的细雾。如图 2-22 所示,当高压助燃气体由外管高速喷出时,在内管的管口处形成负压,试液由毛细管吸入并被高速气流分散成雾滴,喷出的雾滴再撞击到撞击球上,进一步分散成细雾(气溶胶)。要求喷雾器喷雾稳定,而且喷出的雾滴细小、均匀,雾化效率高。

② 雾化室。雾化室的作用是使燃气、助燃气与试液的细雾在雾化室内充分混合均匀,以保证得到稳定的火焰;同时,还可以使未被细化的较大雾滴在雾化室内凝结为液珠,沿室壁流入泄漏管,然后被排走。

③ 燃烧器。燃烧器的作用是形成火焰,使进入火焰的待测元素的化合物经过干燥、熔化、蒸发、解离及原子化过程转变成基态原子蒸气。要求燃烧器的原子化程度高,火焰稳定,吸收光程长及噪声小。

在原子吸收光谱法中,火焰的作用是提供一定的能量,促使试样雾滴蒸发、干燥,并且在过热离解或还原作用下产生大量基态原子。因此,对于原子吸收法所使用的火焰,只要其温度能使待测元素离解成游离基态原子就可以了。若超过所需温度,由玻耳兹曼方程中可以看出,激发态原子将增加,电离度增大,基态原子减少,这对原子吸收是很不利的。在确保待测元素充分离解为基态原子的前提下,低温火焰比高温火焰具有较高的灵敏度。对某些元素来说,如果温度过低,则其盐类不能离解,反而使灵敏度降低,并且还会发生分子吸收,可能会增大干扰。一般对于易挥发或电离电位较低的元素(如 Pb、Cd、Zn、Sn、碱金属及碱土金属等),应使用低温且燃烧较慢的火焰。与氧易生成耐高温氧化物而难离解的元素(如 Al、V、Mo、Ti、W 等),应使用高温火焰。表 2-6 列出了几种常见的火焰温度及燃烧速度。

表 2-6 火焰温度及燃烧速度

燃料气体	阻燃气体	最高温度/K	燃烧速度/(cm·s^{-1})
煤气	空气	2 110	55
丙烷	空气	2 195	82
氢气	空气	2 320	320
乙炔	空气	2 570	160
氢气	氧气	2 970	900
乙炔	氧气	3 330	1 130
乙炔	氧化亚氮	3 365	180

根据燃气与助燃气化学计量比不同,可将火焰分为三类:

a. 化学计量性火焰。这种火焰的燃气与助燃气的比与化学反应的化学计量关系相近,具有温度高、稳定性好、干扰少及背景低等特点,适用于大多数元素的测定。

b. 富燃性火焰。当燃气与助燃气的比大于化学计量关系时,就形成富燃性火焰。这种火焰由于燃烧不完全,火焰呈黄色,温度稍低,火焰具有较高的还原性,背景高,干扰较多,不如化学计量性火焰稳定,适用于易形成难解离氧化物的元素(如铍、钼、铅)的测定。

c. 贫燃性火焰。当燃气与助燃气的比小于化学计量关系时,就形成贫燃性火焰。这种火焰燃烧完全,火焰呈蓝色,温度较低,火焰具有较强的氧化性,适用于测定易解离、易电离的元素,如碱金属等。

(2) 非火焰原子化装置。目前应用最广泛的非火焰原子化器是管式石墨炉原子化器,主要由加热电源、炉体和石墨管组成,如图 2-23 所示。

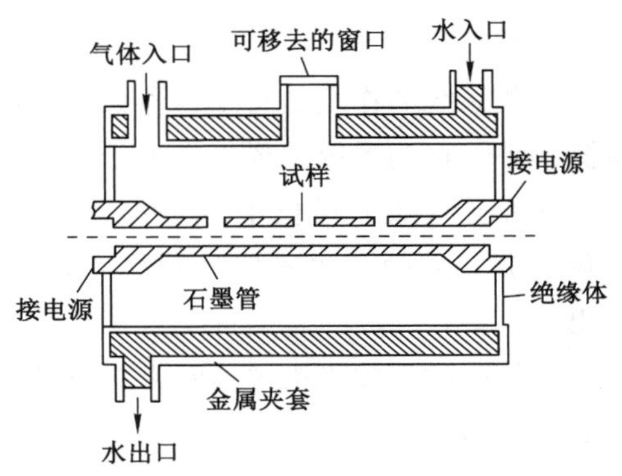

图 2-23 石墨炉原子化器示意图

加热电源的作用是提供样品中待测元素原子化所需的能量。一般采用低电压(10 V)、大电流(300～500 A)的供电设备,使石墨管迅速加热,达到 2 000 ℃以上的高温,并且能够根据需要进行调节。

① 炉体。为了防止样品及石墨管氧化,需要不断地通入惰性气体,以保护石墨管不被烧蚀,使已经原子化的原子不再被氧化,除去干燥和灰化过程中所产生的基体蒸气。水冷却外套是为了确保炉体在切断电源后炉体能迅速降至室温,其两端为石英窗口。

② 石墨管。石墨管的内径约 8 mm,长约 28 mm,管中央开一小孔(进样孔),两端用铜电极夹住向石墨管通电,样品用微量进样器直接由进样孔注入石墨管中,经过干燥、灰化、原

子化和高温除残4个程序完成升温过程，实现样品中待测元素转变成基态原子蒸气。

③ 与火焰原子化器相比，石墨炉原子化器的特点如下：具有较高且可以控制的温度，原子化效率高达90%；气态原子在吸收区的停留时间长达0.1～1 s数量级，比在火焰中长100～1 000倍；样品消耗量小，通常液体样品体积为1～50 μL，固体样品为0.1～1 mg数量级；绝对灵敏度比火焰法高100～1 000倍，可达10^{-9}～10^{-12} g，尤其适用于难挥发、难原子化元素和微量样品的分析。其缺点是测量精密度比火焰法差，基体影响大，干扰较复杂；另外，其操作也不如火焰法简便。

3. 分光系统

分光系统的作用是将待测元素的共振线与邻近谱线分开。它由光栅、反射镜和狭缝组成，又称为单色器。在原子吸收光谱测定时，要求单色器既要将共振线与邻近谱线分开，又要保证要一定的出射光强度，即集光本领。而原子吸收测定时，吸收线是由锐线光源发出的，共振谱线较简单。因此，它只要求光栅能将共振线与邻近谱线分开到一定程度即可，并不要求有过高的分辨率。当光源强度一定时，选择具有适当色散率的衍射光栅与狭缝宽度相配合，就构成了适用于检测器测定的光谱通带W。它们之间的关系为：

$$W = DS \tag{2-39}$$

式中：W为光谱通带，即通过单色器出射狭缝后的光束波长区间的宽度，nm；D为色散元件光栅的倒线色散率，mm；S为出射狭缝宽度，nm。

在原子吸收测定时，通带的大小是仪器的工作条件之一。通带增大，即狭缝加宽，进入单色器的光强度增加；与此同时，通过单色器出射狭缝的辐射光波长范围也变宽，使单色器的分辨率降低，靠近分析线的其他非吸收线的干扰和光源背景干扰也增大，使工作曲线弯曲，产生误差。反之，通带窄，虽能使分辨率得到改善，但进入单色器的高强度减少，使测定灵敏度降低。因此，应根据测定需要选择通带。

4. 检测系统

检测系统的作用是将单色器分光后微弱的光信号转换为电信号，最后以吸光度显示其检测结果。检测系统主要由光电倍增管、放大器和读数记录系统组成。

在原子吸收光谱仪中，常用光电倍增管作检测器，其作用时将经过原子蒸气吸收和单色器分光后的微弱光信号转换为电信号，再经过放大器放大后，便可在读数装置上显示出来。

现代原子吸收光谱仪通常设有自动调零，自动校准、标尺扩展、浓度直读、自动取样及自动处理数据等装置。

5. 仪器类型

原子吸收光谱仪按分光系统划分，可分为单光束型和双光束型两种，如图2-24所示。

1. 单光束型

单道单光束是指仪器只有一个单色器，外光路只有一束光，其结构原理如图2-24(a)所示。该仪器结构简单，共振线在外光路损失少，灵敏度较高，能满足一般分析工作的要求。缺点是不能消除光源波动引起的基线漂移。因此，空心阴极灯应充分预热，并在测量时经常校正零吸收。

2. 双光束型

这类仪器的基本构造原理如图 2-24(b)所示。它将空心阴极灯辐射的共振线用切光器 1 分成两束光。一束光通过火焰产生共振吸收；另一束光绕过火焰，两光束在切光器 2 处相会，并分别交替进入单色器和检测器。获得的信号是对两束光进行比较的结果，即两束光的强度比或吸光度之差。因此，可以消除光源和检测器不稳定引起的基线漂移，但它仍不能消除原子化器不稳定和背景产生的影响。

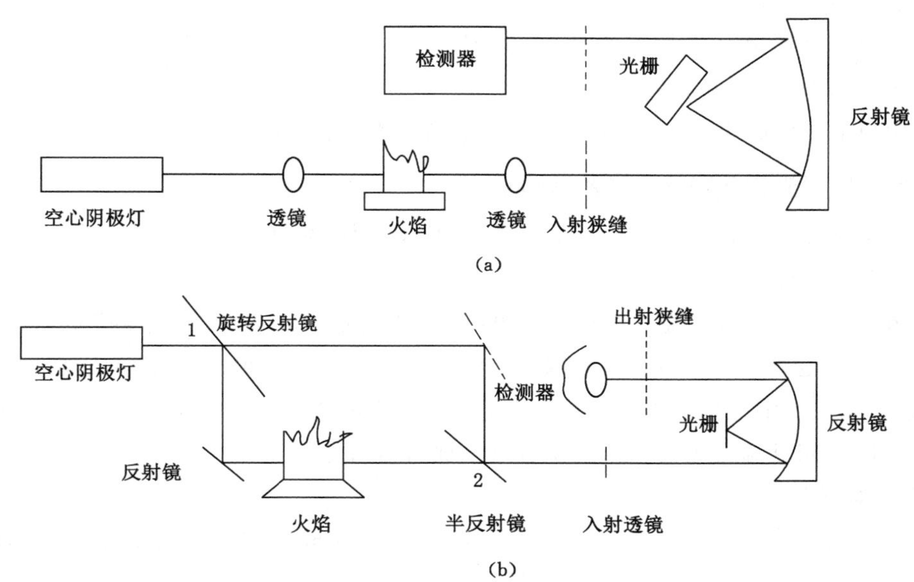

图 2-24　原子吸收光谱仪结构原理图

四、定量分析方法

根据式(2-37)，当待测元素浓度不高时，在吸收程长度固定的情况下，试样的吸收度与待测元素浓度成正比。在实际测量中，通常将试样吸光度与标准溶液或标准物质比较，从而得到定量分析结果。常用的方法包括标准曲线法和标准加入法。

(一) 标准曲线法

标准曲线法是最常用的方法，适用于共存组分间互不干扰的试样。

配一组浓度合适的标准溶液系列(试样浓度应尽量包含在内)，由低浓度到高浓度分别测定吸光度；以浓度为横坐标，吸光度为纵坐标作图，绘制 A-C 标准曲线图，如图 2-25 所示。在相同条件下测定试样溶液吸光度，由 A-C 标准曲线求得试样溶液中待测元素浓度。

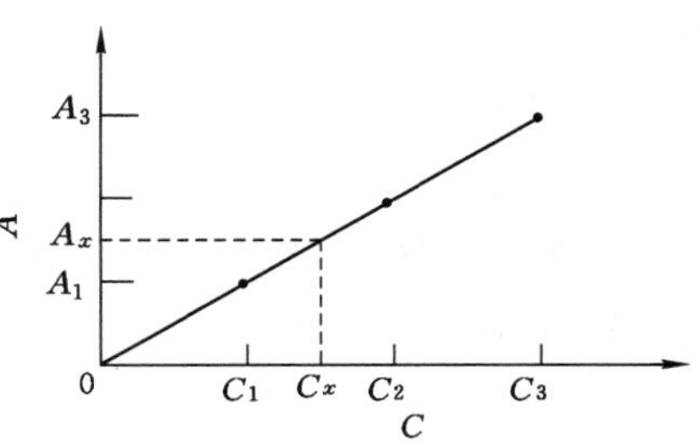

图 2-25　标准曲线法示意图

(二) 标准加入法

若试样基体组成复杂，且基体成分对测定又有明显干扰，此时可采用标准加入法。

取若干份(4 份)等量的试样溶液,分别加入浓度为 0、C_1、C_2、C_3 的标准溶液,稀释到同一体积后,在相同条件下分别测定吸光度。以加入的被测元素浓度为横坐标,对应吸光度为纵坐标,绘制 A-C 曲线图,延长该曲线至横坐标相交处,即试样溶液中待测元素浓度 C_x,如图 2-26 所示。

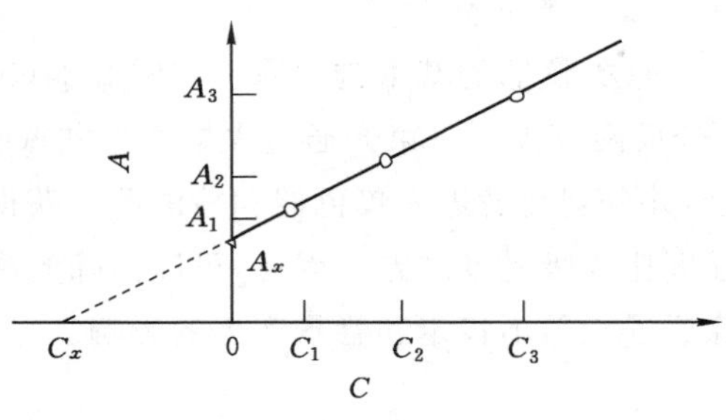

图 2-26 标准加入法示意图

使用标准加入法时应注意:

(1) 此法可消除基体效应带来的影响,但不能消除分子吸收、背景吸收的影响。

(2) 应保证标准曲线的线性,否则曲线外推易造成较大的误差。

五、原子吸收光谱法中的干扰及其抑制

原子吸收光谱法中的干扰主要有电离干扰、化学干扰、物理干扰和光谱干扰。

(一) 电离干扰

某些易电离的元素在高温火焰中发生电离,使基态原子数减少,灵敏度降低,这种现象称为电离干扰。电离干扰在碱金属和碱土金属的测定中较为严重,且火焰温度越高,电离干扰越严重,可以加入消电离剂来抗干扰。例如,在测定 K、Na 时,加入足量的铯盐可消除电离干扰;另外,采用低温火焰也可以减少电离干扰的影响。

(二) 化学干扰

化学干扰是指待测元素与共存元素发生化学反应,生成更加稳定的化合物,从而降低待测元素的原子化效率,形成干扰。化学干扰是原子吸收光谱分析中主要来源,产生的原因是多方面的。典型的化学干扰是待测元素与共存元素之间形成更加稳定的化合物,使基态原子数目减少。常用的消除方法如下:

1. 加入释放剂

当待测元素与共存元素在火焰中能生成稳定化合物时,加入另一种物质使之与共存元素作用生成更加稳定、更加难以挥发的化合物,而使待测元素从共存元素形成的化合物中释放出来。这种加入的物质称为释放剂。例如,磷酸盐干扰钙的测定,加入氯化镧作为释放剂,镧与磷酸盐生成更稳定的化合物而将钙释放出来。

2. 加入保护剂

保护剂大多是络合剂,能与待测元素或共存元素形成稳定的络合物,从而消除化学干扰。例如,磷酸盐干扰钙的测定,加入保护剂 EDTA,此时钙转化成容易原子化的Ca-EDTA络合物,抑制磷酸盐的干扰。

3. 加入基体改进剂

加入某种物质,它与基体形成易挥发的化合物,在原子化前除去,避免与待测元素共挥发。例如,在石墨炉测定中,氯化钠基体对测定镉有干扰,此时可加入硝酸铵,使其转变成易挥发的氯化铵和硝酸铵,可在灰化阶段除去。

此外,还可采用提高火焰温度、化学预分离等方法来消除化学干扰。

（三）物理干扰

物理干扰是指由于样品溶液和标准溶液的物理性质（如表面张力、黏度、密度、温度等）之间的差异而引起的干扰。例如，试液黏度的改变影响试液喷入火焰的速度；表面张力的不同影响试液形成雾滴的大小及分布；雾化气体的压力影响喷入量的多少；试液中所含盐类在火焰中蒸发、解离时需要能量，影响火焰的温度；等等。上述这些因素都将影响进入原子化器中的待测元素的原子数量，因而影响吸光度的测定。物理干扰可以通过稀释试液，使样品溶液与标准溶液具有相同的基体组成，或者采用标准加入法等来消除干扰。

（四）光谱干扰

光谱干扰是指与光谱发射和吸收有关的干扰，它主要来自光源和原子化器，也与共存元素有关，包括谱线干扰和背景干扰。

1. 谱线干扰

当光源产生的共振线附近存在有非待测元素的谱线或试样中待测元素共振线与另一元素吸收线十分接近时，均会产生谱线干扰，可用减小狭缝、另选分析线的方法来抑制这种干扰。

2. 背景干扰

背景干扰包括分子吸收和光散射引起的干扰。分子吸收是指在原子化过程中生成的气态分子、氧化物和盐类分子等对光源共振辐射产生吸收而引起的干扰；光散射则是在原子化过程中产生的固体微粒对光产生散射而引起的干扰。在现代原子吸收光谱仪中，人们多采用氘灯扣背景和塞曼效益扣背景的方法消除这种干扰。

六、测定条件的选择

测定条件的选择对测定的灵敏度、稳定性、线性范围和重现性等有很大的影响。最佳测定条件应根据实际情况进行选择，主要应考虑以下几个方面：

1. 分析线

通常选择待测元素的共振线作为分析线。但测量较高浓度时，可选用次灵敏线。例如，测钠用 $\lambda=589.0$ nm 作分析线。共振线处于远紫外区（200 nm 以下），火焰对其有明显吸收，故不宜用共振线作分析线。此外，稳定性差时，也不宜用共振线作分析线，如铅的共振线是 217.0 nm，稳定性较差。若用 283.3 nm 次灵敏线作分析线，则可获得稳定的结果。

2. 空心阴极灯电流

空心阴极灯一般需要预热 15 min 以上才能有稳定的光强输出。灯电流过小，放电不稳定，光强输出小；灯电流过大，造成被气体离子激发的金属原子数增多，由于热变宽和碰撞变宽的影响，使发射线明显变宽，灯内自吸现象增大，导致灵敏度下降，灯的寿命缩短。选用灯电流的一般原则是：在保证稳定和合适光强输出的情况下，尽量使用较低的工作电流。通常以空心阴极灯上标注的最大工作电流（5～10 mA）的 40%～60%为宜。

3. 狭缝宽度

若无临近干扰线时，可选择较宽的狭缝，如测定 K、Na；若有临近干扰线时，则选择较小的狭缝，如测定 Ca、Mg、Fe。

4. 火焰

在火焰原子化器中，火焰的种类和燃助比是影响原子化效率的主要因素。选择的一般原则是：对于易电离、易挥发的元素（如碱金属和部分碱土金属）以及容易与硫化合的元素（如 Cu、Ag、Cd、Sn、Zn 等）可使用较低温度的火焰，如空气-乙炔火焰；对于难挥发和易生成难解离氧化物的元素（如 Al、Si、Ti、W、B 等）可使用高温火焰，如氧化亚氮-乙炔火焰；对于分析线位于 200 nm 左右的元素（如 As、Se 等），可选用空气-氢气火焰。对于确定火焰种类的火焰，可以通过改变燃助比来改变火焰的温度及性质。一般来说，富燃性火焰适用于易形成难解离氧化物元素的测定；贫燃性火焰有利于测定易解离、易电离的元素，如碱金属等；化学计量性火焰适用于多数元素的测定。

4. 观测高度

观测高度又称为燃烧头高度。通过调节燃烧头高度，使来自空心阴极灯的光束通过自由原子浓度最大的火焰区，此时灵敏度高，测量稳定性好。若不需要高灵敏度时，如测定高难度试样溶液，可通过旋转燃烧头的角度降低灵敏度，这样有利于测定。

第五节　气相色谱法

一、概述

（一）色谱法简介

色谱法又称为色层法或层析法，是一种用以分离、分析多组分混合物的极有效的物理及物理化学分析方法。

色谱法是俄国植物学家茨维特于 1906 年提出的。他在研究植物叶色素成分时使用了一根竖直的玻璃管，管内充填碳酸钙，然后将植物叶的石油醚浸取液由柱的顶端加入，并继续用纯石油醚淋洗。植物叶中不同色素在柱内得到分离并形成不同颜色的谱带，茨维特称这种分离方法为“色谱法”。随着色谱技术的发展，色谱对象已不再限于有色物质，但“色谱”一词沿用至今。色谱法应用于分析化学中，在与适当的检测手段相结合时，就构成了色谱分析法。通常所说的色谱法是指色谱分析法。

色谱法中，人们将上述起分离作用的柱称为色谱柱，固定在柱内的填充物（如碳酸钙）称为固定相，沿着柱体流动的流体（如石油醚）称为流动相。

用液体作为流动相的色谱法称为液相色谱法，用气体作为流动相的称为气相色谱。又因为固定相可以是固体或载附在惰性固体物质（担体）上的液体（固定液），所以按所需的固定相和流动相的不同，色谱法可以分为以下几类（图 2-27）：

气相色谱
- 气固色谱：流动相为气体，固定相为固体吸附剂
- 气液色谱：流动相为气体，固定相为液体

液相色谱
- 液固色谱：流动相为液体，固定相为固体吸附剂
- 液液色谱：流动相为液体，固定相为液体（涂在担体上）

图 2-27　色谱法分类

(二) 气相色谱法特点

气相色谱法具有高效、快速、灵敏和应用范围广等特点。

(1) 分离效能高。它能分离、分析很复杂的混合物或性质极近似的物质，这是 这种分离分析方法突出的特点。

(2) 灵敏度高。人们利用高灵敏度的检测器可以检测出 $10^{-11}\sim10^{-13}$ g 的物质。

(3) 快速。一般几分钟或几十分钟内，可完成一个组成较复杂或很复杂的试样分析。

(4) 应用范围广。不仅可以分析气体，也可以分析液体、固体及包含在固体中的气体。只要在 −196～450 ℃的温度范围内有不低于 27～330 Pa 的蒸气压，且在操作条件下热稳定性好的物质，原则上均可以用气相色谱法进行分析。

因此，气相色谱法已成为石油、化学、化工、生化、医药、农业、环境保护等行业科研人员分析手段。

气相色谱法的不足之处在于，它不适用于沸点高于 450 ℃的难挥发物质和热不稳定物质的分析。

(三) 气相色谱分析流程

气相色谱分析都是在气相色谱仪上进行的。一般气相色谱仪的主要部件和分析流程如图 2-28 所示。

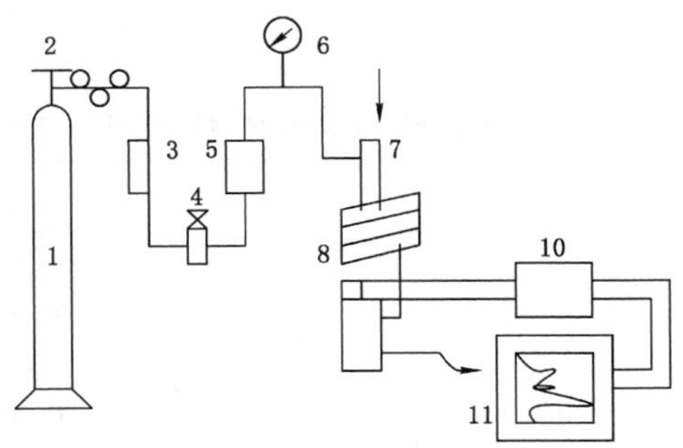

1—载气钢瓶；2—减压阀；3—净化干燥管；4—针形气流调节阀；5—流量计；6—压力表；
7—进样器和汽化室；8—色谱柱；9—检测器；10—放大器；11—自动记录仪。

图 2-28　气相色谱分析流程示意图

气相色谱的流动相称为载气。它是一类不与试样和固定相作用，但专门用来载送试样中的惰性气体。常用的载气有 H_2、N_2、He、Ar 等。

载气由高压载气钢瓶 1 供给，经减压阀 2 减压后，通过净化干燥管 3 干燥、净化。用针形气流调节阀 4 调节并控制载气流速至所需值(由流量计 5 及压力表 6 显示柱前流量及压力)，然后到达进样器和汽化室 7，试样用注射器在进样口注入，在汽化室经瞬间汽化，被载气带入色谱柱 8 中进行分离。分离后的各组分随载气先后进入检测器 9，检测器将组分及其浓度随时间的变化量转变为容易测量的电信号(电压或电流)。必要时将信号放大，再驱动自动记录仪 11 记录信号随时间的变化量，从而获得一组峰形曲线。一般情况下，每个色谱峰代表试样中的一个组分。

一般气相色谱仪由 5 个部分组成：

（1）载气系统[包括气源、气体净（化）以及气体流速的控制和测量]。

（2）进样系统（包括进样器、汽化室）。

（3）色谱柱。

（4）检测器。

（5）自动记录系统（包括放大器、记录仪，有的还带有数据处理装置）。

其中，色谱柱的检测器是色谱分析仪的关键部件。混合物能否分离决定于色谱柱，分离后的组分能否灵敏准确检测出来，则取决于检测器。

二、气相色谱固定相

气相色谱的分离过程在色谱柱内完成，分离效能如何，取决于色谱柱内的固定相。填充柱中固定相分两类：气-固色谱柱用的是固体吸附剂；气-液色谱柱用的是载体表面涂高沸点有机物——固定液。空心毛细管柱内壁涂渍固定液。

1. 气-固色谱固定相——固体吸附剂

气-固色谱填充柱中的固体吸附剂由于对各种气体吸附能力不同，能使气体得到很好的分离，所以在分离和分析永久性气体及气态烃类时，多选用固体吸附剂作为固定相。固体吸附剂主要有强极性的硅胶、弱极性的氧化铝、非极性的活性炭和特殊作用的分子筛等。常用的固体吸附剂见表 2-7。

表 2-7　气-固色谱常用的几种吸附剂及其性能

吸附剂	化学组成	最高使用温度	性质	分析对象	使用前活化处理方法	备注
活性炭	C	<200 ℃	非极性	惰性气体（−196 ℃），N_2、CO_2、CH_4 等永久气体以及烃类气体和 N_2O（常温下）	粉碎过筛，用苯浸泡几次，以除去其中的硫黄、焦油等杂质，装柱使用前 160 ℃烘烤 2 h	专用活性炭，可不用水蒸气处理
硅胶	$SiO_2 \cdot xH_2O$	<400 ℃	氢键型	一般气体，$C_1 \sim C_4$ 烷烃，N_2O、SO_2、H_2S、COS、SF_6、CF_2Cl_2 等气体（常温下）	用盐酸浸泡，然后水洗，再 180 ℃烘烤数小时，装柱使用前通载气活化 2 h	色谱专用胶，200 ℃活化处理
氧化铝	Al_2O_3	<400 ℃	极性氢同位素及异构体（−196 ℃）	粉碎过后，在较高温度活化处理，一般在 600 ℃烘烤 4 h	—	
分子筛 A 型 X 型	$Na_2O \cdot CaO \cdot Al_2O_3 \cdot 2SiO_2 Na_2O \cdot Al_2O_3 \cdot 3SiO_2$	<400 ℃	具有强极性表面	惰性气体（干冰温度下），H_2、O_2、N_2、CH_4、CO 等一般永久性气体以及 NO、N_2O 等	粉碎过筛后，使用前在 550～600 ℃烘烤 2 h，或者在真空下活化	

表 2-7(续)

吸附剂	化学组成	最高使用温度	性质	分析对象	使用前活化处理方法	备注
GDX -101 -201 -301 -401 -501 -601	高分子多孔微球	<200 ℃	随聚合时原料不同，极性有所变化	气相和液相中水的分析，CO 和 C_1^0 低级醇以及 SO_2、NO_2 等	170～180 ℃下烘烤，除去微量水分后，在氢气或氮气中处理 10～20 h	

2. 气-液色谱固定相

气-液色谱固定相由载体（担体）和固定液构成，载体为固定液提供一个大的惰性表面，以承担固定液，使它能在表面形成薄而均匀的液膜。

（1）载体（担体）

① 对载体的要求。载体是一种化学惰性、多孔性的固体颗粒，起支持固定液的作用。首先，要求载体的表面呈化学惰性，即表面没有吸附性或吸附很弱，更不能与被测物质起化学反应；其次，具有足够大的表面积和良好的孔穴结构，使固定液与样品的接触面较大；再次，热稳定性好，具有一定的机械强度，不易破碎；最后，粒度细小均匀，有利于提高柱效能，但颗粒过细、阻力过大，使柱压降增大，对操作不利。

② 载体类型。载体大致可分为硅藻土和非硅藻土两类。硅藻土类载体由天然硅藻土煅烧而成，又分为红色载体和白色载体两种。

a. 红色载体因其中含有少量氧化铁使颗粒呈红色，如国产 6201 型载体和 201 载体等。其优点是表面孔穴密集，孔径较小，比表面积大，机械强度好；缺点是表面有吸附活性中心，不宜涂极性固定液，故一般适用于分析非极性或弱极性物质。

b. 白色载体因天然硅藻土煅烧前加入少量 Na_2CO_3 助熔剂，煅烧时氧化铁转变为无色铁硅酸钠而呈白色多孔性颗粒物，如 101 型白色载体等。白色载体机械强度差，比表面积小；但其表面极性小、吸附性小，故一般用于分析极性物质。

一般对硅藻土类型的载体在使用前应进行预处理，使其表面钝化。常用的处理方法有酸洗（除去碱性作用基团）、碱洗（除去酸性作用基团）、硅烷化（消除氢键结合力）等。目前，已有经过预处理的载体出售，可以直接使用。非硅藻土类型载体有氟载体、玻璃微球载体、高分子多孔微球等，多在特殊情况下使用。

（2）固定液。可作为气-液色谱用的固定液种类繁多，主要是高沸点有机物。由于组成、性质不同，对不同的样品分离性能不同，有极为广泛的应用。按固定液化学组成分类，有醇类、腈类、酯类、胺类和聚硅氧烷。在气-液色谱分析中，固定液起到分离作用。对于固定液一般提出如下要求：对试样的中各组分有适当的溶解能力；选择性好，对各分离组分分配系数的差值要适当；沸点高，挥发性好，热稳定性好；化学稳定性好，不与被分离物质发生不可逆的化学反应。

固定液的选择一般可按“相似相溶”原则来选择固定液，即固定液的性质和被测组分性质相似时，其溶解度较大，因为此时分子间作用力强，选择性高，分离效果好。

① 分离非极性样品选用非极性固定液。样品中各组分按沸点从低到高依次流出。

② 分离极性样品选极性固定液。样品中的各组分按极性次序分离，极性小的先流出，极性大的后流出。

③ 分离非极性和极性混合样品，选用极性固定液。非极性组分先流出，极性组分后流出。

④ 分离能形成氢键的样品，一般选用极性或氢键型固定液。样品中各组分按与固定液分子间形成氢键能力的大小先后流出，不易形成氢键的先流出，易形成氢键的后流出。

⑤ 复杂难分离样品，可选两种或两种以上混合固定液，也可以串联两根不同固定液色谱柱进行分离。

三、气相色谱分析理论基础

（一）气相色谱流出曲线及有关术语

在气相色谱分析中，以组分浓度（质量）为纵坐标，以流出时间为横坐标，绘制的组分及其浓度（质量）随时间变化曲线称为色谱图，也称为色谱流出曲线图。在一定的进样量范围内，色谱流出曲线遵循正态分布，它是色谱定性。定量和评价色谱分离情况的基本依据。

下面以一个组分的流出曲线为例说明有关术语。

1．基线

只有载气通过检测器时响应信号的记录即为基线。在实验条件稳定时，基线是一条直线，如图 2-29 中 O_t 所示。

2．保留值

它表示试样中各组分在色谱柱内停留时间的数值，通常用时间或相应的载气体积来表示。

（1）用时间表示的保留值

① 保留时间（t_R）：待测组分从进样到柱后出现浓度最大值时所需的时间，如图 2-29 中 $O'B$ 所示。

② 死时间（t_M）：不与固定相作用的气体（如空气、甲烷）的保留时间，如图 2-29中$O'A'$所示。

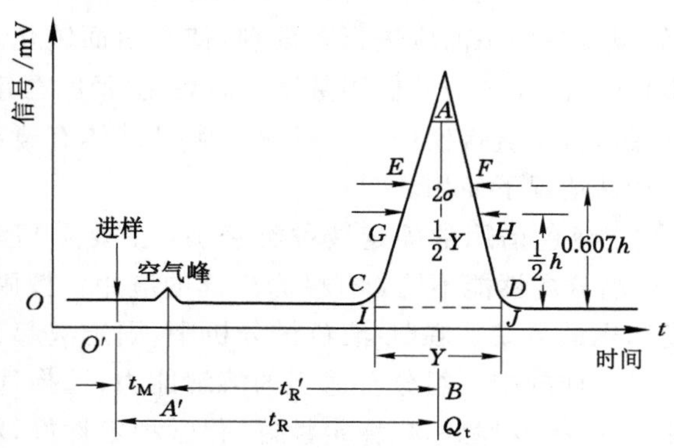

图 2-29 色谱流出曲线图

调整保留时间(t_R')：扣除死时间的保留时间，如图 2-29 中 $A'B$ 所示，即：

$$t_R' = t_R - t_M \tag{2-40}$$

当固定相一定时，在稳定的实验条件下，任何物质都有一定的保留时间，它是色谱定性的基本参数。

(2) 用体积表示的保留值

① 保留体积(V_R)：从进样到柱后出现待测组分浓度最大值时所通过的体积。它与保留时间的关系为：

$$V_R = t_R \cdot F_0 \tag{2-41}$$

式中：F_0 为色谱柱出口处载气流速，mL/min。

② 死体积(V_M)：色谱柱内除了填充物固定相以外的空隙体积、色谱仪中管路和连接头间的空间、进样系统及检测器的空间的总和。它和死时间的关系为：

$$V_M = t_M \cdot F_0 \tag{2-42}$$

调整保留时间(V_R')：扣除死体积后的保留体积。

$$\begin{cases} V_R' = V_R - V_M \\ V_R' = t_R' \cdot F_0 \end{cases} \tag{2-43}$$

(3) 相对保留值(r_{21})：组分 2 与组分 1 调整保留值之比(无量纲量)。

$$r_{21} = t_{R2}'/t_{R1}' = V_{R2}'/V_{R1}' \tag{2-44}$$

相对保留值只与柱温及固定相性质有关，与其他色谱操作条件无关，它表示色谱柱对这两种组分的选择性。

区域宽度又称为色谱峰宽度，习惯上常用下列之一表示。

① 标准偏差(σ)：流出曲线上二拐点间距离的 1/2，即 0.607 倍峰高处色谱峰宽度的 1/2(图 2-27 中 EF 的 1/2)。

峰高 h 是峰顶到基线的距离。h、σ 是描述色谱流出曲线形状的两个重要参数。

② 半峰宽($Y_{1/2}$)：峰高 1/2 处色谱峰的宽度，如图 2-29 中 GH 所示。半峰宽和标准偏差的关系为：

$$Y_{1/2} = 2\sigma\sqrt{2\ln 2} = 2.254\sigma \tag{2-45}$$

由于半峰宽容易测量，使用方便，所以一般用它表示区域宽度。

③ 峰基宽度(W_b)：通过流出曲线的拐点所作的切线在基线上的截距，如图 2-29 中 IJ 所示。峰基宽度与标准偏差的关系为：

$$W_b = 4\sigma \tag{2-46}$$

(二) 色谱柱效能

色谱柱的分离效能常根据一对难分离组分的分离情况来判断。例如，A、B 是难以分离的物质，它们的色谱图有三种情况：图 2-30(a)中 A、B 两组分未分离，色谱峰完全重叠；图 2-30(b)中 A、B 两组分的色谱峰间有一定距离，但峰形很宽，两峰严重重叠，分离不完全；图(c)中两峰间有一定距离，而且峰形较窄，分离完全。可见，要使两组分分离，两峰间必须有足够的距离，而且要求峰形较窄。

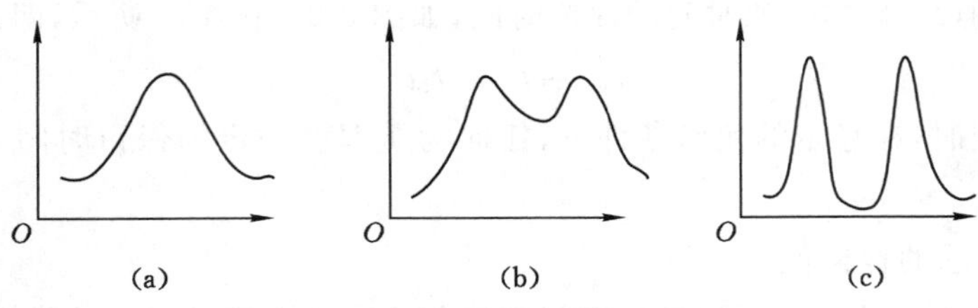

图 2-30　色谱分离的三种情况

1. 塔板理论——柱效能指标

该理论是把色谱柱比作一个分馏塔，柱内有若干想象的塔板，在每个塔板高度的间隔内，被分离组分在气、液两相间达成分配平衡。经过若干次的分配平衡后，分配系数小、挥发度大的组分首先由柱内逸出。由于色谱柱的塔板数很多，致使分配系数仅有微小差异的组分也能得到很好的分离。

若色谱柱长为 L，塔板间距离（理论塔板高度）为 H，色谱柱的理论塔板数为 n，则：

$$n=\frac{L}{H} \tag{2-47}$$

由塔板理论推导出的理论塔板数 n 的计算公式为：

$$n=5.54\left(\frac{t_R}{Y_{1/2}}\right)^2=16\left(\frac{t_R}{W_b}\right)^2 \tag{2-48}$$

式中，t_R、$Y_{1/2}$、W_b 均以同一单位（时间或长度的单位）表示。

显然，在一定长度的色谱柱内，塔板高度 H 越小，塔板数 n 越大，组分被分离的次数越多，则柱效能越高。

由于死时间 $t_M(V_M)$ 包含在 $t_R(V_R)$ 中，而 t_M 并不参加柱内的分配，所以为了真实地反映柱效能的高低，应该用有效塔板数或有效塔板高度作衡量柱效能的指标，计算式如下：

$$n_{有效}=5.54\left(\frac{t_R-t_M}{Y_{1/2}}\right)^2=16\left(\frac{t_R'}{W_b}\right)^2 \tag{2-49}$$

$$H_{有效}=\frac{L}{n_{有效}} \tag{2-50}$$

必须指出的是，色谱柱的有效塔板数越多，表示组分在色谱柱内达到分配平衡的次数越多，柱效能越高，所得色谱峰越窄，对分离越有利。但它不能表示被分离组分实际分离的效果，因为如果两组分在同一色谱柱上分配系数相同，那么无论该色谱柱为它们提供的 $n_{有效}$ 值有多大，两组分仍无法分离；另外，由于不同物质在同一色谱柱上分配系数不同，所以同一色谱柱对不同物质的柱效能不同。因此，在用塔板数或塔板高度表示柱效能时，必须说明是对什么物质而言的。

塔板理论在解释色谱流出线的形状及计算塔板数和塔板高度方面是成功的。但是，塔板理论将色谱分离过程仅看作一个简单的分配过程，因而无法解释同一色谱柱在不同的载气流速下柱效能不同的实验事实，也无法找出影响柱效能（塔板高度）的因素。

2. 速率理论——影响柱效能的因素

1956 年，荷兰学者范·弟姆特等人在总结前人研究成果的基础上提出了速率理论，并归纳出一个联系各影响因素的方程式，即速率理论方程式：

$$H = A_{涡} + \frac{B}{u} + C_{传u} \tag{2-51}$$

式中：u 为载气的线速度，m/s。

式(2-51)中各项的物理意义如下：

$A_{涡}$ 为涡轮扩散项。由于试样组分分子进入色谱柱碰到填充物颗粒时，不得不改变流动方向，因而它们在气相中形成紊乱的、类似涡流的流动。由 $A_{涡}=2\lambda d_p$ 可知，$A_{涡}$ 取决于填充物的平均颗粒直径(d_p)和固定相的填充不均匀因子(λ)。

B/u 为分子扩散项。由于进样后试样仅存在于色谱柱中很短小的一段空间，因此可以认为试样是以“塞子”的形式进入色谱柱的。在塞子前后存在着浓度差，于是试样中各组分随着载气在柱中前进时，各组分的分子将产生纵向，即沿着色谱柱方向的扩散运动，结果使色谱峰扩展，分离变差。塔板高度增加。

$B=2\nu D_g$。其中，ν 为与组分分子在柱内扩散路径的弯曲程度有关的弯曲因子，填充柱 $\nu<1$；D_g 为是组分在气相中的扩散系数，cm^2/s。

$$D_g \propto \frac{1}{\sqrt{M_{载气}}}$$

式中：$M_{载气}$ 为载气的摩尔质量，因而采用摩尔质量大的载气可使 B 值减小，有利于分离。载气流速越小，保留时间越长，分子扩散项的影响也越大，从而成为色谱峰扩展、塔板高度增加的主要原因。

$C_{传}$ 称为传质阻力项。传质阻力系数 $C_{传}$ 包括气相传质阻力 C_g 和液相传质阻力 C_l，即 $C_{传}=(C_g+C_l)u$。

C_g 为试样组分从气相移动到固定相表面进行浓度分配时所受到的阻力。

$$C_g \propto \frac{d_p^2}{D_g}$$

这一阻力与填充物直径的平方成正比，与组分在载气中的扩散系数成反比。因此，采用粒度小的填充物和摩尔质量小的载气可提高柱效能。

C_l 为组分从固定相的气液界面移动到液相内部进行质量交换到达分配平衡，又返回到气液界面的过程中所受到的阻力。

$$C_l = \propto \frac{d_f^2}{D_l}$$

固定液的液膜厚度(d_f)越薄，组分在液相中的扩散系数(D_l)增大，液相传质阻力就越小。当载气流速增大时，传质阻力项就增大，这是塔板高度增加的主要原因。

从上述讨论可知，组分在柱内运动的多途径，浓度梯度造成的分子扩散和组分在气-液两相质量传递过程不能瞬间达到平衡，这是造成色谱峰扩展、柱效能下降的原因。

速率理论指出了影响柱效能的因素，为色谱分离操作条件的选择提供了理论指导。由上述讨论可以看出，许多影响柱效能的因素彼此以相反的效果存在着。例如，流速加大，分子扩散项的影响减少，传质阻力项的影响增大；温度升高，有利于传质，但又加剧了分子扩散的影响等。因此，必须全面考虑这些相互矛盾的影响因素，选择适当的色谱分离操作条件，才能提高柱效能。

分离度又称为分辨率，为了判断难分离物质对在色谱柱中的分离情况，常用分离度作柱的总分离效能指标。分离度以 R 表示：

$$R=\frac{2(t_{R2}-t_{R1})}{W_{b2}+W_{b1}} \tag{2-52}$$

也就是说，R 等于相邻两色谱峰保留时间之差的 2 倍与两色谱峰峰基宽之和的比值。相邻两组分保留时间的差值反映了色谱分离的热力学性质；色谱峰的宽度则反映了色谱过程的动力学因素。因此，分离度概括了这两方面的因素，并定量地描述了混合物中相邻两组分的实际分离度，用它作色谱柱总分离效能的指标。

当两峰等高、峰形对称且符合正态分布时，可以从理论上证明：若 $R=1$，两峰分离高达 98%；$R=1.5$，分离可达 99.7%。于是，一般主张用 $R=1.5$ 作相邻两峰完全分离的标志。

由于峰基宽度 W_b 测量有时较为困难，也有建议用半峰宽来代替峰基宽度计算分离度。此时分离度用 R'表示：

$$R'=\frac{2(t_{R2}-t_{R1})}{Y_{1/2(2)}+Y_{1/2(1)}} \tag{2-53}$$

二者的意义是一致的，但数值不同，$R=0.59R'$，应用时要注意所采用分离度的计算方法。

由于相邻两峰的峰基宽度相近似，即令 $W_{b1}=W_{b2}=W_b$，并将 $r_{21}=\frac{t_{R2}'}{t_{R1}'}$代入式(2-52)，结合式(2-49)，则：

$$R=\sqrt{\frac{n_{有效}}{16}}\cdot\frac{r_{21}-1}{r_{21}} \tag{2-54}$$

这样就把分离度 R、柱效能 n 和柱的选择性 r_{21} 联系起来，根据其中的两个量，就可计算出第三个量的值。

$$n_{有效}=16R^2\left(\frac{r_{21}}{r_{21}-1}\right)^2 \tag{2-55}$$

于是

$$L=16R^2\left(\frac{r_{21}}{r_{21}-1}\right)^2 H_{有效} \tag{2-56}$$

对于一定的色谱柱和一定的难分离物质对，在一定的操作条件下，r_{21} 与 $H_{有效}$ 均为常数，则 $L\propto R^2$ 或 $R\propto\sqrt{L}$ 。

例 2-1 假设两组分的相对保留值 $r_{21}=1.15$，要在一根填充柱上获得完全分离($R=1.5$)，则需有效塔板数和柱长各为多少？

解

$$n_{有效}=16R^2\left(\frac{r_{21}}{r_{21}-1}\right)^2=1.6\times1.5^2\times\left(\frac{1.15}{0.15}\right)^2=211.6$$

一般填充柱的 $H_{有效}=0.1\ \text{cm}$，则：

$$L=n_{有效}\cdot H_{有效}=21.16\ \text{cm}$$

四、气相色谱最佳实验条件的选择

1. 色谱柱的选择

一个样品分离是否完全主要取决于色谱柱时。选择色谱柱时，首先是选择固定液，其次是柱长和内径。由于分离度 R 与柱长 L 成正比，因此增加柱长可以提高分离度，但增加柱长会使各组分保留时间增加，拖长分析时间。在满足一定分离度的情况下，应尽可能地使用短柱子，一般填充柱为 2～6 m，毛细管柱 12～30 m。遇到难分离物质或多组分混合物时，应选用 50～100 m 长毛细管柱，而分析时间的长短则不必过多考虑。减小柱内径会使柱效能提高，分离能力强；增加柱内径 会使柱效能下降，但可以增加柱容量、增大进样量，以减小相对误差。一般填充柱内径为 3～6 mm；毛细管柱内径通常为0.1～0.5 mm。

2. 柱温的选择

柱温是一个重要的色谱分析参数，它对分离效能和分析速度影响很大。显然，柱温不能高于固定液最高使用温度，否则会造成固定液流失，柱效能降低，直至失效。升温可以增加气相和液相的传质速率，提高柱效能，缩短分析时间，但可能导致各组分靠拢，不利于分离；降低柱温可使选择性增大，但过低会使被分离组分在两相间的扩散速率大大减小，不能迅速达到平衡，峰形变宽，并延长了分析时间。因此，在最难分离的组分能分开的前提下选取较低的柱温，一般柱温应比试样中各组分的平均沸点低 20～30 ℃，但应以保留时间适宜、峰形不拖尾为佳。

对于沸点范围较宽的试样，宜采用程序升温，即柱温按预定的加热速度，随时间呈线性或非线性地增加。一般升温速度是线性的，即单位时间内温度上升的速度是恒定的，如每分钟上升 2 ℃、4 ℃、6 ℃等。开始时柱温较低，低沸点组分得到很好的分离；随着柱温逐渐升高，高沸点组分也获得满意的峰形，这就要求仪器中备有程序升温装置。图 2-31 为宽沸程试样在恒定柱温和程序升温时的分离情况。图 2-31(a)为柱温恒定时的分离情况，低沸点组分峰形密集，分离得不好，而高沸点组分峰形平坦，定量困难；图 2-31(b)为程序升温时的分离情况，从 48 ℃升温至 285 ℃，低沸点和高沸点组分都获得良好的分离。

3. 载气种类及流速的选择

由式(2-50)可知，分子扩散项与流速成反比，传质阻力项与流速成正比，故必然有一最佳流速能使色谱柱的理论塔板高度 H 最小，柱效能最高。

在填充色谱柱中，当柱子固定以后，针对某一特定物质，用在不同流速下侧的塔板高度 H 对流速 u 作图，如图 2-32 所示。在曲线的最低点 H 最小，柱效能最高，与该点对应的流速为最佳流速，此时分析速度较慢。在实际工作中，为了缩短分析时间，往往使流速稍高于最佳流速。

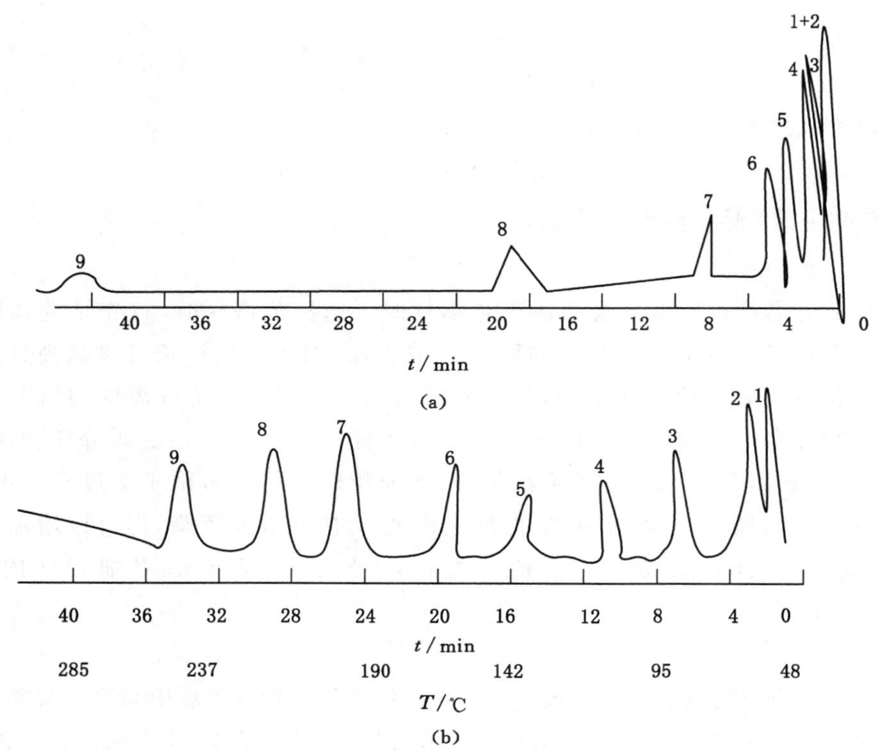

图 2-31　醇类在恒定温度和程序升温时分离情况

当载气流速小时，分子扩散项对柱效能的影响是主要的，此时应选用摩尔质量大的气体(如 N_2、Ar)作为载气，以抑制纵向扩散，获得较好的分离效果。当载气流速较大时，传质阻力项起主要作用，这时选用摩尔质量较小的气体(如 H_2、He)作为载气，可减少传质阻力，提高柱效能。

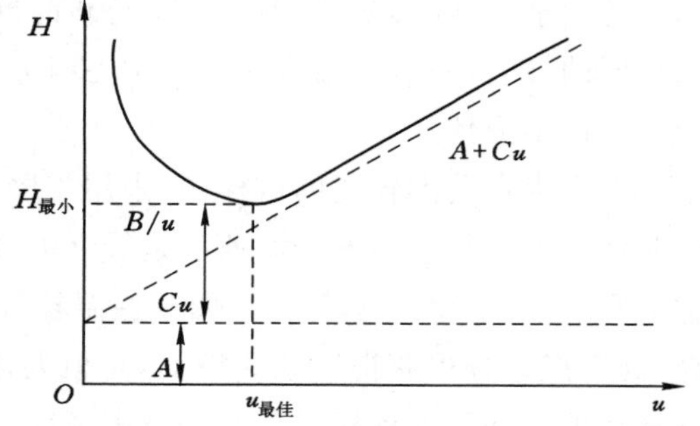

图 2-32　塔板高度与载气线速度的关系

载气流速一般用柱前载气的体积流量(mL/min)来表示，H_2 的流量一般为 40～90 mL/min，具体由试验确定。

4. 进样量、进样方式和进样时间的选择

进样量应较少，液体样品一般在 1 μL 左右。若进样量太多，由于容量有限，当样品浓度较大时，某些组分会重叠而难以分开，应采取分流进样方式，将绝大部分样品从分流装置中排出，极小部分进入柱中，二者之比称为分流比，一般为 1∶10～1∶20 或更大，这样分离效果会大大提高。

当样品浓度很小时，采取不分流进样。进样量太小，会使含量少的组分不出峰。进样速度必须很快，若时间过长，样品峰原始宽度变大，峰形必然变宽。一般进样时间应在 1 s 以内。

5. 汽化温度的选择

液体试样进样后要求能迅速汽化，并被载气带入色谱柱中，因此进样口后面有一汽化室。适当提高汽化温度对分离和定量测定是有利的，一般较柱温高 30～70 ℃，而与试样的平均沸点相近。但对于热稳定性较差的试样，汽化温度不宜过高，以防试样分离。

五、气相色谱检测器

检测器是将经色谱柱分离后的各组分按其性质和含量转换成容易测量信号（如电阻、电流、电压、离子流、频率、光波等）的装置。这些信号送到数据处理系统被记录下来，得到色谱图。检测器按响应特性可分为浓度型检测器和质量型检测器两类。浓度型检测器检测的是载气中组分浓度的瞬间变化，其响应信号与进入检测器的组分浓度成正比。质量检测器检测的是载气中组分的质量流速的变化，其响应信号与单位时间内进入检测器的组分的质量成正比。

无论什么类型的气相色谱检测器，其工作性能都应尽可能满足灵敏度高、检测限低、稳定性好、线性范围宽和响应快等要求。这些也是评价检测器质量的指标。

检测器的种类虽然很多，但常用只有四五种，有热导池检测器、氢火焰离子化检测器、电子捕获检测器和火焰光度检测器。其中，尤其以热导池检测器和氢火焰离子化检测器运用最多。

六、气相色谱法定性、定量分析

1. 定性分析

（1）利用保留值的定性鉴定法 在具有已知标准物质的情况下，将未知物和标准样品在同一色谱柱上，用相同的色谱条件进行分析，得到两张色谱图，比较它们的保留时间。若保留时间相同，可以推测未知样可能是这种标准样品。这种方法要求实验条件不得有微小变化，防止保留时间波动。相对保留值是在相同色谱操作条件下，组分与基准物的调整保留值之比。只要检测器和固定相柱温相同，相对保留值为定值，用其定性分析较为可靠。

（2）利用加入物质一增加峰高的定性鉴定法 当相邻两组分的保留值接近，并且操作条件不易控制稳定时，可以将纯物质加入试样中，如果某一组分的峰高增加，则表示该组分可能与加入的纯物质相同。

由于两种不同组分在同一根色谱柱上可能具有相同的保留值，这时上述定性结果就不可靠了。为了防止这种情况的发生，应用“双柱定性法”，即再用另一根装填不同极性固定液的色谱柱进样分析。如果仍获得相同的保留值，则上述定性分析结果一般就没有问题了，因为两种不同组分，在两根不同极性固定液柱上，保留值相同的机会是极少的。

2. 定量分析方法

（1）定量校正因子

① 绝对校正因子。气相色谱法定量分析的依据是，检测器对组分 i 产生的响应信号（峰面积 A_i 或峰高 h_i）与组分 i 的质量（m_i）成正比，即：

$$\begin{cases} m_i = f_i^{A} A_i \\ m_i = f_i^{h} h_i \end{cases} \tag{2-57}$$

式中：f_i^{A}、f_i^{h} 分别为组分 i 的峰面积和峰高的绝对校正因子。

显然：

$$\begin{cases} f_i^{\mathrm{A}} = m_i / A_i \\ f_i^{\mathrm{h}} = m_i / h_i \end{cases} \tag{2-58}$$

可见，绝对校正因子是指组分 i 通过检测器的质量与检测器对该组分的响应信号之比，即单位峰面积或单位峰高相当于组分 i 的质量。由于同一检测器对不同物质有不同的响应值，即对不同物质检测器的灵敏度不同，所以两个相等质量的不同物质在同一个检测器上不一定具有相等的峰面积。因此，在计算时需要将面积乘以换算系数 f_i^{A}，使组分的面积转换成相应物质的质量，即：

$$m_i = f_i^{\mathrm{A}} A_i \tag{2-59}$$

当物质的量分别用质量、摩尔、体积表示时，校正因子分别称为质量校正因子（f_{g}）、摩尔校正因子（f_{m}）、体积校正因子（f_{v}）。绝对校正因子受仪器及操作条件的影响很大，应用受到限制。在实际应用中，一般采用相对校正因子。

② 相对校正因子。相对校正因子是指组分 i 与基准物 s 的绝对校正因子之比，即：

$$f_{is}^{\mathrm{A}} = f_i^{\mathrm{A}} / f_s^{\mathrm{A}} = A_s m_i / A_i m_s \tag{2-60}$$

式中：f_{is}^{A} 为组分 i 的峰面积相对校正因子；f_s^{A} 为基准物 s 的峰面积绝对校正因子。

③ 相对响应值（S_{is}）。相对响应值即检测器灵敏度，与相对校正因子互为倒数：

$$S_{is} = \frac{1}{f_{is}} \tag{2-61}$$

④ 响应信号（h、A_{a}）的测量。峰高 h 即峰顶到基线之间的距离。对称峰的峰面积为：

$$A_{\mathrm{a}} = 1.065 h W_{1/2} \tag{2-62}$$

不对称峰面积为：

$$A_{\mathrm{a}} = \frac{1}{2} h (W_{0.15} + W_{0.85}) \tag{2-63}$$

式中：$W_{0.15}$、$W_{0.85}$ 分别为峰高 0.15 和 0.85 处的峰宽。

（2）定量方法

① 外标法，即校准曲线法。将欲测组分的标准样品配制成不同浓度（$c_1 - c_5$）的溶液，进行色谱测定，得到不同浓度标准样品的峰面积（$A_1 - A_5$）或峰高（$h_1 - h_5$）。以浓度对峰面积或峰高作图，应是一条通过原点的直线。测定未知样品时，在完全相同的实验条件下，测得未知样的峰面积（A_x）或峰高（h_x），通过校准曲线即可查得其浓度（C_x）。进行校准曲线时选择的标准溶液浓度应和未知样浓度相近，且在校准曲线的线性范围内。此法简单易行，适用于工厂控制分析和大量样品分析，但要求实验条件稳定，进样技术高，否则重现性差，给测定带来较大误差。使用自动进样器进样将使准确度大大提高。

② 内标法。选择适宜的物质作为欲测组分 i 的参比物（内标物）定量加入样品中，依据欲测组分和内标物在检测器上的响应值（峰面积 A_i、A_s 或峰高 h_i、h_s）之比及内标物加入的质量（m_s），求出欲测组分的质量（m_i），称为内标法。由于

$$\frac{m_i}{m_s} = \frac{A_i f_{is}^{\mathrm{A}}}{A_s f_{ss}^{\mathrm{A}}}$$

$$m_i = \frac{A_i f_{is}^{\mathrm{A}} m_s}{A_s f_{ss}^{\mathrm{A}}}$$

所以

$$W_i=\frac{m_i}{m}\times 100\%=\frac{A_i f_{is}^{A} m_s}{A_s f_{ss}^{A} m}\times 100\% \tag{2-64}$$

式中：W_i 为被测组分的质量分数；m 为样品质量；f_{is}^{A}，f_{ss}^{A} 分别为被测组分和内标物的相对质量校正因子。在实际工作中，一般以内标物作为基准，故 $f_{ss}^{A}=1$，此时式(2-64) 简化为：

$$W_i=\frac{A_i}{A_s}\cdot\frac{m_s}{m}\cdot f_{is}^{A}\times 100\% \tag{2-65}$$

由式(2-65)可知，内标法是通过测量内标物及欲测组分响应值的比来进行计算，因而进样量的微小变化、色谱条件的变化对内标法影响不大。内标法适于样品中所有组分不能全部出峰时，或者只需测定样品中某几个组分时使用。该法选择的内标物要求出峰不能离欲测组分太远，又得分开，加入量要准确，因此操作比较麻烦。显然，内标法比外标法定量的准确度和精密度都要好。

③ 归一化法。当样品中所有组分均能出峰并可测量时，将所有出峰的组分之和按100%计算，某组分 i 的含量可按下式计算：

$$W_i=\frac{A_i f_{is}^{A}}{A_1 f_{1s}^{A}+A_2 f_{2s}^{A}+A_i f_{is}^{A}+\cdots+A_n f_{ns}^{A}} \tag{2-66}$$

该法适于多组分样品的分析测定，简便准确；操作条件变化时，对测定结果影响不大。

第六节　高效液相色谱法

一、概述

流动相为液体的色谱法称为液相色谱法(LC)。液相色谱包括传统的柱色谱、薄层色谱和纸色谱。在 20 世纪 60 年代末期，在经典液相色谱和气相色谱法的基础上以及在液相柱色谱中，采用极细颗粒的高效固定相，全部分离过程由计算机控制完成，由此发展起来的新型分离分析技术，称为高效液相色谱法。目前，该方法已成为应用极为广泛的分离分析的重要手段。

高效液相色谱法与气相色谱法比较，具有以下特点：

(1) 气相色谱法分析的样品限于气体和沸点较低的具有挥发性的化合物。液相色谱法分析的样品不受样品挥发性和热稳定性的限制，适合于分离生物大分子、不稳定的天然产物、离子型化合物以及高沸点的高分子化合物。这类化合物占有机物总数的大多数。

(2) 气相色谱采用的流动相是惰性气体，它对被分离组分不产生相互作用力，仅起到运载的作用。而液相色谱中的流动相可选用多种多样的不同极性的液体，它对被分离组分可产生一定的作用力，这就为提高分离效能比气相色谱多了一个可选择的参数。

(3) 气相色谱分析一般在较高的温度下进行，而高效液相色谱法则经常在室温条件下工作，并可对分析样品回收和纯化制备。

尽管如此，由于气相色谱分析速度快，更灵敏，更简便，消耗较低，在实际应用中，凡是能用气相色谱法分析的样品一般不用液相色谱法。另外，高效液相色谱法不能完成柱效能要求高达 10 万块理论塔板数以上的复杂样品的分离，如多沸程石油产品分析，只能用毛细管柱气相色谱法。

二、影响色谱峰扩展——色谱分离的因素

高效液相色谱法和气相色谱法在基本概念和理论基础，如分配系数、分配比、保留值、分离度、塔板高度、速率理论等方面是一致的。二者的主要区别是流动相的不同，前者为液体，后者为气体。液体的密度是气体的1 000倍，黏度是气体的100倍，扩散系数为气体$1/10^4 \sim 1/10^5$，于是对色谱分离过程产生明显的影响。根据速率理论，影响色谱峰扩展(色谱分离)的因素如下：

1. 涡流扩散项

和气相色谱法相同，略。

2. 分子扩散项

由于液体的扩散系数D_m仅为气体的$1/10^4 \sim 1/10^5$，因此在高效液相色谱中，当流动相的线速度u稍大(>0.5 cm/s)，由于分子扩散项所引起的色谱峰扩展，可以忽略不计。而在气相色谱中这一项却是塔板高度增加的主要原因。

3. 传质阻力项

它包括固相传质阻力和液相传质阻力，在高效液相色谱中，传质阻力是色谱峰扩展的主要原因。

(1) 固相传质阻力：主要发生在液-液分配色谱中，取决于液膜厚度、流速和组分分子在固定液中的扩散系数等因素。

(2) 液相传质阻力：包括流动的载液中的传质阻力和滞留的载液中的传质阻力。流动的载液中的传质阻力与流速、固定相的填充状况和柱的形状、直径、填料结构等因素有关。滞留的载液中的传质阻力与固定相微孔的大小、深浅因素有关。

总之，高效液相色谱分离过程中，分子扩散项可以忽略不计，决定其板高度的是传质阻力项，因此要减少板高、提高分离效率，就必须采用粒度细小、装填均匀的固定相。现采用湿法匀浆装柱技术，使用不大于10 μm的微粒型固定相已逐渐成为目前广泛应用的高柱效能填料。

三、高效液相色谱法的分类

高校液相色谱分析法根据分离机理的不同，可分为以下几种类型：液-固吸附色谱法、液一液分配色谱法、离子交换色谱法和尺寸排阻色谱法，简要讨论如下：

(一) 液-固吸附色谱法(LSC)

该方法以吸附剂为固定相，以溶剂为载液，根据各种物质吸附能力强弱的不同而分离。有两种硅胶固定相：一种是薄壳微珠，这是在直径为30～40 μm的玻璃微珠表面附上一层厚度为1～2 μm的多孔硅胶吸附剂，传质速度快，装填容易，重现性好，但由于试样容量小，需配用高灵敏度的检测器。另一种是全多孔型硅胶微粒，是由纳米级硅胶微粒堆积而成≤10 μm的全多孔型固定相，传质距离短，柱效能高，但柱容量并不小。近年来，5～10 μm的全多孔型硅胶微粒固定相应用较为广泛。

液-固色谱中的固定相吸附剂可分为极性和非极性两大类。极性吸附剂为各种无机氧化物，如硅胶、氧化铝、氧化镁、硅酸镁及分子筛等；非极性吸附剂最常见的是活性炭。溶质分子与极性吸附剂吸附中心的相互作用，会随溶质分子上官能团极性的增加或官能团数目的增加而增加，这会使溶质在固定相上的保留值增大。不同类型的有机化合物，在极性吸附

剂上的保留顺序如下：

氟碳化合物＜饱和烃＜烯烃＜芳烃＜有机卤化物＜醚＜硝基化合物＜腈＜酯、酮、醛＜醇＜羧酸。

目前，由于硅胶线性容量高，机械性能好，不溶胀，与大多数样品不发生化学反应，是使用最多的固定相。

液-固吸附色谱法适用于分离质量中的中等油性试样，对具有不同官能团的化合物和异构体有较高的选择性。其缺点是非线性等温吸附，常引起色谱峰的拖尾现象。图 2-33 为有机氯农药的液固吸附色谱分析示例。

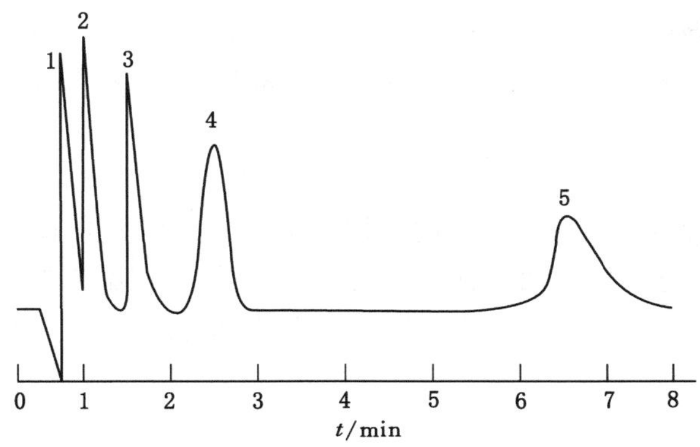

1—艾氏试剂；2—p,p'-DDT；3—p,β-DDD；4—γ-666；5—恩氏剂。

图 2-33 有机氯农药的分析

(二) 液-液分配色谱法(LLPC)以及键合相色谱

流动相和固定相都是液体的色谱法，称为液-液色谱法。作为固定相的液体涂在惰性载体表面上形成一层液体膜，与流动相不溶。

1. 分离原理

溶质(样品)分子进入色谱柱后，分别在流动相和固定相的液膜上溶解，在两相进行分配，如同液液萃取一样。当达到平衡时，分配系数 K_p 为：

$$K_p=\frac{C_s}{C_m} \tag{2-67}$$

式中：C_s、C_m 分别为溶质在固定相和流动相中的浓度。每种组分在两相的溶解度不同，分配系数不同。在同一色谱条件下，两种组分中分配系数大的组分在固定相中的浓度相对较大，分配系数小的组分在固定相中的浓度相对较小，经多次分配，两组分得到分离。

2. 固定相

液-液色谱固定相由两部分组成：一部分是作为载体的惰性微粒，另一部分是涂在载体表面上的固定液。原则上，凡是在气-液色谱中使用的固定液，在液-液色谱中都可以使用。但由于液-液色谱流动相与被分离物质相互作用，流动相极性的微小变化，都会使组分的保留值出现较大的改变。因此，在液-液色谱中，只需用几种极性不同的固定液即可。常用 β,β'-氧二丙腈、聚乙二醇、角鲨烷等。

在液-液色谱中，固定液只是机械的涂抹在载体上，由于流动相的溶解作用或冲洗作用而容易流失，结果将导致被分离组分保留值的变化，不能采用梯度洗脱，同时还污染样品。因此，20 世纪 80 年代初，研制成功的一种新型固定相——化学键合固定相，得到了广泛的应用。

近年来发展的化学键合固定相，是通过化学反应把有机分子键合到单体硅胶表面游离的羟基上，以代替机械涂渍的液体固定相，很好地解决了固定相流失问题，为高效色谱分析开辟了广阔的前景。使用键合固定相，色谱柱稳定性好，寿命长；表面无液坑，比一般液体固定相传质快；可以键合不同的官能团，能灵活改变选择性。键合固定相还可应用于离子交换色谱发中。

（三）离子交换色谱法

利用离子交换剂做固定相的液相色谱法称为离子交换色谱法。凡是在溶液中能够电离的物质，通常都可用离子交换法进行分离，也可用于有机物的分离，如氨基酸、核酸、蛋白质等生物大分子，应用比较广泛。

1. 分离原理

离子交换剂是一种有带电荷官能团的固体。带—SO_3^- 等负电荷官能团的称为阳离子交换剂，带—NR_3^+ 等正电荷官能团的称为阴离子交换剂，它们都带有可游离的离子。当被分析物质进入色谱柱后产生的阳离子 M^+ 和阴离子 X^- 可与离子交换剂上可游离的离子进行交换，反应通式如下：

阳离子交换：

$$R-SO_3^-H^+ + M^+ \qquad R-SO_3^-M^+ + H^+$$

阴离子交换：

$$R-NR_3^+Cl^- + X^- \qquad R-NR_3^+X^- + Cl^-$$

通式为：

$$R-A+B \qquad R-B+A$$

达到平衡时，平衡系数（离子交换反应的选择系数）为：

$$K_{B/A}=\frac{[B]_r[A]}{[B][A]_r} \tag{2-68}$$

式中：$[A]_r$、$[B]_r$ 分别代表交换剂中洗脱离子 A 和样品离子 B 的浓度；[A]、[B]分别代表它们在溶液中的浓度。选择性系数 $K_{B/A}$ 表示样品离子 B 对于 A 型交换剂亲和力的大小，$K_{B/A}$ 值越大，说明 B 离子交换能力越大，越容易保留而难以洗脱。

2. 固定相

常用的离子交换剂的固定相包括：

(1) 多孔型离子交换树脂，它是聚苯乙烯和二乙烯苯基的交联聚合物，直径为 5～20 μm。

(2) 离子交换键合固定相，它是用化学反应将离子交换基团键合到惰性载体表面。它的优点是机械性能稳定，可使用小粒度固定相和高柱压来实现快速分离。

（四）尺寸排阻色谱法(SEC)

以凝胶为固定相，凝胶是一种经过交联而有立体网状结构的多聚体，具有数纳米到数百纳米大小的孔径。当试样随流动相进入色谱柱、在凝胶间隙及孔穴旁边流过时，试样中的大分子、中等大小的分子和小分子或直接通过色谱柱，或者进入某些稍大的孔穴，有的则能渗透到所有孔穴，因而它们在柱上的保留时间各不相同，最后使不同分子可以分别被分离、洗脱。对同系物来说，洗脱体积是相对分子质量的函数，所以相对分子质量不同的组分将得到分离。图 2-34 为聚苯乙烯相对分子质量的分级分离图。

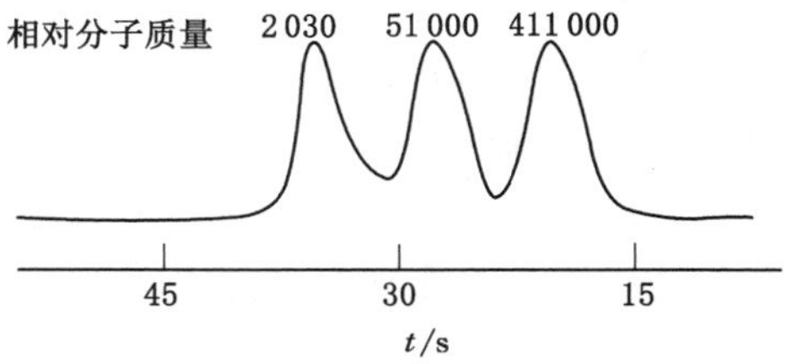

图 2-34　聚苯乙烯相对分子质量

四、高效液相色谱仪

近年来，由于高效液相色谱分析的迅速发展，气分析仪器的结构和流程已是多种多样，图 2-35 为典型的高效液相色谱仪的结构示意图。高效液相色谱仪一般具有储液器、高压泵、梯度洗提装置、进样器、色谱柱、检测器、记录仪等部件。储液器储存的载液(需要预先脱气)有高压泵送至色谱柱入口，试液由进样器进入，随载液进入色谱柱被分离。分离后的各个组分进入检测器，转变成相应的电信号，供给记录仪或数据处理装置。

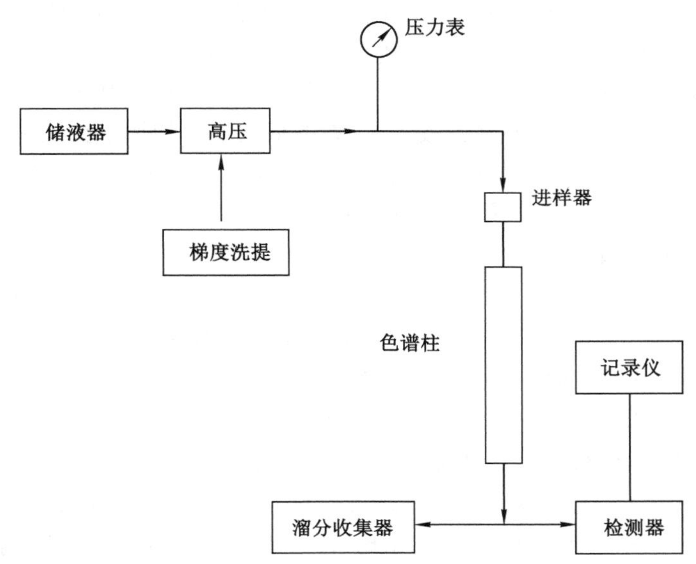

图 2-35　高效液相色谱仪示意图

1. 高压泵

由于高效液相色谱分析中固定相颗粒很小(数微米级)，柱的阻力很大，为了获得高速的液流，进行快速分离，必须具有很高的柱前压。一般对高压泵要求压力达到 150×10^5～350×10^5 Pa，流量稳定，且压力平稳、无脉动。

2. 梯度洗提

梯度洗提又称为梯度洗脱、梯度淋洗，在高效液相色谱分析中，梯度洗提的作用与气相色谱分析中的程序升温相似。梯度洗提是按一定程序连续改变载液中不同极性溶剂的配比，以连续改变载液的极性或连续改变载液的浓度、离子强度及 pH 值，借以改变被分离组分的分配系数，以提高分离效果和加快分离速度。

3. 色谱柱

高效液相色谱法常用的标准柱型内经为 2 mm 或 4.4 mm、长为 3～15 cm 的直型不锈钢钢柱，填料的颗粒度为 3～5 μm，柱效能的理论塔板数为 7 000～10 000。

固定相须用湿法(匀浆法)装柱，即用合适的溶剂会混合溶剂作为分散介质，使填料微粒高度分散在其中形成匀浆，然后用高压将匀浆压入管柱中，以制成填充紧密、均匀的高效柱。

4. 检测器

高效液相色谱要求检测器具有灵敏度高、重演性好、响应快、检测限低。线性范围宽、应用范围广等性能。目前，应用较广泛的有紫外光度检测器、差示折光检测器、荧光检测器等。

第七节　离子色谱法

一、概述

离子色谱法是以低交换容量的离子交换树脂为固定相对离子性物质进行分离，用电导检测器连续检测流出物电导变化的一种色谱方法。简单地说，离子色谱法就是利用被测物的离子性进行分离和检测的液相色谱。离子色谱作为高效液相色谱的一个新的发展方向只有十几年的历史，今后在选择新的洗脱液、合成新的低交换容量离子交换树脂和高灵敏度的检测器方面具有广阔的发展前景，以便实现在尽可能短的分析时间内能分离含有多种阴离子(阳离子)的混合物，并能高度灵敏地检测被分离的离子。

离子色谱法的优点如下：

(1) 快速、方便。对 7 种常见阴离子(F^-、Cl^-、Br^-、NO_2^-、NO_3^-、SO_4^{2-}、PO_4^{3-})和 6 种常见阳离子(Li^+、Na^+、NH_4^+、K^+、Mg^{2+}、Ca^{2+})的平均分析时间分别小于 8 min；用高效快速分离柱对上述 7 种常见阴离子到达基线分离只需 3 min。

(2) 灵敏度高。离子色谱分析的浓度范围为数微克每升(1～10 μg/L)至数百毫克每升；直接进样(25 μL)，电导检测，对常见阴离子的检出限小于 10 μg/L。

(3) 选择性好。IC 法分析无机和有机阴、阳离子的选择性可通过选择恰当的分离方式、分离组合检测方法来达到。与 HPLC 相比，IC 中固定相对选择性的影响较大。

(4) 可同时分析多种离子化合物。与光度法、原子吸收法相比，IC 的主要优点是可同时检测样品中的多种成分，只需很短的时间就可得到阴、阳离子以及样品组成的全部信息。

(5) 分离柱的稳定性好、容量高。与 HPLC 中所用的硅胶填料不同，IC 柱填料的高 pH 值稳定性允许用强酸或强碱作淋洗液，有利于扩大应用范围。

二、离子色谱的基本原理

离子色谱的分离机理主要是离子交换，有三种分离方式：高效离子交换色谱(HPIC)、离子排斥色谱(HPIEC)和离子对色谱(MPIC)。用于三种分离方式的柱填料的树脂骨架基本都是苯乙烯-二乙烯基苯共聚物，但树脂的离子交换功能基和容量各不相同。HPIC 用低容量的离子交换树脂，HPIEC 用高容量的树脂，MPIC 用不含离子交换基团的多孔树脂。三种分离方式各基于不同分离机理：HPIC 的分离机理主要是离子交换；HPIEC 的分离机理主要是离子排斥；MPIC 则主要是基于吸附和离子对的形成。

1. 高效离子交换色谱

应用离子交换的原理，采用低交换容量的离子交换树脂来分离离子，这在离子色谱中应用最广泛，其主要填料类型为有机离子交换树脂，以苯乙烯-二乙烯苯共聚物为骨架，在苯环上引入磺酸基，形成强酸型阳离子交换树脂，引入氨基而成季胺型强碱性阴离子交换树脂。该交换树脂具有大孔或薄壳型或多孔表面层型的物理结构，以便于快速达到交换平衡，离子交换树脂耐酸碱可在任何 pH 值范围内使用，易再生处理、使用寿命长；缺点是机械强度差、易溶胀易、受有机物污染。

硅质键合离子交换剂以硅胶为载体，将有离子交换基的有机硅烷与基表面的硅醇基反应，形成化学键合型离子交换剂。其特点是柱效能高、交换平衡快、机械强度高；缺点是不耐酸碱。

2. 离子排斥色谱

它主要根据多农(Donnon)膜排斥效应，电离组分受排斥不被保留，而弱酸则有一定保留的原理，制成离子排斥色谱主要用于分离有机酸以及无机含氧酸根，如硼酸根碳酸根和硫酸根有机酸等。它主要采用高交换容量的磺化 H 型阳离子交换树脂为填料以稀盐酸为淋洗液。

3. 离子对色谱

无机离子以及离解很强的有机离子通常可以采用离子交换色谱或离子排斥色谱进行分离。有很多大分子或离解较弱的有机离子需要采用通常用于中性有机化合物分离的反相(正相)色谱。然而，直接采用正相或反相色谱又存在困难，因为大多数可离解的有机化合物在正相色谱的硅胶固定相上吸附太强，致使被测物质保留值太大、出现拖尾峰，有时甚至不能被洗脱。在反相色谱的非极性(弱极性)固定相中的保留又太小。在这种情况下，就可采用离子对色谱。

原理：将一种(多种)与溶质离子电荷相反的离子(对离子或反离子)加到流动相中使其与溶质离子结合形成疏水性离子对化合物，使其能够在两相之间进行分配。

阴离子分离：常采用烷基铵类，如氢氧化四丁基铵或氢氧化十六烷基三甲铵作为对离子。

阳离子分离：常采用烷基磺酸类，如己烷磺酸钠作为对离子。

反相离子对色谱：非极性的疏水固定相(C-18 柱)，含有对离子 Y^+ 的甲醇-水或乙腈-水作为流动相，试样离子 X^- 进入流动相后，生成疏水性离子对 Y^+X^-，然后在两相间分配。

三、离子色谱法——仪器装置

分离柱装有离子交换树脂，如阳离子交换树脂、阴离子交换树脂或螯合离子交换树脂。为了减小扩散阻力，提高色谱分离效率，要使用均匀粒度的小球形树脂。最常用的阳离子交换树脂是在有机聚合物分子(如苯乙烯-二乙烯基苯共聚物)上连接磺酸基官能团(—SO_3—)。最常用的阴离子交换剂是在有机聚合物分子上连接季铵官能团(—NH_4)。这些都是常规高交换容量的离子交换树脂，由于它们的传质速度低，使柱效能和分离速度都有所下降。霍瓦特描述了一种薄膜阴离子交换树脂，它是在苯乙烯-二乙烯基苯共聚物核心上沉淀一薄层阴离子交换树脂，就像鸡蛋有一薄层外皮那样，离子交换反应只在外皮上进行，因此缩短了扩散的路径，离子交换速度高，传质快，提高了柱效能。同样，在小颗粒多孔硅胶上涂一薄层离子交换材料也可得到相同类型的树脂。螯合离子交换树脂具有络合某些金属离子而同时排斥另一些金属离子的能力，因此这种树脂具有很高的选择性。除了离子交换柱外，其他高效液相色谱柱也可用于离子分离。

抑制柱和柱后衍生作用常用的检测器不仅能检测样品离子，而且也对移动相中的离子有响应，所以必须消除移动相离子的干扰。在离子色谱中，消除（抑制）移动相离子干扰的常用方法有两种。

（1）抑制反应。用抑制反应来改变移动相，使移动相离子不被检测器测出。离子色谱通常使用电导检测器。在抑制反应中，把高电导率移动相的氢氧化物转变成水，而样品离子则转变成它们相应的酸：

$$NaOH + H^+ \longrightarrow Na^+ + H_2O$$

$$NaX + H^+ \longrightarrow HX + Na^+$$

在装有强酸性阳离子交换树脂的柱中进行抑制反应，使用一段时间后，这种树脂就需要再生，很不方便。改用连接有磺酸基（$—SO_3H$）的离子交换膜（阳离子交换膜）或用连接有铵基（$—NH_4$）的离子交换膜（阴离子交换膜），就可以连续进行抑制反应。例如，阳离子交换膜可使阳离子通过它扩散过去，而阴离子则不能扩散过去。

1981年，T.S.史蒂文斯和斯莫尔等报道了中空纤维抑制法。这种纤维是由阳离子交换膜材料拉制而成的。用这种方法不仅不需要再生抑制柱，而且减小了峰的加宽，提高了柱效能。一种比较新的膜技术是加一电场以加速离子的传递，该法与中空纤维法比较，其优点是反应时间短、交换能力高，并且可以用于阳离子和阴离子。

（2）柱后衍生作用。将从柱子流出的洗出液与对被测物有特效作用的试剂相混合，在一反应器中生成带色的络合物。对衍生试剂最重要的要求是它们与被测物能生成络合物，但不与移动相生成络合物。柱后衍生法能用于测定重金属离子，所用的衍生试剂有茜素红S等。

检测器可分为通用型和专用型。通用型检测器对存在于检测池中的所有离子都有响应。离子色谱中最常用的电导检测器就是通用型的一种。紫外-可见分光光度计是专用型的检测器，对离子具有选择性响应。可变波长紫外检测器与电导检测器联用，能帮助鉴定未知峰，分辨重叠峰和提供电导检测器不能测定的阴离子，如硫化物及亚砷酸中的阴离子的检测

四、离子色谱法的应用

离子色谱法中运用的较广泛的是斯莫尔等人首先介绍的双柱法（图2-36）。该法用一根离子交换柱分离样品，另一根是抑制柱，用于除去大部分洗脱液中的离子，以便在检测时能消除移动相离子的干扰。

1979年，D.T.耶尔德、J.S.弗里茨和G.施穆克尔斯介绍了不用抑制柱的单柱法，从分离柱流出的液体直接进入检测器，由于不需要特殊的抑制柱，并且可以使用常规的液相色谱仪器，所以单柱法发展最快。然而，新的抑制法的出现（如填充中空纤维的抑制柱）使柱效能得到改善，并且得到广泛的使用。

离子色谱主要用于测定各种离子的含量，特别适于测定水溶液中低浓度的阴离子，如饮用水水质分析，高纯水的离子分析，矿泉水、雨水、各种废水和电厂水的分析，纸浆和漂白液的分析，食品分析，生物体液（尿、血等）中的离子测定以及钢铁工业、环境保护等方面的应

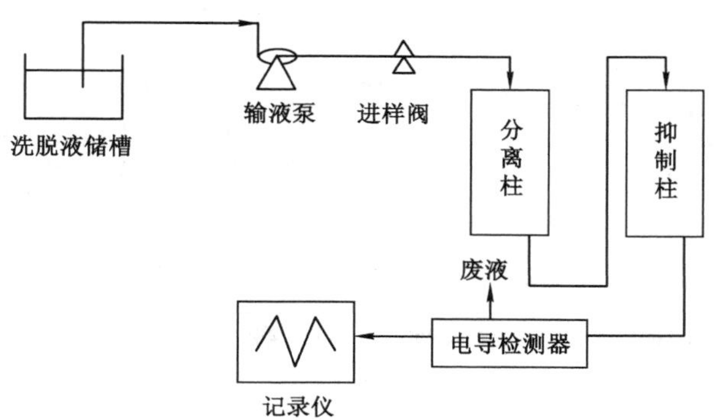

图 2-36　双柱法流程示意图

用。离子色谱能测定下列类型的离子：有机阴离子、碱金属、碱土金属、重金属、稀土离子、有机酸以及铵和铵盐等。

第八节　波谱分析法

一、概述

有机化合物数目庞大、种类繁多，但绝大多数仅由C、H、O、N、S、P和卤素等少数元素组成。这主要因为有机化合物的性质不仅取决于组成其原子的种类及数量，还与这些组成原子的连接次序、空间位置有关，即存在同分异构现象。例如，分子式同为C_2H_6O的乙醇和二甲醚就是因为具有不同的结构而性质完全不同的两种化合物。

因此，有机化合物结构分析是有机分析的重要任务之一。早期的有机化合物结构分析依靠化学方法，即利用有机物的化学性质和合成途径获得结构信息。对于比较复杂的分子，不仅费时、费力和需要较多的试样，而且有时还不能得到确切的结论。20世纪50年代以来，仪器分析方法有了很大进展，由于仪器分析方法具有分析速度快、所需试样少、获得信息可靠等优点，在实际工作中逐渐取代了化学方法，成为有机物结构分析的强有力工具，其中又以红外光谱、紫外光谱、核磁共振波谱和质谱应用最为普遍。

二、红外光谱

分子能选择性吸收某些波长的红外光，而引起分子中振动能级和转动能级的跃迁，检测红外光被吸收的情况可得到物质的红外吸收谱线(IR)。红外光谱又称为分子振动光谱或振转光谱。红外光谱具有特征性强，使用范围宽，操作简便等优点，是有机物结构分析最常用的方法之一。有机物大部分基团的振动频率出现在2.5～25 μm(4 000～400 cm^{-1})的中红外区，所以红外光谱通常指的是中红光谱。

红外光谱通常以百分透光度-频率曲线表示。谱图的横坐标为频率(σ)，纵坐标为透光度(T)。早期图谱的横坐标也有用波长(λ)表示的，其关系为：$\sigma=1\times10^4/\lambda$。

因此，记录得到的红外光谱图是一个倒峰，如图2-37所示。

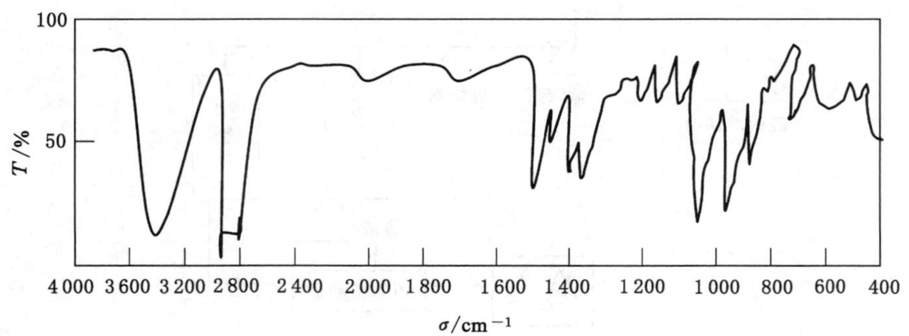

图 2-37 异丁醇的红外光谱图

(一) 红外光谱法基本原理

分子内化学键相连的各个原子，在各自的平衡位置做微小的振动。振动方式可分为伸缩振动和弯曲振动(或称为变形振动)。前者是指原子沿化学键方向往复运动，振动时键长发生变化；后者是指原子垂直于化学键方向的振动，振动时键角发生变化。根据振动时原子所处的相对位置还可将这两种振动分为若干不同的类型。图 2-38 列出了二氧化碳的振动类和频率。

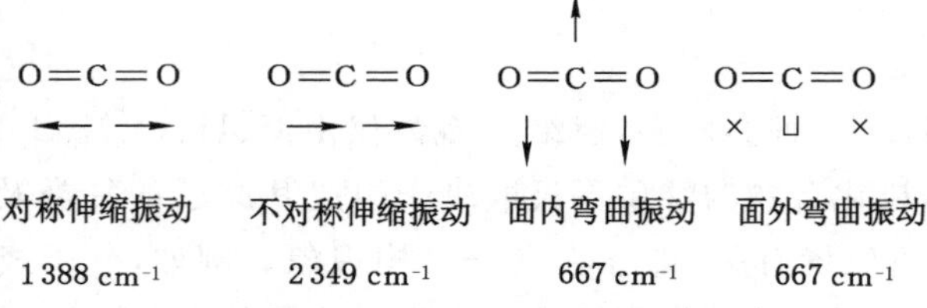

图 2-38 二氧化碳的振动类型及振动频率

图 2-38 中，"→"表示该原子沿纸面运动；"×"表示氧原子垂直于纸面向纸内运动，"⊔"表示碳原子垂直于纸面向纸上运动。

不同基团有不同的振动频率。由经典力学可导出双原子分子的分子振动方程，该式表明影响伸缩振动频率的因素，即：

$$\sigma = \frac{1}{2\pi c}\sqrt{\frac{k}{\mu}} \tag{2-69}$$

式中：σ 为基团振动频率，cm^{-1}；c 为光速，$c=2.998\times10^{10}$ cm/s；k 为连接原子的化学键力常数，N/cm；μ 为基团中原子的折合质量，g。

若组成基团的两个原子质量分别是 m_1 和 m_2，则：

$$\mu = \frac{m_1 m_2}{m_1 + m_2}$$

由式(2-69)可知，影响基团振动频率的直接因素是化学键的强度和基团的折合质量。随着化学键强度增加，基团振动频率将增大。如碳碳键力常数按单键、双键、三键的顺序递增，气伸缩振动频率以同样的顺序增大，分别出现在 1 200 cm^{-1}、1 680 cm^{-1} 及

2 100 cm^{-1}附近；随着基团原子折合质量增大，振动频率减少。如 C—H 基团 $\mu=1$，其伸缩振动频率约为 3 000 cm^{-1}，处于高频区，同样是单键的 C—C 基团，$\mu=6$，伸缩振动频率约为 1 200 cm^{-1}。此外，基团振动频率还与分子的结构因素及化学环境有关。

当红外光照射分子时，若分子中某个基团的振动频率恰好等于照射光的频率，二者就会发生共振，光的能量通过分子偶极矩的变化传递给分子，分子的振幅增大，由原来的振动基态跃迁到振动激发态。偶极矩没有变化的振动，如 CO_2 对称伸缩振动不能吸收光能，它是红外非活性的。检测红外光被吸收的情况就可以获得该化合物的红外光谱。分子中有若干基团，同一个基团又有若干个不同频率的振动方式，因此在光谱图的不同频率位置会出现许多吸收峰。因此，根据吸收峰的位置可以推测基团的类型。

为了便于研究，将红外光谱区划分为 4 个区域。4 000～2 500 cm^{-1}是含氢基团伸缩振动区，2 500～2 000 cm^{-1}是三键和累积双键伸缩振动区，2 000～1 500 cm^{-1}是双键伸缩振动区，这 3 个区域又称为基团特征频率区，因为该区域中的吸收峰基本上与化合物中的基团一一对应，特征性强，它能用于确定化合物中是否存在某些官能团。例如，在双键区 1 700 cm^{-1}左右出现强吸收峰，说明被测物质中含有羰基；如果在 2 100～1 500 cm^{-1}区域没有吸收峰，则说明被测物质中不含有羰基、苯环等双键基团。第四个区域位于 1 500 cm^{-1}以下，吸收峰主要来自各种单键伸缩振动和含氢基团的弯曲振动，数量多而特征性差，但对分子总体结构十分敏感，犹如人的指纹，因而又称为指纹区，一般用于标准红外谱图比较，以确认被测物质分子的结构。

(二) 红外光谱仪

红外光谱仪分为色散型(红外分光光度计)和傅里叶变换两大类。图 2-39 是常见的双光束红外分光光度计的原理图。由光源发出的红外连线光经过一组反射镜分成两束相互谱线、等强度的红外光，称为测量光束和参比光束。它们分别通过试样池和参比池，进入单色器。单色器中有一个以一定速度转动的半圆镜，使二光束交替通过，并投射到光栅上色散成具有一定带宽的一组单色光。通过转动光栅，这样可使不同波长的单色光依次到达检测器。当测量光束中部分光被试样吸收时，两束光的强度不相等，检测器便检测到一个交变信号。该信号被解调、放大后驱动一个伺服电动机，带动光楔运动插入参比光束，挡住部分参比光，使两束光强度重新平衡。光楔与记录笔同步移动，记录下一个吸收峰。测量光束被吸收得越多，光楔插入参比光束越多，记录笔的移动距离越大，吸收峰就越强。同时，记录纸的移动与光栅转动同步，这样就在记录纸上直接绘出纵坐标为 T、横坐标为波数 σ 的红外吸收光谱。

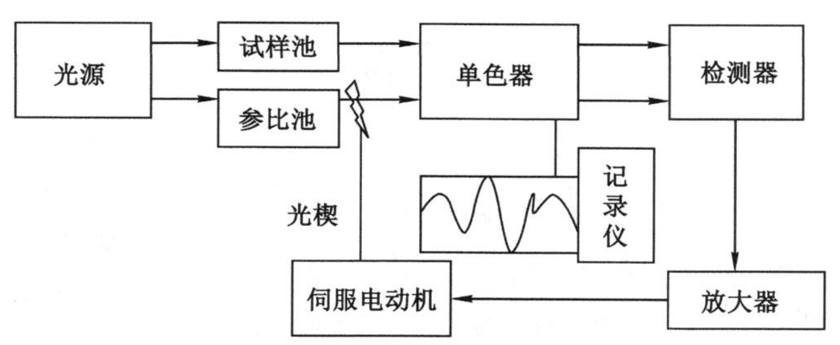

图 2-39 双光束红外分光光度计的原理图

傅里叶变换红外光谱仪(FT-IR)是新一代红外光谱仪,它的结构和工作原理(图 2-40)与色散型仪器完全不同,由光源发出的光经过干涉仪转变为干涉光,干涉光包含了光源发出的所有波长光的信息。当它通过试样池时,含有试样信息的某一波长的光试样吸收检测器测到的是试样的干涉图,经过计算机进行傅里叶变换后得到通常的红外光谱图。FT-IR 与色散型仪器相比,具有扫描速度快、灵敏度高、分辨率和波数精度高、光谱范围宽等许多优点。因此,傅里叶变换红外光谱仪的发展迅速,逐步取代色散型仪器。

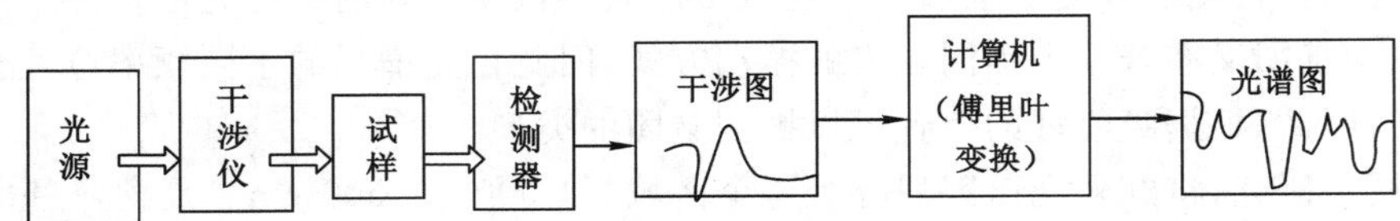

图 2-40 FT-IR 原理框图

三、核磁共振波谱

核磁共振波谱法(NMR)是有机物结构分析的主要方法,其中最常见的是氢核磁共振波谱(^{1}H-NMR)和碳-13 共振波谱(^{13}C-NMR)。

(一) 基本原理

1. 核磁共振现象

自旋量子数 $I\neq 0$ 的原子核具有自旋现象,称为自旋核,其自旋角动量为 p。由于原子核带正电荷,自旋时还产生核磁矩,记为 μ。当自旋核处于外磁场 B_0 中,外磁场和核磁矩之间的作用力使原来简并的能级分裂成 $2I+1$ 个磁能级。氢原子核(又称为质子,常用^{1}H 表示氢核)$I=1/2$,则裂分成 2 个磁能级,它们的能级差为:

$$\Delta E=\frac{h}{2\pi}\gamma B_0 \tag{2-70}$$

式中:B_0 为外磁场感应强度;γ 为氢原子核的旋磁比,$\gamma=\mu/p$;h 为普朗克常量。两个能级分别代表^{1}H 的两种自旋状态 $m=+1/2$ 和 $m=-1/2$(m 为磁量子数)。如果在垂直于 B_0 的方向旋加频率为射频区域的电磁波(无线电波)作用于^{1}H,而其能量正好等于能级差 ΔE,^{1}H 就能吸收电磁波的能量,从低能级跃迁到高能级,这就是核磁共振现象。此时,$h\nu=\Delta E=\frac{h}{2\pi}\gamma B_0$,则外加电磁波的频率为:

$$\nu=\frac{1}{2\pi}\gamma B_0 \tag{2-71}$$

2. 化学移位

处于分子中的氢核外有电子云,在外磁场 B_0 的作用下,核外电子云产生一个方向与 B_0 相反,大小与 B_0 成正比的感应磁场(图 2-41)。该感应磁场对原子核起屏蔽作用,使原子磁感应强度减小。在分子中处于不同环境的^{1}H,如在 CH_3、OCH_3 或 OH 基团的^{1}H,由于核外电子云密度的差别,实际受到 B_0 的作用不同,共

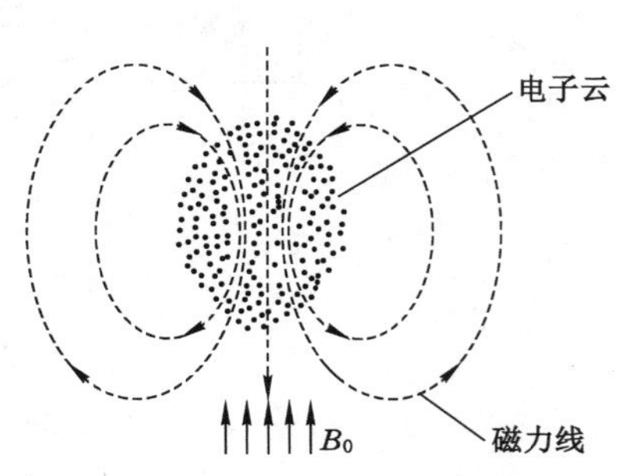

图 2-41 核外电子云的屏蔽作用

振频率随之改变 。核外电子云的屏蔽作用大小可用屏蔽系数 σ 表示，则式(2-71)可修正为：

$$\nu=\frac{\gamma}{2\pi}B_0(1-\sigma) \tag{2-72}$$

核外电子云密度越大，σ 值越大，核实际受到的外磁场作用越小，核的共振频率就越低。这种因^{1}H 所处化学环境不同而造成的共振频率的变化称为化学位移。

不同化学环境而产生的^{1}H 共振频率的差别非常小，大约只有^{1}H 共振频率的百万分之十几。想要准确测定如此小的差别很困难，实际测量中它是相对于某个标准物质共振频率的差值。因此，化学位移值为：

$$\delta=\frac{\nu_{试样}-\nu_{标准样}}{\nu_0}\times 10^6 \tag{2-73}$$

式中：δ 为化学位移，无量纲量；$\nu_{试样}$ 与 $\nu_{标准样}$ 分别是试样和标准物的共振频率 ν_0 为波谱仪的频率。常用的标准物是四甲基硅烷(TMS)。按国际纯粹与应用化学联合会(IUPAC)规定：TMS 的化学位移为零，位于谱图的右边。由于硅的电负性比碳的小，TMS 中的^{1}H 核外电子云密度比一般有机物的^{1}H 大，即屏蔽常数大，共振频率低。所以，大多数有机物的化学位移为正值，在谱图上处于 TMS 的左边。

影响^{1}H 化学位移的主要因素是相邻集团的电负性、非球形对称电子云产生的磁各向异性效应、氢键以及溶剂效应等。现有许多计算各种化学环境化学位移经验公式和数据。

3. 自旋耦合和自旋裂分

自旋核相当于一个小磁场，能产生一个微小的磁场 ΔB。处于外磁场 B_0 作用下的^{1}H 有两种不同的自旋状态，即取向，当 $m=+1/2$ 取向时，产生的 ΔB 与 B_0 方向相同；$m=-1/2$ 取向时，ΔB 与 B_0 方向相反。因此，相邻受到的实际磁场又发生微小的变化，共振频率不再符合式(2-72)，而应进一步修正为：

$$\begin{cases}\nu_1=\dfrac{\gamma}{2\pi}[B_0(1-\sigma)+\Delta B] \\ \nu_2=\dfrac{\gamma}{2\pi}[B_0(1-\sigma)-\Delta B]\end{cases} \tag{2-74}$$

上式含义为：某种^{1}H 当邻近没有其他^{1}H 存在时，它的共振频率为 ν，当邻近有一个其他核^1H_B 时，它的共振频率改为 ν_1 和 ν_2。也就是说，图谱上原来位置的吸收峰消失，在其左右各产生一个峰，同时^1H_A 对^1H_B 也会产生类似的作用。这种磁核之间的相互作用称为自旋-自旋耦合，吸收峰产生裂分的现象称为自旋裂分。

对于^{1}H-NMR，通过相隔三个化学键的耦合最为重要。自旋裂分符合 $2nI+1$ 规则，对于 $I=1/2$ 的^{1}H 而言，可简化为 $n+1$ 规则，即当被测氢核^1H_A 邻近有 n 个相同的其他氢核^1H_B 时，^1H_A 的核磁吸收信号显示出 $n+1$ 重峰，这些峰的强度比符合二项式$(a+b)^n$ 展开式的系数比。裂分峰之间的裂距表示磁核之间相互作用的程度，称作耦合常数，用符号 J 表示，单位为 Hz。耦合常数是一个重要结构参数。

(二) 核磁共振谱图及其提供的信息

核磁共振谱图提高三方面的信息，现以乙苯的^{1}H-NMR(图 2-42)为例加以说明。

1. 化学位移值(吸收峰的位置)

化学位移值能提供基团的类型以及所处化学环境的信息。因为乙苯中甲基没有与电负

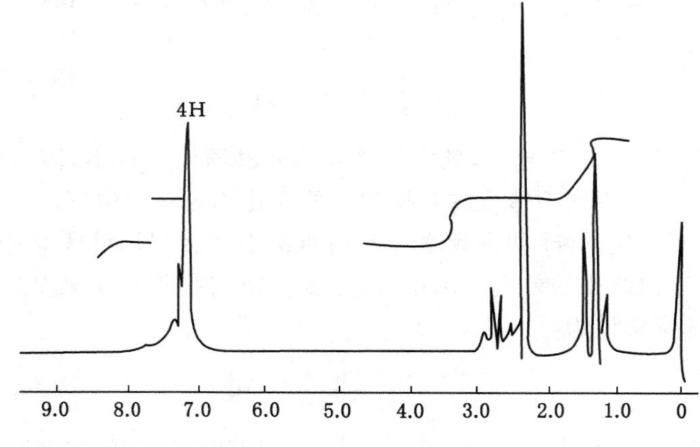

图 2-42　乙苯的核磁共振氢谱

性较强的基团直接相连，所以其吸收峰出现在靠近 TMS 处，$\delta=1.2$；亚甲基与苯环相连，受其影响，^1H 的信号位于 $\delta=2.5$ 附近；环状共轭 π 电子云的各向异性效应使苯环上的 ^1H 信号位于 $\delta=7$ 附近。

2. 自旋裂分和耦合常数

自旋裂分和耦合常数能提供基团与基团连接次序及空间位置的信息。例如，在图 2-42 中，甲基是一个三重峰，说明与它相邻的基团含有 2 个相同的 ^1H，即亚甲基（CH_2）；而 2.5 处的亚甲基是四重峰，说明与它相连的基团中有 3 个相同的 ^1H，即甲基（CH_3）。这种三重峰和四重峰的组合说明分子中有乙基存在。

3. 积分曲线高度比

从图 2-42 还可以看出，吸收信号处的台阶形曲线，这是 ^1H-NMR 谱图提供的第三个信息——积分曲线。每个台阶的高度代表它们对应峰的峰面积，这些台阶高度的整数比相当于产生吸收峰的各个基团中氢核数目之比。图中从右到左分别为 3∶2∶5，这再一次证明了它们依次为：甲基（含 3 个氢原子）、亚甲基（含 2 个氢原子）和单取代苯（含 5 个氢原子）。

由此可知，根据 ^1H-NMR 谱图提供的三方面信息，可以推测有机物结构。

（三）核磁共振波谱仪

核磁共振波谱仪的型号、种类很多。按产生磁场的方式不同，分为永久磁铁、电磁铁和超导磁铁；按磁感应强度不同，所用的高频电磁波可分为 60 MHz（相对于磁感应强度 $B_0=1.409T$）、100 mHz（$B_0=2.350T$）、200 MHz（$B_0=4.700T$）仪器等；根据高频电磁波的来源不同，又分为连续波和脉冲波傅里叶变换两种仪器。

图 2-43 是连续波核磁共振波谱仪的结构示意图。其中，磁铁提供静磁场 B_0。磁核在 B_0 的作用下分裂成为 $2I+1$ 个磁能级。射频振动器和射频线圈提供磁能级跃迁所需的能量。扫描发生器和扫描线圈，逐渐改变磁场强度使处于不同化学环境 ^1H 依次发生共振。接收线圈和射频接收器用来检测被测试样吸收后的射频信号（高频电磁波）。测定时，试样和标准物（TMS）须用氘代溶剂或四氯化碳等不含氢原子的溶剂溶解后放入试样管中。有一个转子带动试样管旋转，使试样分子收到的磁感应强度更为均匀。

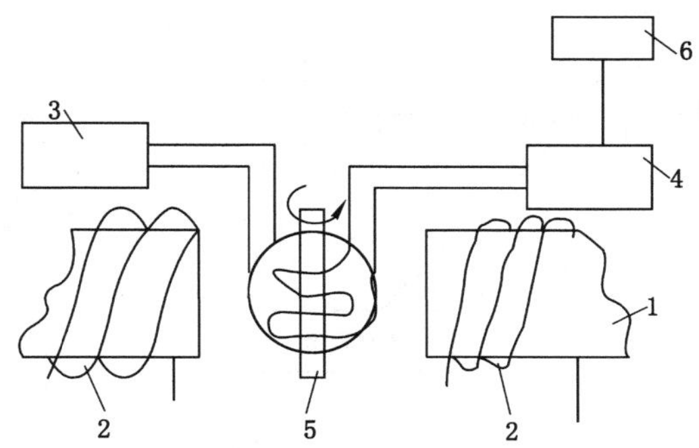

1—磁铁；2—扫描线圈；3—射频振荡器；4—射频接收和放大器；5—试样管；6—记录仪或示波器。

图 2-43　连续波核磁共振波谱仪结构示意图

四、有机质谱

质谱法(MS)是分离和记录离子化的原子或分子的方法。以有机物为研究对象的质谱法称为有机质谱法。它能提供给有机物的相对分子质量、分子式、所含结构单元及连接次序等信息，是有机物结构分析的最重要工具之一。

1. 基本原理

以某种方式使有机分子电离、碎裂、然后按质荷比大小把各种离子分离，检测它们的强度，并排列成谱，这种方法称为质谱法。按离子质荷比排列成的谱图就是质谱图(图 2-44)，质谱图的纵坐标为离子相对强度，横坐标是离子质荷比(m/z)，即离子质量 m(以相对原子质量计)与其所带电荷 z(以电子电量计)之比，如甲基离子(CH_3^+)的质荷比为 15。常规质谱主要研究离子。

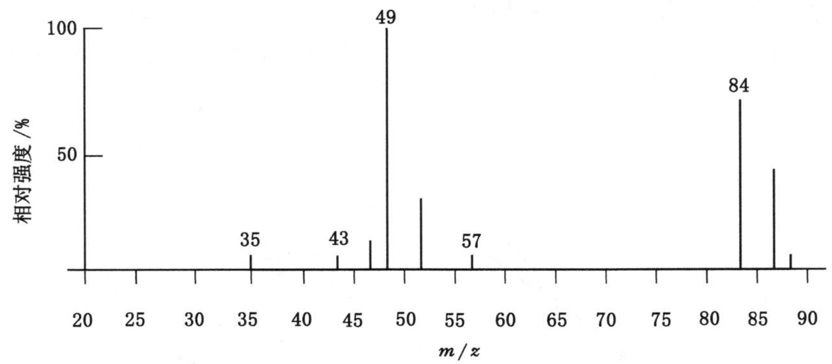

图 2-44　二氯甲烷的电子轰击质谱

用于检测有机物质谱的仪器称为质谱仪。质谱仪由离子源、质量分析器、进样系统和真空系统 5 个部分组成(图 2-45)，另外还配有控制系统和数据处理系统。试样由进样系统导入离子源，在离子源中被电离和碎裂成各种离子，离子进入质量分析器，按质荷比大小被分离后依次到达检测器，检测到的信号经处理成为质谱图或质谱数据表的形式输出。整个仪器必须在高真空条件下工作。

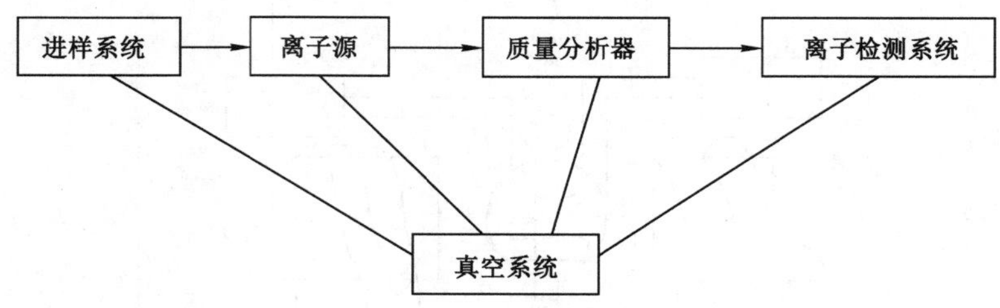

图 2-45　质谱仪的结构示意图

(1) 试样的电离。试样在离子源中电离。离子源是质谱仪的核心部件之一。电子轰击(EI)离子源是通用的常规离子源。它利用灯丝加热时产生的热电子与气相中的有机分子相互作用("轰击"),是分子失去价电子,电离成为带正电荷的分子离子。如果分子离子的内能较大,就可能发生化学键的断裂,生成碎片离子。图 2-46 是有机分子在质谱仪离子源中电离和碎裂的示意图,$ABCD$ 表示由若干个基团组成的有机分子。

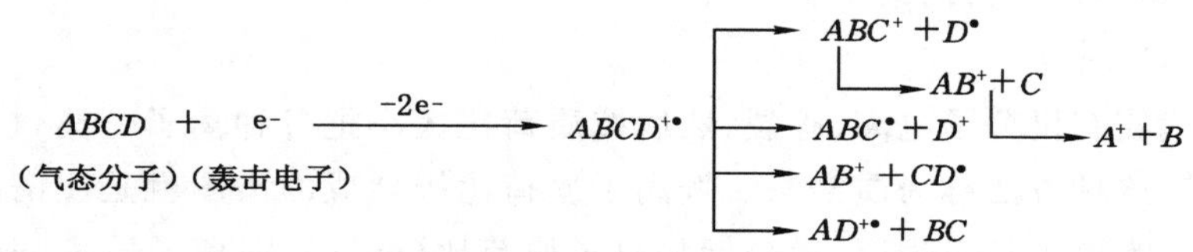

图 2-46　电子轰击电离和碎裂示意图

(2) 离子的分离。质量分析器是质谱仪的另一个核心部件,它的作用是将离子按质荷比分离。有多种方法可完成这一任务,在此仅以单聚焦磁偏转质量分析器(图 2-47)为例简单说明。

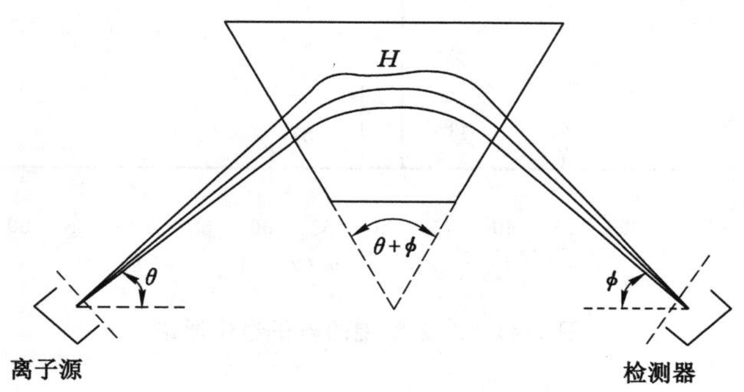

图 2-47　单聚焦磁偏转质量分析器的原理图

在离子源中的离子具有势能(eV),当它受到离子加速电压 V 被拉出离子源时,势能全部转化为动能($mv^2/2$),即:

$$eV = mv^2/2 \tag{2-75}$$

式中：e 为电子电荷；V 为加速电极的电压；m 为离子质量；v 离子运动的线速度。

当离子进入磁场，受到磁场力（$H_c eV$）作用做圆周运动。此时磁场力（向心力）与离子力相等，即：

$$H_c eV = mv^2/R \tag{2-76}$$

式中：H_c 为磁场强度；R 为离子圆周运动的半径；e、m 和 v 含义同式(2-75)。

将式(2-76)代入式(2-75)，得：

$$\frac{m}{e} = \frac{H_c^2 R^2}{2V} \tag{2-77}$$

这就是磁偏转质谱仪的基本方程。由式(2-76)可知，若保持 V 和 R 不变，依次改变磁场强度 H（扫描磁场），可以使不同质荷比离子依次通过磁场到达检测器。

2. 质谱离子的类型及提供的结构信息

分子经电子轰击电离后，将产生多种离子，其中最重要的是分子离子、同位素离子和碎片离子，它们的质荷比及相对强度提供有机物丰富的结构信息。

(1) 分子离子。分子失去一个价电子后生成的正离子称为分子离子，通常用 M^+ 表示。图 2-44 中，$m/z=84$离子就是二氯甲烷的分子离子。分子离子是质谱图中最重要的离子：其一，它的质荷比就等于化合物的相对分子质量，通过确定质谱图上的分子离子可测定化合物的相对分子质量；其二，它的相对强度表明分子的稳定性程度，由此可以推测化合物的类型；其三，谱图中所有碎片离子都是由分子离子碎裂而产生的。

分子离子必须是质谱图中质荷比最大的离子（除同位素离子外），但质荷比最大的离子不一定是分子离子，因为大分子、强极性或者多官能团化合物在电子轰击时可能全部碎裂成为碎片离子。这时，必须用特殊实验技术才能测定相对分子质量。

(2) 同位素离子。在质谱图中，我们常常看到一些比分子离子或碎片离子峰高 1,2 或更高的原子质量单位的峰，称之为同位素离子峰。它们的强度与离子中所含同位素的种类和它的相对丰度有关。表 2-8 列出了有机化合物中常见元素的天然同位素及丰度。在质谱中，其中 m/z 为 $m+1$、$m+2$ 等的同位素峰称为第一、第二同位素峰，依次类推。

表 2-8　有机物中常见元素的稳定同位素及丰度

同位素 A_c	丰度/%	同位素 A_c+1	丰度/%	同位素 A_c+2	丰度/%
^{1}H	100	^{2}H	0.015		
$^{12}C'$	100	^{13}C	1.1		
^{14}N	100	^{15}N	0.37		
^{16}O	100	^{17}O0.04	^{18}O0.2		
^{28}Si	100	^{29}Si5.1	^{30}Si3.4		
^{32}S	100	^{33}S0.8	^{34}S4.4		
^{35}Cl	100			^{37}Cl	32.5
^{79}Br	100			^{81}Br	98

(3) 碎片离子。在电子轰击电离时，生成的分子离子有很高的能量，处于激发态，所以会使其中的一些化学键断裂，产生质量较低的碎片。其中，带正电荷的碎片就叫作碎片离子。碎片离子的质荷比和相对强度可用于推测有机物的结构，可用一个通俗的比方来说明碎片离子在有机物结构解析方面的作用：设想一个精巧的花瓶被弹弓射出的石子打碎了，假如小心收集这些碎片，这个花瓶就可以重新拼构起来。花瓶好比有机分子，它被打碎的过程犹如电子轰击电离，收集碎片就是将离子按质荷比分离检测。在详细研究质谱碎裂规律基础上解析谱图，发现每一个有机分子都有其独特的、可以重复的碎裂方式，不同分子可得到不同质荷比和相对强度的碎片离子。

综上所述，质谱可提供有机物相对分子质量、分子式、分子所含基团连接次序等结构信息。

复习思考题

1. 参比电极和指示电极有哪些类型？它们的主要作用是什么？

2. 简述 pH 玻璃电极的作用原理。

3. 电位滴定法的基本原理是什么？有哪些确定终点的方法？

4. 如何估量离子选择性电极的选择性？

5. 试比较直接电位法和电位滴定法的特点；为什么后者较准确？

6. 用 $AgNO_3$ 电位滴定含相同浓度的 I^- 和 Cl^- 的溶液，当 AgCl 开始沉淀时，AgI 是否已沉淀完全？

7. 为什么物质对光会发生选择性吸收？

8. 朗伯-比尔定律的物理意义是什么？什么是透光度？什么是吸光度？二者之间的关系是什么？

9. 分光光度计有哪些主要部件？它们各起到什么作用？

10. 吸光度的测量条件是如何选择？

11. 用二硫腙光度法测定 Pb^{2+}。Pb^{2+} 的浓度为 0.08 mg/50 mL，用 2 cm 比色皿在 520 nm下测得 $T=53\%$，求 $\boldsymbol{\kappa}$ 值。

12. 何谓原子吸收光谱法？它具有什么特点？

13. 何谓积分吸收？何谓峰值吸收？为什么原子吸收光谱法常采用峰值吸收而不应用积分吸收？

14. 原子吸收分光光度计主要由哪几部分组成？每部分的作用是什么？

15. 在原子吸收分光光度计中为什么采用锐线光源？为什么常用空心阴极灯作为光源？

16. 火焰原子吸收光谱法中的干扰有哪些？简述抑制各种干扰的方法。

17. 何谓内标法？

18. 简单说明气相色谱法的优缺点。

19. 简要说明气相色谱分析流程。

20. 怎样选择固定液？

21. 色谱柱的理论塔板数很大，能否说明两种难分离组分一定能分离？为什么？

22. 柱温和汽化温度的选择应如何考虑？

23. 为什么进样速度要快？试样量的选择应如何考虑？

24. 气相色谱分析的定性能力是比较差的，如何解决这个问题？

25. 高效液相色谱法的特点是什么？它和气相色谱法相比较，主要的不同点是什么？

26. 简单说明高效液相色谱分析的流程。

27. 什么是梯度洗提？它能起是什么作用？

28. 高效液相色谱法可分为几种类型？简述分离原理。

29. 什么是化学键合固定相？有什么特点？

30. 离子色谱法有哪些有缺点？

31. 简述离子色谱法的基本原理。

32. 简述离子色谱法仪器装置的主要部件及其作用。

33. 简要说明离子色谱法的应用。

34. 红外吸收的条件是什么？是否所有的分子振动都会产生红外吸收峰？为什么？

35. 何谓化学移位？它是怎么产生的？

36. 化学移值是如何定义的？测量化学位移值时常用的标准物质是什么？

37. 什么是自旋耦合和自旋裂分？它们在结构分析中有什么用途，请举例说明。

38. 从一张^{1}H-NMR谱图可以得到哪些信息？

39. 核磁共振的磁铁起什么作用？

40. 质谱仪有哪些部件组成？请说明它们的作用。

41. 在质谱仪中试样经电子轰击电离后，产生了哪些重要离子？它们在结构解析时各有什么用处？

第三章 工作场所空气样品的采集

第一节 工作场所空气中有害物质监测的采样规范

采集工作场所空气样品是测定工作场所空气中有毒有害物质的第一步，它直接关系到测定结果的可靠性。如果采集方法不正确，即使分析方法的灵敏度和准确度很高，分析工作者操作娴熟、工作细心，测定结果再准确也毫无意义，有时甚至会带来非常严重的后果。《工作场所空气中有害物质监测的采样规范》(GBZ 159—2004)规定了工作场所空气中有害物质(有毒物质和粉尘)监测的采样方法和技术要求，本标准适用于工作场所空气中有害物质(有毒物质和粉尘)的空气样品采集。

一、采集空气样品的基本要求

空气样品采集应满足工作场所有害物质职业接触限值对采样的要求；职业卫生评价对采样的要求；工作场所环境条件对采样的要求；在采样的同时应做对照试验，即将空气收集器带至采样点，除不连接空气采样器采集空气样品外，其余操作同样品，作为样品的空白对照；采样时应避免有害物质直接飞溅入空气收集器内；空气收集器的进气口应避免被衣物等阻隔。用无泵型采样器采样时应避免风扇等直吹；在易燃、易爆工作场所采样时，应采用防爆型空气采样器；采样过程中应保持采样流量稳定。长时间采样时应记录采样前后的流量，计算时用流量均值；工作场所空气样品的采样体积，在采样点温度低于 5 ℃和高于 35 ℃、大气压低于 98.8 kPa 和高于 103.4 kPa 时，将采样体积换算成标准采样体积；在样品的采集、运输和保存的过程中，应注意防止样品的污染；采样时，采样人员应注意个体防护，同时应在专用的采样记录表上，一边采样、一边记录。

二、空气监测的类型及其采样要求

在空气样采集过程中，不同的空气监测类型，对应的采样要求也不一样。空气监测类型主要有评价监测、日常监测、监督监测和事故性监测。

评价监测适用于建设项目职业病危害因素预评价、建设项目职业病危害因素控制效果评价和职业病危害因素现状评价等；在评价职业接触限值为时间加权平均容许浓度时，应选定有代表性的采样点，连续采样 3 个工作日，其中应包括空气中有害物质浓度最高的工作日。评价职业接触限值为短时间接触容许浓度或最高容许浓度时，应选定具有代表性的采样点，在 1 个工作日内空气中有害物质浓度最高的时段进行采样，连续采样 3 个工作日。

日常监测适用于对工作场所空气中有害物质浓度进行的日常的定期监测；在评价职业接触限值为时间加权平均容许浓度时，应选定有代表性的采样点，在空气中有害物质浓度最高的工作日采样 1 个工作班；在评价职业接触限值为短时间接触容许浓度或最高容许浓度时，应选定具有代表性的采样点，在1个工作班内空气中有害物质浓度最高的时段进行采样。

监督监测适用于职业卫生监督部门对用人单位进行监督时，对工作场所空气中有害物质浓度进行的监测。在评价职业接触限值为时间加权平均容许浓度时，应选定具有代表性的工作日和采样点进行采样。在评价职业接触限值为短时间接触容许浓度或最高容许浓度时，应选定具有代表性的采样点，在1个工作班内空气中有害物质浓度最高的时段进行采样。

事故性监测适用于对工作场所发生职业病危害事故时进行的紧急采样监测。监测至空气中有害物质浓度低于短时间接触容许浓度或最高容许浓度为止。

三、采样前的准备

1. 现场调查

为正确选择采样点、采样对象、采样方法和采样时机等，必须在采样前对工作场所进行现场调查。必要时，可进行预采样。

调查内容主要包括：工作过程中使用的原料、辅助材料，生产的产品、副产品和中间产物等的种类、数量、纯度、杂质及其理化性质等。工作流程包括：原料投入方式、生产工艺、加热温度和时间、生产方式和生产设备的完好程度等。劳动者的工作状况包括：劳动者数量，在工作地点停留时间和工作方式，接触有害物质的程度、频度及持续时间等；工作地点空气中有害物质的产生和扩散规律、存在状态、估计浓度等；工作地点的卫生状况和环境条件、卫生防护设施及其使用情况、个人防护设施及使用状况等。

2. 采样仪器的准备

检查所用的空气收集器和空气采样器的性能和规格，应符合《作业场所空气采样仪器的技术规范》(GB/T 17061—1997)的要求。检查所用的空气收集器的空白、采样效率和解吸效率或洗脱效率。校正空气采样器的采样流量。使用定时装置控制采样时间的采样，应校正定时装置。

四、制订采样方案

在现场调查的基础上，有害物质的样品采集和现场检测应根据现场调查情况和GBZ 159—2004的要求、确定现场检测和样品采集地点、采样对象和数量，根据职业病危害因素的职业接触限值和检测方法制定检测实施方案。方案应包括检测范围、有害物质样品采集方式(个体或定点方法)、采集时机、样品数量、采样时间、采样地点等相关内容。

1. 定点采样

(1) 采样点的选择原则。选择有代表性的工作地点，其中应包括空气中有害物质浓度最高、劳动者接触时间最长的工作地点。在不影响劳动者工作的情况下，采样点尽可能靠近劳动者；空气收集器应尽量接近劳动者工作时的呼吸带。在评价工作场所防护设备或措施的防护效果时，应根据设备的情况选定采样点，在工作地点劳动者工作时的呼吸带进行采样。采样点应设在工作地点的下风向，应远离排气口和可能产生涡流的地点。

(2) 采样点数目的确定。工作场所按产品的生产工艺流程，凡是逸散或存在有害物质的工作地点，至少应设置1个采样点。一个有代表性的工作场所内有多台同类生产设备时，1～3台设置1个采样点；4～10台设置2个采样点；10台以上，至少设置3个采样点。一个有代表性的工作场所内，有 2 台以上不同类型的生产设备，逸散同一种有害物质时，采样点应设置在逸散有害物质浓度大的设备附近的工作地点；逸散不同种类有害物质时，将采样点设置在逸散待测有害物质的设备的工作地点，1～3 台设备设置 1 个采样点；4～10 台设备设置 2 个采样点；10 台以上，至少设置 3 个采样点。劳动者在多个工作地点工作时，在每个工作地点设置 1 个采样点。对于流动劳动者应在流动工作范围内每隔 10 m 设置 1 个采样点。仪表控制室和劳动者休息室，至少设置 1 个采样点。

(3) 采样时段的选择。采样必须在正常工作状态和环境下进行，避免人为因素的影响。空气中有害物质浓度随季节发生变化的工作场所，应将空气中有害物质浓度最高的季节选择为重点采样季节。在工作周内，应将空气中有害物质浓度最高的工作日选择为重点采样日。在工作日内，应将空气中有害物质浓度最高的时段选择为重点采样时段。

2. 个体采样

(1) 采样对象的选定。要在现场调查的基础上，根据检测的目的和要求，选择采样对象。在工作过程中，凡是接触和可能接触有害物质的劳动者都列为采样对象范围。采样对象中必须包括不同工作岗位的、接触有害物质浓度最高和接触时间最长的劳动者，其余的采样对象应随机选择。

(2) 采样对象数量的确定。在采样对象范围内，能够确定接触有害物质浓度最高和接触时间最长的劳动者时，每种工作岗位按表 3-1 选定采样对象的数量，其中应包括接触有害物质浓度最高和接触时间最长的劳动者。每种工作岗位劳动者数不足 3 名时，全部选为采样对象。

表 3-1 采样对象数量确定表

劳动者数	3～5	6～10	>10
采样对象数	2	3	4

在采样对象范围内，不能确定接触有害物质浓度最高和接触时间最长的劳动者时，每种工作岗位按表 3-2 选定采样对象的数量。每种工作岗位劳动者数不足 6 名时，全部选为采样对象。

表 3-2 采样对象数量确定表

劳动者数	6	7～9	10～14	15～26	27～50	>50
采样对象数	5	6	7	8	9	11

五、现场采样质量控制

为了使采取的样品具有代表性、有效性和完整性，确保检测结果的准确性，采样过程应依据《工作场所空气中有害物质监测的采样规范》进行，此规范涵盖了有毒物质和粉尘监测的采样方法，规定了工作场所空气中有害物质监测的采样方法和技术要求，适用于工作场所空气中有害物质的空气样品采集，适用于时间加权平均容许浓度、短时间接触容许浓度和最高容许浓度的监测。整个采样过程都要在严格的质量控制下进行，这样才能符合现场采样工作的要求，保证现场检测的质量。

1. 采样人员的控制

采样人员是采样工作的主体，是质量控制的关键。采样人员必须有一定的工作经验，熟悉采样业务以及相应的检测程序和记录报告程序，了解和掌握检测项目和规范，掌握检测仪器设备的性能及使用方法，采样中遵守质量手册中的规定，按有关程序文件和作业指导书开展职业卫生现场采样工作，并经过考核合格的人员担任。采样人员要经过定期的培训教育，经授权考试合格上岗，应具有相应的工作能力和技术职称。

2. 采样仪器设备的控制

为保证采样的质量，满足检测的需要，必须严格控制采样所使用的仪器设备的质量。采样仪器设备的使用范围、量程、灵敏度、分辨率、稳定性、准确度、误差、测量标准和基准对检测结果的准确性至关重要。每台仪器设备都要建立档案管理，定期报送质量部门检定、校准，要有专人保管，负责设备状态的记录、维护和保养，要建立设备的出入库记录，对其购置，验收、流转进行严格控制，要建立维护程序和运行中检查程序，在使用前要进行校准或核查，并进行记录，采样人员要按照仪器设备作业指导书进行操作，如发现损坏、故障、改装或修理要有记录。采样使用的所有仪器都应配备相应的设施与环境，保证仪器设备的安全处置和正常运转，避免损坏和污染。

3. 采样过程的控制

为保证现场采样工作的质量，提高管理水平，满足职业卫生技术服务工作的需要，在现场采样过程中要严格执行质量控制体系，以做到数据的准确和结果的可靠。

(1) 空气样品采集方法的控制。空气样品的采集是进行有害物质检测的第一步，对其进行全过程、全要素、全方位的质量控制是十分重要的，正确采得具有代表性的、真实的和符合卫生标准要求的样品，是保证检测结果准确可靠的前提。首先必须采用正确的采样方法，要根据待测物在工作场所空气中存在的状态、各种采样方法的适用性以及采样点的工作状况及环境条件来选择。同时，其质量控制中的各项质量活动要贯彻在整个空气样品采集的全部过程中，达到内部质量管理规范的有关要求，确保采集方法的系统性和有效性。

(2) 采样记录的控制。采样记录应按照《记录填写规范》要求填写，要做到字迹清楚，书写规范。记录要采用质量控制体系文件规定的统一格式，结合职业卫生监测规范要求的项目内容和现场采样的实际情况进行填写，如由于填写人的笔误而需要更改时，应按照规定要求进行涂改。记录保存要注意防火、防盗、防潮、防霉变等，并按规定交给档案室归档保存，具体见附录 1。

(3) 采样点选择的控制。采样点的选择是能否得到正确的检测结果，进行真实的职业卫生评价的首要步骤。只有选择了具有代表性的、能反映工作场所空气中有害物质真实浓度的采样点，采集的样品才能用于正确的职业卫生评价的检测，因此采样点选择的质量控制应得到十分重视。采样点的选择应根据《采样规范》中规定的原则进行，应选择有代表性的工作地点，其中应包括车间空气中有害物质浓度最高、劳动者接触时间最长的工作地点，采样点应设在工作地点的下风侧，采样高度尽可能靠近劳动者工作时的呼吸带。

(4) 采样对象选择的控制。采样对象的选择应根据检测目的和要求来确定，可以说在工作过程中凡是接触和可能接触有害物质的劳动者都应列为采样对象范围。它的选择必须包括不同工作岗位的、接触有害物质浓度最高和接触时间最长劳动者。采样对象数量的选择，应根据国家有关规定及质量控制规范来确定。

(5) 采样时段选择的控制。在工作年内、工作月内、工作日内的什么时候进行采样，采样时段的选择应满足职业卫生标准的要求，并且根据职业卫生评价和监测的目的不同，现场采样的时段控制条件如下：采样必须在正常工作状态和环境下进行，重点采样季节应控制在空气中有害物质浓度最高的季节，采样应选择在作业场所有害物质浓度最高的工作日和浓度最高的时段来进行。

(6) 采样时间选择的控制。采样时间的选择直接影响检测结果，在采样前，应根据卫生标准的要求和检测方法的要求及质量控制体系的原则确定正确的采样时间。采样时间要保证采集到的待测物的量能满足测定方法的需要，即样品中的待测物的量最好位于最佳测定范围内，现场采样时间长短的选择应根据评价目的而定。在评价职业接触限值为最高容许浓度的有害物质的采样时，采样时间一般不超过 15 min，当劳动者实际接触时间不足15 min时，按实际接触时间进行采样；在评价职业接触限值为短时间接触容许浓度的有害物质的采样时，采样时间一般为 15 min；采样时间不足 15 min 时，可进行 1 次以上的采样；在评价职业接触限值为时间加权平均容许浓度的有害物质的采样时，可根据工作场所空气中有害物质的存在状况和采样仪器的性能选择长时间或短时间采样。

(7) 采样流量的控制。采样流量的选择和保持采样时流量的稳定是现场采样质量控制的重要环节。各类职业病危害因素的采样流量选择，应根据《工作场所有害物质监测方法》中的具体要求而定。各种收集器都有各自的采样流量，不能错误地使用，要严格地按照仪器规定的要求及操作规范进行操作。

(8) 样品空白对照的控制。样品空白对照的目的是了解现场采样过程中样品的污染程度和用于扣除样品的空白，不容忽视。样品空白对照的操作除不采集空气样品外，其余各项操作包括收集器的准备、采样的操作、样品的运输、保存全部同样品，其操作过程的质量控制亦同样品。

第二节　样品气体采集量和采样效率

一、最小采气量

当作业场所空气中被测有毒有害物质为最高容许浓度值时，保证分析仪器或方法能够准确测定出来所需采集的最小空气样品的体积称为最小采气量($V_{\min}$)。$V_{\min}$与国家卫生标准中规定的待测有害物质的最高容许浓度值、分析方法的灵敏度以及分析时所用的样品量有关。

当空气中有害物质的浓度低于国家卫生标准的最高容许浓度时，采气量对分析结果有很大的影响。如采气量足够大，就可以检测出阳性结果；反之，就不能检测出。对于不能检出的结果有两种可能：一种是空气中被测有害物质的浓度很低，不能检出；另一种是采集空气样品量太少，没有达到分析方法灵敏度所要求的采集量。为了避免后一种情况出现，在空气理化检验采样时提出了最小采气量的要求。

空气样品的最小采气量的计算公式为：

$$V_{\min}=2\frac{V_{\mathrm{L}}C_{\min}a}{Tb} \tag{3-1}$$

式中：a 为吸收液，即样品溶液的总体积，mL；b 为分析时所取样品溶液的体积，mL；V_L 为 b 体积样品溶液被处理成实际测量溶液的体积，mL；C_{min} 为分析方法的最低检出浓度，μg/mL；T 为被测物质在空气中的最高容许浓度，mg/m^3；2 为保险系数，是为了在空气中被测物质的浓度刚好在最高容许浓度点时，吸收液被稀释后溶液中被测物质浓度仍可为最小检出浓度的 2 倍而能正常检出。

V_L 和 C_{min} 的乘积为分析方法的绝对最小检出量，最小检出浓度越小，一次测量所需样品量越少，则绝对最小检出量越小。例如，用酚试剂分光光度法测定大气中的甲醛浓度，该方法的检出限为 0.05 μg/5 mL。用 10 mL 含酚试剂的水溶液作吸收液，测定时取 5 mL 样液分析。大气中甲醛的最高容许浓度(一次)为 0.05 mg/m^3。根据式(3-1)，则最小采气量为 4 L。

在实际工作中，如果采样现场空气中被测有害物质的浓度较高时，可相应减少采气量，使吸收液达到正常测定的浓度范围内即可。这样不仅可以减少采样时间，还可以避免样品溶液(吸收了被测物质后的吸收液)的多次稀释带来的误差。相反，如果采样现场空气中有害物质的浓度很低，而又要求测出其低于最高容许浓度的具体数值时，则应采集的空气样品量大于按上式计算的最小采气量才能达到目的。因此，应对待测有毒物质浓度进行预先估计，代入式中计算 V_{min}，或者是采样实验确定采样体积。

二、采样效率及其评价

采样效率是指某一采样方法在规定的条件(如采样流速、被采集物质浓度、采样温度和采样时间等)下所采集到的被测物量占其进入采样器的总量的百分数。由于采样效率受多种因素(如吸收液、吸收管、采样流速、空气污染物浓度、采样滤料特性等)的影响，所以在未确认其采样效率之前或确认方法采样效率过低时，不能使用该采样方法。对采样效率的测定方法因被测物存在的状态的不同而不同。

(一) 气体和蒸气状态有毒有害物质的采样效率评价方法

采集空气中气体和蒸气状态有毒有害物质常用溶液吸收法或固体吸附剂采样法。两类方法都有富集浓缩的作用，可用以下方法来评价其采样效率。

1. 绝对采样法

模拟采样现场空气条件配制标准气样，用采集样品空气的方法采集标准气体，在正常工作的条件下，放置与采集样品相同的时间，分别测定样品浓度 C 和原始标准气中被测组分的浓度 C_0，二者的比值为采样效率，即：

$$E_s = \frac{C}{C_0} \times 100\% \tag{3-2}$$

这种评价方法虽然比较理想，采样效率一般为 100%。但由于标准气体的配制比较麻烦，花费也比较大，且采样容器对组分的吸附、反应等作用会使样品浓度下降，因此在实际应用中受到限制。

2. 相对评价法

(1) 用标准气体作样品评价，用单个采集器采样，根据进入采样器的绝对量 R 和被采集的绝对量 r，按下式计算其采样效率：

$$y = \frac{r}{R} \times 100\% \tag{3-3}$$

式中　r——被采集的绝对量；

R——采样器的绝对量。

如单个采样器采集效率不高，可串联两个完全一样的采集器同时采样，将两个采样器的采集量相加，计算两个串联采样器的总采样效率。

(2) 不方便使用标准气样评价时，也可用实际样品检测。串联两个完全一样的采集器，以拟定的流速采集一定量的样品，然后分别测定每个采集器内的有害物质的量。

① 当单个采集器的采样效率大于 90%时，近似采样效率为：

$$y \approx \frac{r}{r+j} \times 100\% \tag{3-4}$$

式中 y——采样效率；

r——第一个采集器中待测物的质量；

j——各采集器的采集总量。

② 当单个采集器的采样效率小于 90%时，近似采样效率为：

$$y = \frac{r-j}{r} \times 100\% \tag{3-5}$$

用这种方法评价采样效率，要求第二、三个收集器中待测物的质量与第一个收集器相比是极小的，这样 3 个收集器中待测物的质量之和就接近待测物的总量。有时需要串联更多的收集器采样，以保证各收集器中待测物的质量之和更加接近待测物总量。

(二) 气溶胶状粉尘颗粒采样效率的评价方法

空气中气溶胶状态污染物主要采用滤料采样法，其采样效率的表示方法有两种：一种是颗粒采样效率，以采集到的气溶胶颗粒数占其总颗粒数的百分数表示；另一种是质量采样效率，以采集到的气溶胶质量占其总质量的百分数表示。

因粉尘粒径有较大分散度，大粒径颗粒的质量比小粒径大得多，所以两种表示方法结果不一致，通常质量采样效率大于颗粒采样效率。常用的表示方法是质量采样效率，因其简便易行。但微细颗粒，尤其是 10 μm 以下的可吸入颗粒物对人体健康影响较大，所以在进行与可吸入粉尘有关的某些特殊研究时，需要评价采样滤料对颗粒物的采样效率。

滤料的采样效率一般采用相对评价方法。可用一个已知采样效率很高的方法与被评价滤纸或滤膜同时采样，通过比较得出其采样效率。实际测量颗粒采样效率时，需要用一个灵敏度很高的颗粒计数器测量空气样品进入滤料前和通过滤料后的颗粒数来计算。

三、影响采样效率的因素

在测定空气污染物时，要求方法的采样效率至少达 90%，如采样效率过低，测定结果的可信度也低。因此，检测人员需要了解影响采样效率的各种因素，以便在实际工作中采取有效措施，研究有效方法，保证足够高的采样效率。

(一) 空气中有毒有害物质的状态和采集器

蒸气状态的有毒有害物质呈分子状态存在于空气中，直接用滤纸或滤膜采集，则采样效率很低(如用适当的试剂浸渍滤纸或滤膜，通过化学反应截留，可提高采样效率)。在大多数情况下，用气泡吸收管或多孔玻板吸收管的溶液吸收法，使气态物质转化溶解状态，则有较高的采样效率。

以气溶胶形式存在的污染物，用滤纸或滤膜采集法可获得很高的采样效率；用气泡吸收管或多孔玻板吸收管采样，则容易发生堵塞，致使采样效率降低。

（二）空气中污染物的理化特性与吸收液或固体吸附剂

空气中有毒物质在吸收液中的溶解度高、化学反应速度快，与之能生成稳定化合物，则吸收效率高。但是，反应产物和吸收液中其他物质不能干扰后续的分析，即采样应与分析方法相衔接。固体吸附剂应对被测组分要有足够高的吸附容量，且能方便、定量地解吸。

（三）采样速度

不同的采集器应采用不同的采样速度，如用气体吸收管采集空气中的气体污染物，采样速度一般为 0.1～2 L/min，采样速度太快，则待测空气污染物来不及被吸收液吸收或反应就被抽走，导致采样效率下降；而用滤纸、滤膜法采集气溶胶时，则应采用较大的流速。由于悬浮颗粒物本身在重力作用下沉降，只有当采样流速能克服其重力的沉降时，颗粒物才能进入采集器而被采集。

（四）采样量

在用气体吸收管或固体吸附剂采集样品时，必须注意采集器的采集容量和穿透容量等问题，如超过容量，采样效率急剧下降。

（五）环境温度

采样时还必须考虑气象因素的影响，如温度、湿度等。若温度过高，则溶液对气体的溶解度、固体吸附剂对气体的吸附容量都降低，聚氯乙烯滤膜变形，孔径变大，对小颗粒的截留效率下降。采集低沸点的气态和蒸气态污染物，可通过降低采集器和吸收液的温度而提高采样效率。另外，必须正确掌握采样方法和采样仪器的使用要求，这也是保证采样效率达到要求的重要条件。

第三节　采样方法

灵敏、准确的分析方法仅是获得空气中有毒有害物质准确浓度的条件之一，同时还必须保证被采集样品的真实性。掌握各种采样方法的原理和特点是合理选择采样方法的基础，应根据有毒有害物质存在的状态、浓度、理化性质和分析方法的检出限（灵敏度）来选择合适的采样方法。采集空气样品的方法分为两大类：直接采样法和浓缩采样法。

一、直接采样法

直接采样法又称为集气法。这种采样方法将空气样品收集在合适的容器内，再带回实验室进行分析，采集过程中未对空气样品中的被测物质进行浓缩。直接采样法适用于空气中有毒有害物质浓度较高、分析方法灵敏度高、现场不适宜使用动力采样。例如，用非色散红外吸收法测定空气中的一氧化碳；用紫外荧光法测定空气中的二氧化硫等都用直接采样法。保证所采空气样品中被测物质的形态、状态及浓度不发生变化是确保动力采样的关键。因此，所用容器内壁不应对蒸气状态的有毒有害物质产生吸附、反应、催化等作用，且采样后应尽快分析。单次采样只代表采样时刻的污染情况，若要掌握一段时间

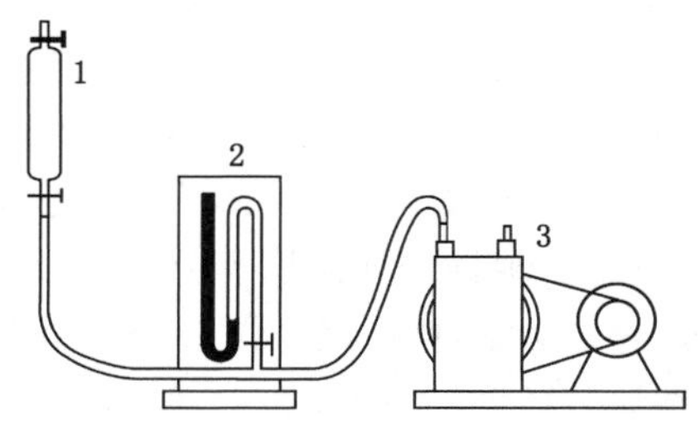

1—真空采气管（瓶）；2—闭管压力计；3—真空泵。

图 3-1　真空采气瓶抽真空装置

内浓度变化情况或平均浓度，就必须依序多次采集。该法常用容器有采气管、真空瓶、注射器、塑料袋等。

（一）真空瓶采样

选用 500～1 000 mL 两端具活塞的耐压玻璃瓶或不锈钢制成的真空采气瓶，首先用真空泵将其内的空气抽出，使瓶内真空度达到 1.33 kPa，关闭活塞；然后将集气瓶送至采样点，将活塞慢慢打开，现场空气会立即充满集气瓶，关闭活塞，带回实验室立即分析。

采样体积计算：

$$V_R = V_b \cdot \frac{p_1 - p_2}{p_1} \tag{3-6}$$

式中：V_R 为实际采样体积，mL；V_b 为集气瓶容积，mL；p_1 为采样点采样时的大气压力，kPa；p_2 为集气瓶内的剩余压力，kPa。

（二）塑料袋采样

用塑料或铝铂袋连接一个特制的带活塞的橡皮球，在采样现场首先对采气袋用空气冲洗 3～5 次，然后采样，并用乳胶帽堵住口，尽快送检分析。该法仅适用于采集不活泼的气体（如 CO 等），且采样后应尽快分析。常用于采样的塑料袋有：聚乙烯袋、聚氯乙烯袋、聚四氟乙烯袋和聚酯树脂袋。

（三）注射器采样

主要用于气相色谱法分析的样品采集，多用于有机蒸汽及某些气体的分析。多选用气密性好的 100 mL 或 50 mL 医用气密型注射器作为采集器。首先用现场空气抽洗注射器 3～5次；然后再抽取现场空气，将进气端套上塑料帽或橡皮帽。在存放和运输过程中，应使注射器活塞朝上方，保持近垂直位置，利用注射器活塞本身的重量，使注射器内空气样品处于正压状态，防止外界空气渗入注射器内。样品存放时间不宜长，一般应当天分析完毕。本法操作简单，适用于采取有机溶剂（如苯等），但采样体积一般不大于 100 mL。

（四）采气管采样

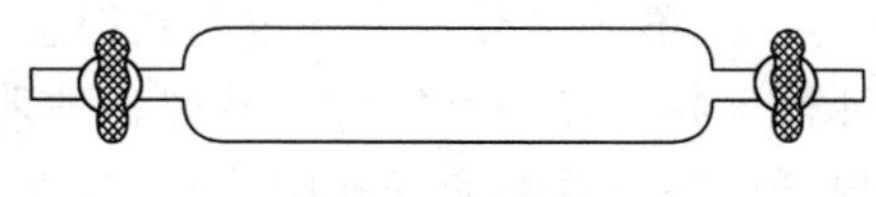

图 3-2 采气管

采气管是两端具有旋塞的管式玻璃容器，其容积为 100～500 mL。采样时，打开两端旋塞，将二联球或抽气泵接在管的一端，迅速抽入比采样管容积大 6～10 倍的欲采气体，使采气管中原有气体被完全置换出，关上两端旋塞，采气体积为采气管的容积。

二、富集（浓缩）采样法

由于空气中有毒有害物质浓度一般都较低（10^{-6}～10^{-9} 数量级），达不到分析方法的最低检出浓度（分析仪器不能直接测定空气的组分）。在这种情况下，直接采样法很难满足分析的要求，应采用浓缩采样法采集大量空气样品，同时对被测物进行浓缩，以便达到分析方法正常测定的浓度范围。浓缩采样法采样时间比直接采样法长，测定结果代表采样时段的平均浓度。根据采样的原理分类，浓缩采样法又分为溶液吸收法、固体阻留法、低温冷凝法、扩散（渗透）法、静电沉降法和个体计量器采样法等。在实际选用时，应根据检测对象的浓度、性质、状态及目的和要求，结合各采样方法的特点以及所用分析方法的基本要求等选择采样方法。

(一) 溶液吸收法

溶液吸收法是采集气态、蒸气态及某些气溶胶物质的常用方法，它是利用空气中被测物质能迅速溶解于吸收液中或能与吸收液迅速发生化学反应生成稳定化合物的特性而设计的。采样时，用抽气装置将欲测空气以一定流速抽入装有吸收液的吸收管(瓶)中。采样结束后，倒出吸收液进行测定，根据测得结果及采样体积计算大气中污染物的浓度。

溶液吸收法的吸收效率主要决定于吸收速度和气样与吸收液的接触面积。

欲提高吸收速度，必须根据被吸收污染物的性质选择效能好的吸收液，常用的吸收液有水、水溶液和有机溶剂等。按照它们的吸收原理可分为两种类型：一种是气体分子溶解于溶液中的物理作用，如用水吸收空气中的氯化氢、甲醛，用5%的甲醇吸收液吸收有机农药，用10%乙醇吸收硝基苯等；另一种吸收原理是基于发生化学反应，如用氢氧化钠溶液吸收空气中的硫化氢基于中和反应，用四氯汞钾溶液吸收 SO_2 基于络合反应等。理论和实践证明，伴有化学反应的吸收溶液的吸收速度比单靠溶解作用的吸收液吸收速度快得多。因此，除采集溶解度非常大的气态物质外，一般都选用伴有化学反应的吸收液。吸收液的选择原则如下：

- 与被采集的物质发生化学反应快或对其溶解度大。
- 污染物质被吸收液吸收后，要有足够的稳定时间，以满足分析测定所需时间的要求。
- 所用吸收液组分对分析测定应无干扰。尽管有些吸收液对被测物质有较高的采集效率。但吸收液组分本身对测定有干扰也不宜选用，如甲醇对空气中有机磷农药有很高的采集效率。但用酶化学法测定有机磷时，高浓度的甲醇对酶活性有抑制作用，而降低了测定方法的灵敏度。因此，为了减少测定影响，可降低甲醇浓度至5%，这样既可有较高的采集效率，又可使甲醇对酶活性的影响降至最小。
- 吸收液毒性小、价格低、易于购买，且尽可能回收利用。

增大被采气体与吸收液接触面积的有效措施是选用结构适宜的吸收管(瓶)。下面介绍几种常用的吸收管(瓶)。

1. 气泡吸收管

有大型和小型气泡吸收管两种(图 3-1)。大型气泡吸收管可装 5～10 mL 吸收液，采样流量为 0.5 L/min；小型气泡吸收管可装 1～3mL 吸收液，采样速度一般为 0.3 L/min。气泡吸收管的内管插在外管内。采样前，加入吸收液，外管的管口与抽气装置相连接，空气从内管上端进入吸收管。气泡吸收管内壁尖内径约为 1 mm，距管底的距离不大于 5 mm；外管下部缩小，可使吸收液液柱增高，延长空气与吸收液的接触时间，利于吸收待测物；外管上部膨大，可以避免吸收液随着气泡溢出吸收管。

空气中气体和蒸气状态待测物质的扩散速度与空气相近，随气流进入吸收液后，在气泡中迅速扩散到气-液界面，被吸收液吸收。气溶胶状态的待测物颗粒与空气不同，扩散慢，不能迅速与吸收液的接触，部分待测物还未到达气-液界面就被气流带离吸收液，因此吸收率低。气泡吸收管适用于采集气体和蒸气状态物质。

2. 多孔玻板吸收管

多孔玻板吸收管有直形和 U 形两种。玻板上有许多微孔，吸收管可装 5～10 mL 吸收

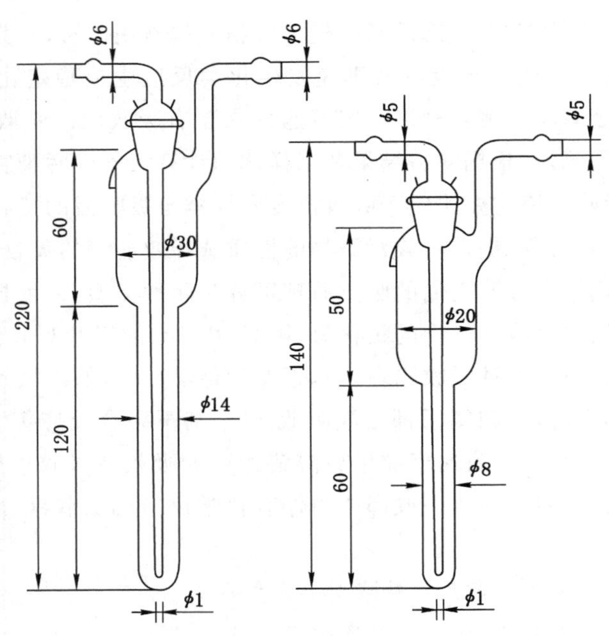

图 3-3 气泡吸收管

液，采样流量为 0.5 L/min。采样时，空气流过玻板上的微孔进入吸收液，由于形成的气泡细小，气体与吸收液的接触面积大大增加，吸收液对待测物的吸收效率较气泡吸收管明显提高。

同气泡采样管一样，采样流量越小，气体与吸收液接触时间越长，采样效率越高，但采样时间随之延长。由于多孔玻板吸收管的采样效率比气泡吸收管高，通常使用单管采样，只有空气中待测物质浓度较高时，才用两管串联采样。除用于采集气体和蒸气状态物质外，多孔玻板吸收管也可以采集雾状和颗粒较小的烟状物质。

3. 冲击式吸收管

这种吸收管有小型（装 5～10 mL 吸收液，采样流量为 3.0 L/min）和大型（装 50～100 mL吸收液，采样流量为 30 L/min）两种规格，适宜采集气溶胶态物质。由于吸收管的进气管喷嘴孔径小，距瓶底部又很近，当被采气样快速从喷嘴喷出冲向管底时，则气溶胶颗粒因惯性作用冲击到管底被分散，这样易被吸收液吸收。

（二）填充柱采样法

填充柱是由一根长 6～10 cm、内径 3～5 mm 的玻璃管或塑料管装入颗粒状填充剂制成的。采样时，使气样以一定流速通过填充柱，则欲测组分因吸附、溶解或化学反应等作用被阻留在填充剂上，达到浓缩采样的目的。采样后，通过解吸或溶剂洗脱，使被测组分从填充剂上释放出来进行测定。根据填充剂阻留作用的原理，可分为吸附型、分配型和反应型 3 种类型。

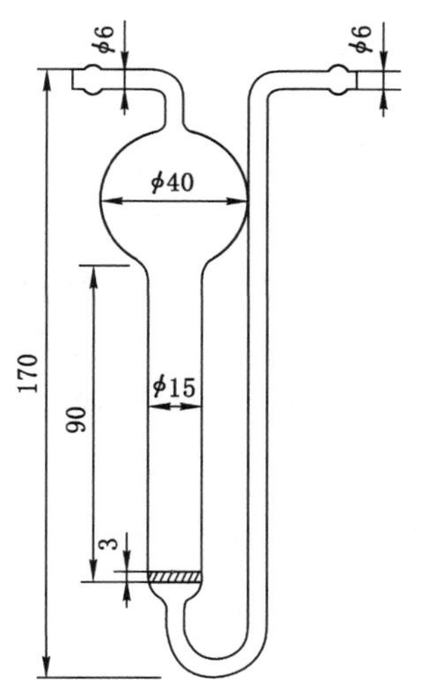

图 3-4　多孔玻板吸收管

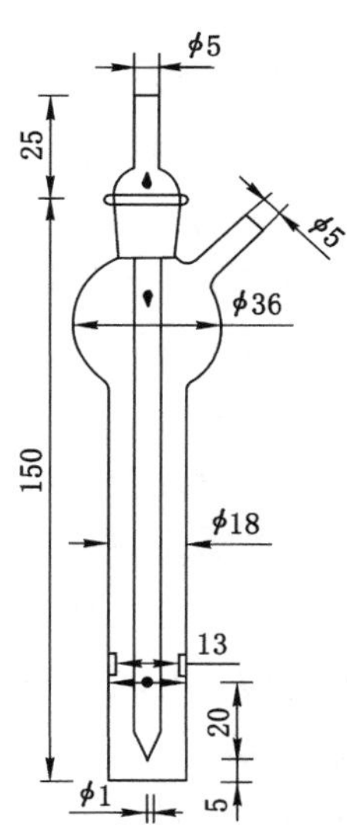

图 3-5　冲击式吸收管

1. 吸附型填充柱

这种柱的填充剂是颗粒状固体吸附剂，如活性炭、硅胶、分子筛、高分子多孔微球等。它们都是多孔性物质，比表面积大，对气体和蒸气有较强的吸附能力，具有两种表面吸附作用：一种是分子间引力引起的物理吸附，吸附力较弱；另一种是剩余价键力引起的化学吸附，吸附力较强。极性吸附剂(如硅胶等)，对极性化合物有较强的吸附能力；非极性吸附剂(如活性炭等)，对非极性化合物有较强的吸附能力。一般来说，吸附能力越强，采样效率越高，但这些往往会给解吸带来困难。因此，在选择吸附剂时，既要考虑吸附效率，又要考虑易于解吸。

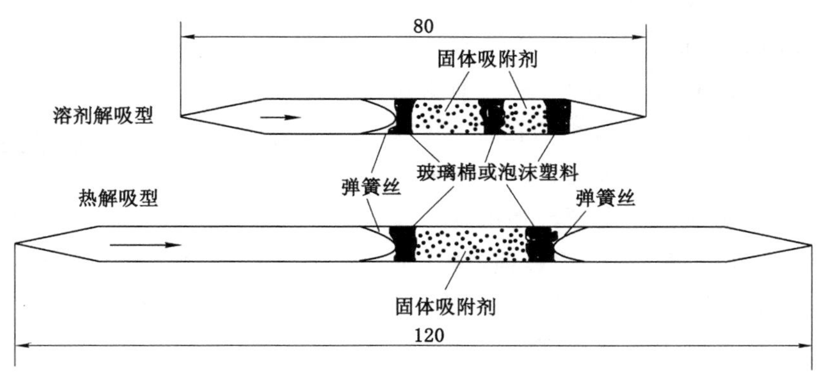

图 3-6　标准活性炭管和硅胶管

2. 分配型填充柱

这种填充柱的填充剂是表面涂高沸点有机溶剂(如异十三烷)的惰性多孔颗粒物(如硅藻土)，类似于气-液色谱柱中的固定相，只是有机溶剂的用量比色谱固定相大。当被采集气体通过填充柱时，在有机溶剂（固定液）中分配系数大的组分保留在填充剂上而被富集。例如，空气中的有机氯农药和多氯联苯（PCB）多以蒸气或气溶胶态存在，用溶液吸收法采样效率低，但用涂渍5%甘油的硅酸铝载体填充剂采样，采集效率可达90%～100%。

3. 反应型填充柱

这种柱的填充剂是由惰性多孔颗粒物（如石英砂、玻璃微球等）或纤维状物（如滤纸、玻璃棉等）表面涂渍能与被测组分发生化学反应的试剂制成，也可以用能和被测组分发生化学反应的纯金属（如Au、Ag、Cu等）丝毛或细粒作填充剂。气体通过填充柱时，被测组分在填充剂表面因发生化学反应而被阻留。采样后，将反应产物用适宜溶剂洗脱或加热吹气解吸下来进行分析。例如，空气中的微量氨可用装有涂渍硫酸的石英砂填充柱富集。采样后，用水洗脱下来测定之。反应型填充柱采样量和采样速度都比较大，富集物稳定，对气态、蒸气态和气溶胶态物质都有较高的富集效率。

（三）滤料阻留法

该方法是将过滤材料（如滤纸、滤膜等）放在采样夹上，用抽气装置抽气，则空气中的颗粒物被阻留在过滤材料上，称量过滤材料上富集的颗粒物质量，根据采样体积，即可计算出空气中颗粒物的浓度。

滤料采集空气中气溶胶颗物基于直接阻截、惯性碰撞、扩散沉降、静电引力和重力沉降等作用。直径在0.1～1 μm的微粒，以静电作用为主；直径大于1 μm的微粒，以惯性冲击作用和阻截作用为主；直径小于0.1 μm的微粒，以扩散作用为主。滤料的采集效率除与自身性质有关外，还与采样速度、颗粒物的大小等因素有关。低速采样以扩散沉降为主，对细小颗粒物的采集效率高；高速采样以惯性碰撞作用为主，对较大颗粒物的采集效率高。空气中的大小颗粒物是同时并存的，当采样速度一定时，就可能使一部分粒径小的颗粒物采集效率偏低。此外，在采样过程中，还可能发生颗粒物从滤料上弹回或吹走现象，特别是采样速度大的情况下，颗粒大、质量重的粒子易发生弹回现象；颗粒小的粒子易穿过滤料被吹走，这些情况都是造成采集效率偏低的原因。

常用的滤料有纤维状滤料，如滤纸、玻璃纤维滤膜、过氯乙烯滤膜等；筛孔状滤料，如微孔滤膜、核孔滤膜、银薄膜等。滤纸的孔隙不规则且较少，适用于金属尘粒的采集。因滤纸吸水性较强，不宜用于重量法测定颗粒物浓度。玻璃纤维滤膜吸湿性小，耐高温，耐腐蚀，通气阻力小，采集效率高，常用于采集悬浮颗粒物，但其机械强度差，某些元素含量较高。聚氯乙烯或聚苯乙烯等合成纤维膜通气阻力小，并可用有机溶剂溶解成透明溶液，便于进行颗粒物分散度及颗粒物中化学组分的分析。微孔滤膜是由硝酸（醋酸）纤维素制成的多孔性薄膜，孔径

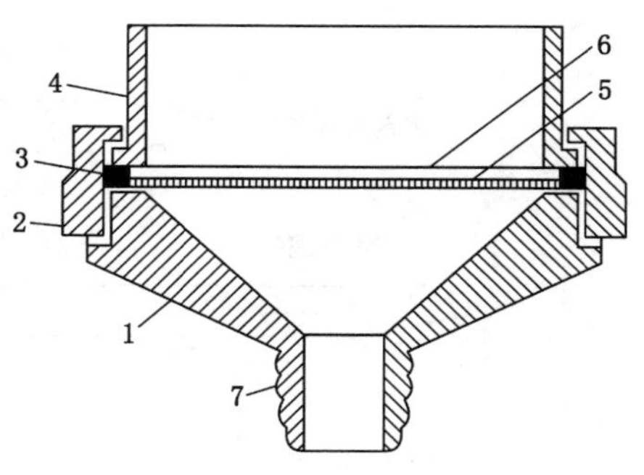

1—底座；2—紧固圈；3—密封圈；4—接座圈；5—支撑网；6—滤膜；7—抽气（装置）接口。

图3-7 颗粒物采样夹

细小、均匀，质量轻，金属杂质含量极微，溶于多种有机溶剂，尤其适用于采集分析金属的气溶胶。核孔滤膜是将聚碳酸酯薄膜覆盖在铀箔上，用中子流轰击，使铀核分裂产生的碎片空过薄膜形成微孔，再经化学腐蚀处理制成。这种膜薄而光滑，机械强度好，孔径均匀，不亲水，适用于精密的重量分析，但因微孔呈圆柱状，采样效率较微孔滤膜低。银薄膜由微细的银粒烧结制成，具有也微孔滤膜相似的结构，它能耐 400 ℃高温，抗化学腐蚀性强，适用于采集酸、碱气溶胶及含煤焦油、沥青等挥发性有机物的气体。

（四）低温冷凝法

大气中某些沸点比较低的气态污染物质，如烯烃类、醛类等，在常温下用固体填充剂等方法富集效果不好，而低温冷凝法可提高采集效率。

低温冷凝采样法是将 U 形或蛇形采样管插入冷阱中，当大气流经采样管时，被测组分因冷凝而凝结在采样管底部。如用气相色谱法测定，可将采样管与仪器进气口连接，移去冷阱，在常温或加热情况下汽化，进入仪器测定。

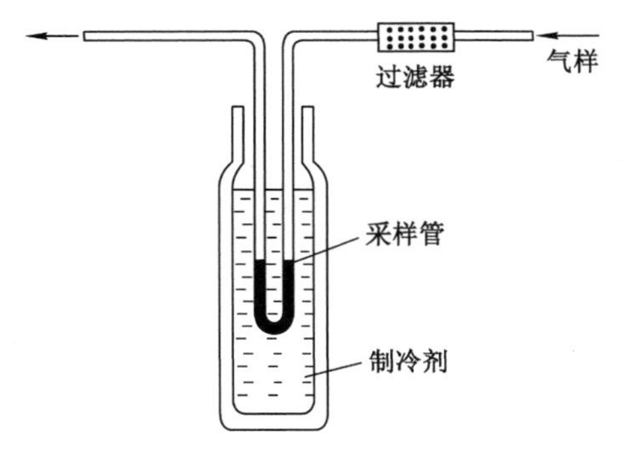

图 3-8　低温冷凝采样

制冷的方法有半导体制冷器法和制冷剂法。常用制冷剂有冰（0 ℃）、冰-盐水（−10 ℃）、干冰-乙醇（−72 ℃）、干冰（−78.5 ℃）、液氧（−183 ℃）、液氮（−196 ℃）等。

低温冷凝采样法具有效果好、采样量大、利于组分稳定等优点，但空气中的水蒸气、二氧化碳，甚至氧也会同时冷凝下来。在汽化时，这些组分也会汽化，增大了气体总体积，从而降低浓缩效果，甚至干扰测定。为此，应在采样管的进气端装置选择性过滤器（内装过氯酸镁、碱石棉、氯化钙等），以除去空气中的水蒸气、二氧化碳等。但是，所用干燥剂不能与被测组分发生作用，以免引起被测组分损失。

（五）静电沉降法

微粒上面带电荷，在电场的作用下，带电荷的微粒沉降到电场的收集电极上而被收集。基于此原理的颗粒采集方法称为静电沉降法，在石英晶体差频测尘仪中，就采用了经典沉降集尘方法。此方法采气速度快，采样效率高。在有易爆炸性气体、蒸气或粉尘的现场，不能使用该采样方法。

（六）综合采样法

空气中的污染物并不是以单一状态存在的，可采用不同采样方法相结合的综合采样法，将不同状态的污染物同时采集下来。例如，在滤料采样夹后接上液体吸收管或填充柱采样管，则颗粒物收集在滤料上，而气体污染物收集在吸收管或填充柱中。又如，无机氟化物以气态（HF、SiF_4）和颗粒态（NaF、CaF_2）存在，两种状态毒性差别很大，需要分别测定。此时，可将 2 层或 3 层滤料串联起来采集，第一层用微孔滤膜采集颗粒态氟化物，第二层用碳酸钠浸渍的滤膜采集气态氟化物。

表 3-3 列出了工作场所空气中常见有害物质检测采样方法。

表 3-3　工作场所空气中常见有害物质检测采样方法一览表

类别	有害物质名称	收集器名称	采样要求	样品保存方法	检测标准
镉及其化合物	镉和氧化镉	·微孔滤膜，孔径 0.8 μm； ·采样夹，滤料直径 40 mm； ·小型塑料采样夹，滤料直径 25 mm； ·空气采样器，流量 0～3 L/min 和 0～10 L/min	·短时间采样：以 5 L/min 流量采集 15 min空气样品； ·长时间采样：以 1 L/min 流量采集 2～8 h空气样品； ·个体采样：将装好微孔滤膜的小型塑料采样夹佩戴在监测对象的前胸上部，进气口尽量接近呼吸带，以 1 L/min 流量采集 2～8 h 空气样品	采样后，将滤膜的接尘面朝里对折 2 次，放入清洁的塑料袋或纸袋内，置清洁的容器内运输和保存。样品在室温下可长期保存	工作场所空气中镉及其化合物的测定方法(GBZ/T 160.5—2004)： ·火焰原子吸收光谱法
铬及其化合物	铬、铬酸盐、重铬酸盐和三氧化铬	同上	同上	同上	工作场所空气中铬及其化合物的测定方法(GBZ/T 160.7—2004)： ·火焰原子吸收光谱法
钴及其化合物	钴和氧化钴	同上	同上	同上	工作场所空气中钴及其化合物的测定方法(GBZ/T 160.8—2004)： ·火焰原子吸收光谱法
铜及其化合物	铜和氧化铜	同上	同上	同上	工作场所空气中铜及其化合物的测定方法(GBZ/T 160.9—2004)： ·火焰原子吸收光谱法
铅及其化合物	铅、氧化铅	同上	同上	同上	工作场所空气中铅及其化合物的测定方法(GBZ/T 160.10—2004)： ·火焰原子吸收光谱法； ·双硫腙分光光度法； ·氢化物-原子吸收光谱法； ·微分电位溶出法

表 3-3(续)

类别	有害物质名称	收集器名称	采样要求	样品保存方法	检测标准
锰及其化合物	锰和二氧化锰	·微孔滤膜,孔径 0.8 μm; ·采样夹,滤料直径 40 mm; ·小型塑料采样夹,滤料直径 25 mm; ·空气采样器,流量 0～3 L/min和 0～10 L/min	·短时间采样:以 5 L/min 流量采集 15 min空气样品; ·长时间采样:以 1 L/min 流量采集 2～8 h空气样品; ·个体采样:将装好微孔滤膜的小型塑料采样夹佩戴在采样对象的前胸上部,进气口尽量接近呼吸带,以 1 L/min 流量采集 2～8 h 空气样品	采样后,将滤膜的接尘面朝里对折 2 次,放入清洁塑料袋或纸袋内,置于清洁的容器内运输和保存。样品在室温下可长期保存	工作场所空气中锰及其化合物的测定方法(GBZ/T 160.13—2004): ·火焰原子吸收光谱法; ·磷酸-高锰酸钾分光光度法
汞及其化合物	汞和氯化汞	·大型气泡吸收管; ·空气采样器,流量 0～1 L/min	·在采样点,串联 2 个各装 5.0 mL 吸收液的大型气泡吸收管,以 500 mL/min 流量采集 15 min 空气样品	采样后,采集氯化汞的空气样品,立即向每个吸收管加入 0.5 mL 高锰酸钾溶液,摇匀。封闭吸收管进出气口,置清洁容器内运输和保存。样品应尽快测定	工作场所空气中汞及其化合物的测定方法(GBZ/T 160.14—2004): ·原子荧光光谱法; ·冷原子吸收光谱法
		·大型气泡吸收管 ·空气采样器,流量 0～2 L/min	·在采样点,串联 2 个各装 10.0 mL 吸收液的大型气泡吸收管,以 1 L/min 流量采集 15 min 空气样品	采样后,立即封闭吸收管进出气口,置清洁容器内运输和保存。样品应尽快测定	工作场所空气中汞及其化合物的测定方法(GBZ/T 160.14—2004): ·双硫腙分光光度法
镍及其化合物	镍、氧化镍和硝酸镍	·微孔滤膜,孔径 0.8 μm; ·采样夹,滤料直径 40 mm; ·小型塑料采样夹,滤料直径 25 mm; ·空气采样器,流量 0～3 L/min和 0～10 L/min	·短时间采样:以 5 L/min 流量采集 15 min空气样品; ·长时间采样:以 1 L/min 流量采集 2～8 h空气样品; ·个体采样:将装好微孔滤膜的小型塑料采样夹佩戴在监测对象的前胸上部,进气口尽量接近呼吸带,以 1 L/min 流量采集 2～8 h 空气样品	采样后,将滤膜的接尘面朝里对折 2 次,放入清洁的容器内运输和保存。在室温下,样品可长期保存	工作场所空气中镍及其化合物的测定方法(GBZ/T 160.16—2004): ·火焰原子吸收光谱法

表 3-3(续)

类别	有害物质名称	收集器名称	采样要求	样品保存方法	检测标准
钾及其化合物	钾、氢氧化钾和氯化钾	微孔滤膜,孔径 0.8 μm; ·采样夹,滤料直径 40 mm; ·空气采样器,流量 0~10 L/min; ·具塞比色管,25 mL	·在采样点,将装好微孔滤膜的采样夹,以 5 L/min 流量采集 15 min 空气样品	采样后,将滤膜的接尘面朝里对折 2 次,放入具塞比色管内运输和保存。样品在室温下可长期保存	工作场所空气中钾及其化合物的测定方法(GBZ/T 160.17—2004): ·火焰原子吸收光谱法
钠及其化合物	钠、氢氧化钠和碳酸钠	同上	同上	同上	工作场所空气中钠及其化合物的测定方法(GBZ/T 160.18—2004): ·火焰原子吸收光谱法
铊及其化合物	铊和氧化铊	·微孔滤膜,孔径 0.8 μm; ·采样夹,滤料直径 40 mm; ·小型塑料采样夹,滤料直径 25 mm; ·空气采样器,流量 0~3 L/min和 0~10 L/min; ·具塞刻度试管,10 mL	·短时间采样:以 5 L/min 流量采集 15 min空气样品; ·长时间采样:以 1 L/min 流量采集 2~8 h空气样品; ·个体采样:将装好微孔滤膜的小型塑料采样夹佩戴在监测对象的前胸上部,进气口尽量接近呼吸带,以 1 L/min 流量采集 2~8 h 空气样品	采样后,将滤膜的接尘面朝里对折 2 次,放入具塞刻度试管中运输和保存。在室温下,样品至少可保存 15 d	工作场所空气中铊及其化合物的测定方法(GBZ/T 160.21—2004): ·石墨原子吸收光谱法
锡及其化合物	锡、二氧化锡	·微孔滤膜,孔径 0.8 μm; ·采样夹,滤料直径 40 mm; ·小型塑料采样夹,滤料直径 25 mm; ·空气采样器,流量 0~3 L/min和 0~10 L/min	·短时间采样:以 5 L/min 流量采集 15 min空气样品; ·长时间采样:以 1 L/min 流量采集 2~8 h空气样品; ·个体采样:将装好微孔滤膜的小型塑料采样夹佩戴在监测对象的前胸上部,进气口尽量接近呼吸带,以 1 L/min 流量采集 2~8 h 空气样品	采样后,将滤膜的接尘面朝里对折 2 次,放入清洁塑料袋或纸袋内,置于清洁的容器内运输和保存。样品在室温下可长时间保存	工作场所空气中锡及其化合物的测定方法(GBZ/T 160.22—2004): ·火焰原子吸收光谱法

表 3-3(续)

类别	有害物质名称	收集器名称	采样要求	样品保存方法	检测标准
锌及其化合物	包括锌、氧化锌和氯化锌	同上	同上	同上	工作场所空气中锌及其化合物的测定方法(GBZ/T 160.25—2004): • 火焰原子吸收光谱法 • 双硫腙分光光度法
无机含碳化合物	包括一氧化碳和二氧化碳	• 铝塑采气袋,0.5~1 L; • 双联橡皮球	• 用双联橡皮球将现场空气样品打入采气袋,放掉后,再打入现场空气,如此重复 5~6 次;然后,将空气样品打满采气袋	密封进气口,带回实验室测定	工作场所空气中无机含碳化合物的测定方法(GBZ/T 160.28—2004): • 一氧化碳和二氧化碳的不分光红外线气体分析仪法
	一氧化碳	• 注射器,100 mL、2 mL	• 在采样点,用空气样品抽洗 100 mL 注射器 3 次,然后抽取 100 mL 空气样品	立即封闭进气口后,垂直放置,置清洁容器内运输和保存,尽快测定	工作场所空气中无机含碳化合物的测定方法(GBZ/T 160.28—2004): • 一氧化碳的直接进样-气相色谱法
无机含氮化合物	一氧化氮和二氧化氮	• 多孔玻板吸收管; • 氧化管:双球形玻璃管,球内径为 15 mm,内装约 8 g 三氧化铬砂子,两端用玻璃棉塞紧; • 空气采样器,流量范围 0~3 L/min	• 在采样点,用 2 只各装有 5.0 mL 吸收液的多孔玻板吸收管平行放置,1 只进气口接氧化管,另 1 只不接,各以 0.5 L/min 流量采集空气样品,直到吸收液呈现淡红色为止	采样后,立即封闭吸收管进出气口,置于清洁的容器内运输和保存。样品尽量在当天测定	工作场所空气中无机含氮化合物的测定方法(GBZ/T 160.29—2004): • 一氧化氮和二氧化氮的盐酸萘乙二胺分光光度法
	氨	• 大型气泡吸收管; • 空气采样器,流量 0~3 L/min	• 在采样点,串联 2 只各装有 5.0 mL 吸收液的大型气泡吸收管,以 0.5 L/min 流量采集空气样品	同上	工作场所空气中无机含氮化合物的测定方法(GBZ/T 160.29—2004): • 氨的纳氏试剂分光光度法
	氰化氢和氰化物	• 小型气泡吸收管; • 微孔滤膜,孔径 0.8 μm; • 小型塑料采样夹,滤料直径 25 mm; • 空气采样器,流量 0~3 L/min; • 具塞刻度试管,10 mL	• 氰化氢的采样:在采样点,串联 2 只各装有 2.0 ml 吸收液的小型气泡吸收管,以 200 mL/min 流量采集 10 min 空气样品	同上	工作场所空气中无机含氮化合物的测定方法(GBZ/T 160.29—2004): • 氰化氢和氰化物的异菸酸钠-巴比妥酸钠分光光度法
			• 氰化物的采样:在采样点,将装好微孔滤膜的小型塑料采样夹,以 1 L/min 流量采集 5 min 空气样品	采样后,将滤膜放入具塞刻度试管内运输和保存。在室温下,样品至少可保存 7 d	

表 3-3(续)

类别	有害物质名称	收集器名称	采样要求	样品保存方法	检测标准
无机含磷化合物	磷酸	·微孔滤膜,孔径 0.8 μm; ·采样夹,滤料直径 40 mm; ·小型塑料采样夹,滤料直径 25 mm; ·空气采样器,流量 0～3 L/min和 0～10 L/min; ·具塞试管,10 mL	·短时间采样:以 5 L/min 流量采集 15 min空气样品; ·长时间采样:以 1 L/min 流量采集 4～8 h空气样品; ·个体采样:将装好微孔滤膜的小型塑料采样夹佩戴在监测对象的前胸上部,进气口尽量接近呼吸带,以 1 L/min 流量采集 2～8 h 空气样品	采样后,将滤膜的接尘面朝里对折 2 次,放入具塞试管中运输和保存。样品在室温下可保存 3 d	工作场所空气中无机含磷化合物的测定方法(GBZ/T 160.30—2004): ·磷酸的钼酸铵分光光度法
	磷化氢	·铝塑采气袋,体积 1.5 L; ·双联橡皮球	·在采样点,用双联橡皮球将现场空气样品打入采气袋中,放掉后,再打入,如此重复 5～6 次;然后,将空气样品打满采气袋	密封进气口,带回实验室测定。样品在室温下至少可保存 7 d	工作场所空气中无机含磷化合物的测定方法(GBZ/T 160.30—2004): ·磷化氢的气相色谱法
		·多孔玻板吸收管; ·空气采样器,流量范围 0～3 L/min	·在采样点,将装有 10.0 mL 吸收液的多孔玻板吸收管,以 1 L/min 流量采集 15 min 空气样品	采样后,立即封闭吸收管进出气口,置于清洁的容器内运输和保存。样品尽量在当天测定	工作场所空气中无机含磷化合物的测定方法(GBZ/T 160.30—2004): ·磷化氢的钼酸铵分光光度法
	五氧化二磷和三氯化磷	·多孔玻板吸收管; ·空气采样器,流量范围 0～3 L/min	·在采样点,将装有 10.0 ml 吸收液的多孔玻板吸收管,以 400 mL/min 流量采集 15 min 空气样品(用于三氯化磷);以 1 L/min 流量采集 15 min 空气样品(用于五氧化二磷)	采样后,立即封闭吸收管进出气口,置于清洁的容器内运输和保存。样品在室温下可保存 2 d	工作场所空气中无机含磷化合物的测定方法(GBZ/T 160.30—2004): ·五氧化二磷和三氯化磷的钼酸铵分光光度法
			·在采样点,将装有 10.0 ml 吸收液的多孔玻板吸收管,以 0.5 L/min 流量采集 15 min 空气样品		工作场所空气中无机含磷化合物的测定方法(GBZ/T 160.30—2004): ·五氧化二磷和三氯化磷的对氨基二甲基苯胺分光光度法

表 3-3(续)

类别	有害物质名称	收集器名称	采样要求	样品保存方法	检测标准
砷及其化合物	三氧化二砷、五氧化二砷(除砷化氢外)	·浸渍微孔滤膜：在使用前1 d,将孔径0.8 μm的微孔滤膜浸泡在浸渍液中30 min,取出在清洁空气中晾干,备用； ·采样夹,滤料直径40 mm； ·小型塑料采样夹,滤料直径25 mm； ·空气采样器,流量0～5 L/min	·短时间采样：以3 L/min流量采集15 min空气样品； ·长时间采样：以1 L/min流量采集2～8 h空气样品； ·个体采样：将装好微孔滤膜的小型塑料采样夹佩戴在采样对象的前胸上部,尽量接近呼吸带,以1 L/min流量采集2～8 h空气样品	采样后,将滤膜的接尘面朝里对折2次,放入清洁塑料袋或纸袋内,置于清洁的容器内运输和保存。样品在低温下至少可保存15 d	工作场所空气中砷及其化合物的测定方法(GBZ/T 160.31—2004)： ·氢化物-原子荧光光谱法； ·氢化物-原子吸收光谱法
	三氧化二砷、五氧化二砷(除硫化砷和砷化氢外)	·浸渍微孔滤膜：在使用前1 d,将孔径0.8 μm的微孔滤膜浸泡在浸渍液中30 min,取出在清洁空气中晾干,备用； ·采样夹,滤料直径40 mm； ·小型塑料采样夹,滤料直径25 mm； ·空气采样器,流量0～3 L/min和0～10 L/min； ·具塞刻度试管,25 mL	同上	同上	工作场所空气中砷及其化合物的测定方法(GBZ/T 160.31—2004)： ·二乙氨基二硫代甲酸银分光光度法
	砷化氢	·多孔玻板吸收管； ·空气采样器,流量范围0～1 L/min	·在采样点,用1支装有5.0 mL吸收液的多孔玻板吸收管,以1.0 L/min流量采集15 min空气样品。当吸收液开始褪色时应立即停止采样	采样后,立即封闭吸收管进出气口,置清洁的容器中运输和保存。样品应尽快测定	工作场所空气中砷及其化合物的测定方法(GBZ/T 160.31—2004)： ·砷化氢的二乙氨基二硫代甲酸银分光光度法

表 3-3(续)

类别	有害物质名称	收集器名称	采样要求	样品保存方法	检测标准
氧化物	臭氧	·大型气泡吸收管； ·空气采样器，流量 0～3 L/min	·在采样点，串联 2 只大型气泡吸收管，前管装 1 mL 丁子香酚，后管装 10.0 mL 水；以 2 L/min 流量采集空气样品	采样后，立即封闭吸收管进出气口，置清洁的容器内运输和保存。样品应尽快测定	工作场所空气中氧化物的测定方法(GBZ/T 160.32—2004)： ·臭氧的丁子香酚分光光度法
	过氧化氢		·在采样点，用 1 只装有 10.0 mL 吸收液的大型气泡吸收管，以 1 L/min 流量采集空气样品，直到吸收液呈现淡黄色为止	采样后，封闭吸收管进出气口，立即置清洁的容器内运输和保存。样品应在 12 h 内测定	工作场所空气中氧化物的测定方法(GBZ/T 160.32—2004)： ·过氧化氢的四氯化钛分光光度法
硫化物	二氧化硫	·多空玻板吸收管； ·空气采样器，流量 0～1 L/min	·在采样点，用 1 只装有 10.0 mL 吸收液的多孔玻板吸收管，以 0.5 L/min 流量采集 15 min 空气样品； ·采样时应避免阳光直射吸收液	采样后，封闭吸收管进出气口，置清洁的容器内运输和保存。样品在冰箱内可保存 7 d	工作场所空气中硫化物的测定方法(GBZ/T 160.33—2004)： ·二氧化硫的四氯汞钾-盐酸副玫瑰苯胺分光光度法
			·在采样点，用 1 只装有 10.0 mL 吸收液的多孔玻板吸收管，以 0.5 L/min 流量采集 15 min 空气样品	采样后，封闭吸收管进出气口，置清洁的容器内运输和保存。样品在室温下可稳定 15 d	工作场所空气中硫化物的测定方法(GBZ/T 160.33—2004)： ·二氧化硫的甲醛缓冲液-盐酸副玫瑰苯胺分光光度法
	三氧化硫和硫酸	·多空玻板吸收管； ·空气采样器，流量 0～3 L/min	·在采样点，用 1 只装有 5.0 mL 吸收液的多孔玻板吸收管，以 1.0 L/min 流量采集 15 min 空气样品	采样后，封闭吸收管进出气口，置清洁的容器内运输和保存。在室温下样品保存 7 d	工作场所空气中硫化物的测定方法(GBZ/T 160.33—2004)： ·三氧化硫和硫酸的离子色谱法
		·微孔滤膜，孔径 0.8 μm； ·采样夹，滤料直径 40 mm； ·小型塑料采样夹，滤料直径 25 mm； ·空气采样器，流量 0～3 L/min 和 0～10 L/min； ·具塞比色管，10 mL	·短时间采样：以 5 L/min 流量采集 15 min空气样品； ·长时间采样：以 1 L/min 流量采集 2～8 h空气样品； ·个体采样：将装好微孔滤膜的小型塑料采样夹佩戴在采样对象的前胸上部，进气口尽量接近呼吸带，以 1 L/min 流量采集 2～8 h 空气样品	采样后，将滤膜的采样面朝里对折 2 次，置于具塞比色管内运输和保存。样品在室温下可保存 3 d	工作场所空气中硫化物的测定方法(GBZ/T 160.33—2004)： ·三氧化硫和硫酸的氯化钡比浊法
	硫化氢	·多空玻板吸收管； ·空气采样器，流量 0～3 L/min	·在采样点，串联 2 只各装有 10.0 mL 吸收液的多孔玻板吸收管，以 0.5 L/min 流量采集 15 min 空气样品	采样后，封闭吸收管进出气口，置于清洁的容器内运输和保存。样品至少可保存 5 d	工作场所空气中硫化物的测定方法(GBZ/T 160.33—2004)： ·硫化氢的硝酸银比色法

表 3-3(续)

类别	有害物质名称	收集器名称	采样要求	样品保存方法	检测标准
氟化物	氟化氢	・浸渍玻璃纤维滤纸； ・采样夹,滤料直径 40 mm； ・小型塑料采样夹,滤料直径 25 mm； ・空气采样器,流量 0～3 L/min 和 0～10 L/min	・短时间采样：在采样点,将装好 2 张浸渍玻璃纤维滤纸的采样夹,以 5 L/min 流量采集 15 min 空气样品； ・长时间采样：在采样点,将装好 2 张浸渍玻璃纤维滤纸的小型塑料采样夹,以 1 L/min 流量采集 2～8 h 空气样品； ・个体采样：将装好 2 张浸渍玻璃纤维滤纸的小型塑料采样夹佩戴在采样对象的前胸上部,进气口尽量接近呼吸带,以 1 L/min 流量采集 2～8 h 空气样品		工作场所空气中氟化物的测定方法(GBZ/T 160.36—2004)： ・离子选择电极法
		・多孔玻板吸收管； ・空气采样器,流量 0～3 L/min	・在采样点,用 1 只装有 5.0 mL 吸收液的多孔玻板吸收管,以 1 L/min 流量采集 15 min 空气样品	采样后,立即封闭吸收管进出气口,置清洁容器内运输和保存。样品在室温下可保存 7 d	工作场所空气中氟化物的测定方法(GBZ/T 160.36—2004)： ・氟化氢的离子色谱法
氯化物	氯气	・大型气泡吸收管； ・空气采样器,流量 0～1 L/min	・在采样点,将 1 只装有 5.0 mL 吸收液的大型气泡吸收管,以 0.5 L/min 流量采集 10 min 空气样品	采样后,封闭吸收管进出气口,置清洁容器内运输和保存。样品应在 48 h 内测定	工作场所空气中氯化物的测定方法(GBZ/T 160.37—2004)： ・氯气的甲基橙分光光度法
	氯化氢和盐酸	多孔玻板吸收管； 空气采样器,流量 0～1 L/min	・在采样点,将 1 只装有 5.0 mL 吸收液的多孔玻板吸收管,以 1 L/min 流量采集 15 min 空气样品	采样后,立即封闭吸收管进出气口,置清洁容器内运输和保存。在室温下样品可保存 7 d	工作场所空气中氯化物的测定方法(GBZ/T 160.37—2004)： ・氯化氢和盐酸的离子色谱法
			・在采样点,将 1 只装有 10.0 mL 吸收液的多孔玻板吸收管,以 1 L/min 流量采集 15 min 空气样品	采样后,立即封闭吸收管进出气口,置清洁容器内运输和保存。样品应在 48 h 内测定	工作场所空气中氯化物的测定方法(GBZ/T 160.37—2004)： ・氯化氢和盐酸的硫氰酸汞分光光度法

表 3-3(续)

类别	有害物质名称	收集器名称	采样要求	样品保存方法	检测标准
烷烃类化合物	正戊烷、正己烷和正庚烷	·活性碳管:热解吸型,内装100 mg活性炭; ·空气采样器,流量范围0～500 mL/min	·短时间采样:以200 mL/min流量采集15 min空气样品; ·长时间采样:以50 mL/min流量采集2～8 h空气样品; ·个体采样:在采样点,打开活性碳管两端,佩戴在采样对象的前胸上部,进气口尽量接近呼吸带,以50 mL/min流量采集2～8 h空气样品	采样后,立即封闭活性碳管两端,置清洁容器内运输和保存。样品在室温下可保存8 d,冰箱内可保存更长时间	工作场所空气中烷烃类化合物的测定方法(GBZ/T 160.38—2007): ·正戊烷、正己烷和正庚烷的热解吸-气相色谱法
混合烃类化合物	溶剂汽油、液化石油气、抽余油	·注射器,100 mL	在采样点,用空气样品抽洗100 mL注射器3次,然后抽取100 mL空气样品	立即封闭注射器进气口。垂直防置于清洁容器内运输和保存,当天尽快测定完毕	工作场所空气中混合烃类化合物的测定方法(GBZ/T 160.40—2004): ·溶剂汽油、液化石油气和抽余油的直接进样-气相色谱法
	溶剂汽油、非甲烷总烃	·活性碳管:热解吸型,内装100 mg活性炭; ·空气采样器,流量0～500 mL/min	·短时间采样:以100 mL/min流量采集15 min空气样品; ·长时间采样:以50 mL/min流量采集2～8 h空气样品; ·个体采样:在采样点,打开活性碳管两端,佩戴在监测对象的前胸上部,进气口向上,尽量接近呼吸带,以50 mL/min流量采集2～8 h空气样品	采样后,封闭活性碳管两端,置清洁容器内运输和保存。在室温下样品至少可保存7 d,低温下可延长保存时间	工作场所空气中混合烃类化合物的测定方法(GBZ/T 160.40—2004): ·溶剂汽油和非甲烷总烃的热解吸-气相色谱法
脂环烃类化合物	环己烷、甲基环己烷和松节油	·活性碳管:溶剂解吸型,100 mg/50 mg活性炭; ·空气采样器,流量0～500 mL/min	·短时间采样:以100 mL/min流量采集15 min空气样品; ·长时间采样:以50 mL/min流量采集2～8 h空气样品; ·个体采样:在采样点,打开活性碳管两端,佩戴在采样对象的前胸上部,进气口尽量接近呼吸带,以50 mL/min流量采集2～8 h空气样品	采样后,立即封闭活性碳管两端,置清洁容器内运输和保存。样品在室温下可保存8 d,冰箱内可保存更长时间	工作场所空气中脂环烃类化合物的测定方法(GBZ/T 160.41—2004): ·环己烷、甲基环己烷和松节油的溶剂解吸-气相色谱法
	环己烷和甲基环己烷	·活性碳管:热解吸型,内装100 mg活性炭; ·空气采样器,流量0～500 mL/min			工作场所空气中脂环烃类化合物的测定方法(GBZ/T 160.41—2004): ·环己烷和甲基环己烷的热解吸-气相色谱法

表 3-3(续)

类别	有害物质名称	收集器名称	采样要求	样品保存方法	检测标准
芳香烃类化合物	苯、甲苯、二甲苯、乙苯、苯乙烯	·活性碳管:溶剂解吸型,100 mg/50 mg 活性炭; ·空气采样器,流量 0～500 mL/min	同上	采样后,立即封闭活性碳管两端,置清洁容器内运输和保存。样品置冰箱内至少可保存 14 d	工作场所空气中芳香烃化合物的测定方法(GBZ/T 160.42—2007): ·苯、甲苯、二甲苯、乙苯和苯乙烯的溶剂解吸-气相色谱法
		·活性碳管:热解吸型,内装 100 mg 活性炭; ·空气采样器,流量范围 0～500 mL/min			工作场所空气中芳香烃化合物的测定方法(GBZ/T 160.42—2007): ·苯、甲苯、二甲苯、乙苯和苯乙烯的热解吸-气相色谱法
卤代烷烃类化合物	三氯甲烷、四氯化碳、二氯乙烷、六氯乙烷和三氯丙烷	·活性碳管:溶剂解吸型,100 mg/50 mg 活性炭; ·空气采样器,流量 0～500 mL/min	·短时间采样:以 300 mL/min 流量采集 15 min 空气样品; ·长时间采样:以 50 mL/min 流量采集 2～8 h 空气样品; ·个体采样:在采样点,打开活性碳管两端,佩戴在采样对象的前胸上部,进气口尽量接近呼吸带,以 50 mL/min 流量采集 2～8 h 空气样品	采样后,立即封闭活性碳管两端,置清洁容器内运输和保存。样品在室温下可保存 7 d	工作场所空气中卤代烷烃类化合物的测定方法(GBZ/T 160.45—2007): ·三氯甲烷、四氯化碳、二氯乙烷、六氯乙烷和三氯丙烷的溶剂解吸-气相色谱法
	氯甲烷、二氯甲烷和溴甲烷	·注射器,100 mL、1 mL	·在采样点,用空气样品抽洗 100 mL 注射器 3 次后,抽取 100 mL 空气样品	采样后,立即封闭注射器进气口,垂直防置于清洁容器内运输和保存。样品应尽快测定	工作场所空气中卤代烷烃类化合物的测定方法(GBZ/T 160.45—2007): ·氯甲烷、二氯甲烷和溴甲烷的直接进样-气相色谱法
卤代不饱和烃类化合物	二氯乙烯、三氯乙烯和四氯乙烯	·活性碳管:溶剂解吸型,100 mg/50 mg 活性炭; ·空气采样器,流量 0～500 mL/min	·短时间采样:以 100 mL/min 流量采集 15 min 空气样品;·长时间采样:以 50 mL/min 流量采集 2-8 h 空气样品; ·个体采样:在采样点,打开活性碳管两端,佩戴在采样对象的前胸上部,进气口尽量接近呼吸带,以 50 mL/min 流量采集 2～8 h 空气样品	采样后,立即封闭活性碳管两端,置清洁容器内运输和保存。二氯乙烯样品在室温下可保存 3 d,冰箱内保存 7 d,−20 ℃保存 14 d。三氯乙烯和四氯乙烯样品在室温可保存 10 d	工作场所空气中卤代不饱和烃类化合物的测定方法(GBZ/T 160.46—2004): ·二氯乙烯、三氯乙烯和四氯乙烯的溶剂解吸-气相色谱法
	氯乙烯、二氯乙烯、三氯乙烯和四氯乙烯	·活性碳管:热解吸型,100 mg或 400 mg 活性炭; ·空气采样器,流量范围 0～500 mL/min			工作场所空气中卤代不饱和烃类化合物的测定方法(GBZ/T 160.46—2004): ·氯乙烯、二氯乙烯、三氯乙烯和四氯乙烯的热解吸-气相色谱法

表 3-3(续)

类别	有害物质名称	收集器名称	采样要求	样品保存方法	检测标准
醇类化合物	甲醇、乙二醇	·硅胶管：溶剂解吸型，200 mg/100 mg硅胶； ·空气采样器，流量0～500 mL/min	·短时间采样：以 500 mL/min(用于乙二醇)或 100 mL/min(用于乙二醇以外的采样)流量采集 15 min 空气样品； ·长时间采样：以 50 mL/min 流量采集 2～8 h(活性碳管)或 1～4 h(硅胶管)空气样品； ·个体采样：在采样点，打开固体吸附管两端，佩戴在采样对象的前胸上部，进气端尽量接近呼吸带，以 50 mL/min 流量采集 2～8 h(活性碳管)或 1～4 h(硅胶管)空气样品	采样后，立即封闭固体吸附管两端，置清洁容器内运输和保存。样品在室温下可保存 7 d	工作场所空气中醇类化合物的测定方法(GBZ/T 160.48—2007)： ·甲醇、异丙醇、丁醇、异戊醇、异辛醇、糠醇、二丙酮醇、丙烯醇、乙二醇和氯乙醇的溶剂解吸-气相色谱法
	丁醇、异戊醇、丙烯醇、氯乙醇、异丙醇、异辛醇和二丙酮醇	·活性碳管：溶剂解吸型，内装 100 mg/50 mg 活性炭； ·空气采样器，流量0～500 mL/min			
酚类化合物	苯酚和甲酚	·硅胶管：溶剂解吸型，内装 200 mg/100 mg 硅胶； ·空气采样器，流量0～500 mL/min	·短时间采样：以 300 mL/min 流量采集 15 min 空气样品； ·长时间采样：以 50 mL/min 流量采集 1～4 h 空气样品； ·个体采样：在采样点，打开硅胶管两端，佩戴在采样对象的前胸上部，进气口尽量接近呼吸带，以 50 mL/min 流量采集 2～8 h 空气样品	采样后，立即封闭硅胶管两端，置清洁容器内运输和保存。样品在室温下至少可保存 10 d	工作场所空气中酚类化合物的测定方法(GBZ/T 160.51—2007)： ·苯酚和甲酚的溶剂解吸-气相色谱法
脂肪族醛类化合物	甲醛	·大型气泡吸收管： ·空气采样器，流量0～500 mL/min	·在采样点，将 1 只装有 5.0 mL 水的大型气泡吸收管，以 200 mL/min 流量采集 15 min 空气样品	采样后，立即封闭吸收管进出气口，置清洁容器内运输和保存。样品在室温下可保存 5～6 h，在冰箱内可保存 3 d	工作场所空气中脂肪族醛类化合物的测定方法(GBZ/T 160.54—2007)： ·甲醛的酚试剂分光光度法

表 3-3(续)

类别	有害物质名称	收集器名称	采样要求	样品保存方法	检测标准
脂肪族酮类化合物	丙酮、丁酮和甲基异丁基甲酮	·活性碳管:溶剂解吸型,内装 100 mg/50 mg 活性炭; ·空气采样器，流量 0～500 mL/min	·短时间采样:以 100 mL/min 流量采集 15 min 空气样品; ·长时间采样:以 50 mL/min 流量采集 2～8 h(活性碳管)或 1～4 h(硅胶管)空气样品; ·个体采样:在采样点,打开活性碳管或硅胶管两端,佩戴在采样对象的前胸上部,进气口尽量接近呼吸带,以 50 mL/min流量采集 2～8 h(活性碳管)或 1～4 h(硅胶管)空气样品	采样后,立即封闭采样管两端,置清洁容器内运输和保存。硅胶管应在干燥器内保存;双乙烯酮在 15 ℃下至少可保存 3 d;在室温下,丙酮、丁酮样品可保存 8 d;甲基异丁基甲酮样品可保存 9 d(溶剂解吸型活性碳管采集的样品在室温下可保存 7 d)	工作场所空气中脂肪族酮类化合物的测定方法(GBZ/T 160.55—2007): ·丙酮、丁酮和甲基异丁基甲酮的溶剂解吸-气相色谱法
	丙酮、丁酮、甲基异丁基甲酮和双乙烯酮	·活性碳管:热解吸型,内装 100 mg 活性炭(用于丙酮、丁酮和甲基异丁基甲酮); ·硅胶管,热解吸型,内装 500 mg 硅胶(用于双乙烯酮); ·空气采样器，流量 0～500 mL/min			工作场所空气中脂肪族酮类化合物的测定方法(GBZ/T 160.55—2007): ·丙酮、丁酮、甲基异丁基甲酮和双乙烯酮的热解吸-气相色谱法
脂环酮和芳香族酮类化合物	环己酮	·活性碳管:溶剂解吸型,内装 100 mg/50 mg 活性炭; ·空气采样器，流量 0～500 mL/min	·短时间采样:以 100 mL/min 流量采集 15 min 空气样品; ·长时间采样:以 50 mL/min 流量采集 2～8 h 空气样品; ·个体采样:在采样点,打开活性碳管两端,佩戴在采样对象的前胸上部,进气口尽量接近呼吸带,以 50 mL/min 流量采集 2～8 h 空气样品	采样后,立即封闭活性碳管两端,置清洁容器内运输和保存。样品在室温下可保存 7 d	工作场所空气中脂环酮和芳香族酮类化合物的测定方法(GBZ/T 160.56—2004): ·环己酮的溶剂解吸-气相色谱法
环氧化合物	环氧乙烷、环氧丙烷和环氧氯丙烷	·注射器,100 mL、1 mL	·在采样点,用空气样品抽洗 100 mL 注射器 3 次,然后抽取 100 mL 空气样品	采样后,立即封闭注射器进气口,垂直放置。置清洁容器中运输和保存。样品当日应尽快测定	工作场所空气中环氧化合物的测定方法(GBZ/T 160.58—2004): ·环氧乙烷、环氧丙烷和环氧氯丙烷的直接进样-气相色谱法

表 3-3(续)

类别	有害物质名称	收集器名称	采样要求	样品保存方法	检测标准
	环氧乙烷	·活性碳管:热解吸型,内装100 mg活性炭; ·空气采样器,流量范围0~500 mL/min	·短时间采样:以 100 mL/min 流量采集 15 min 空气样品; ·长时间采样:以 50 mL/min 流量采集 2~8 h 空气样品; ·个体采样:在采样点,打开活性碳管两端,佩戴在采样对象的前胸上部,进气口尽量接近呼吸带,以 50 mL/min 流量采集 1 h 空气样品	采样后,立即封闭活性碳管两端,置清洁容器内在 0~5 ℃下运输和保存,应当天测定	工作场所空气中环氧化合物的测定方法(GBZ/T 160.58—2004): ·环氧乙烷的热解吸-气相色谱法
羧酸类化合物	甲酸、乙酸、丙酸、丙烯酸或氯乙酸	·硅胶管:溶剂解吸型,内装 300 mg/150 mg 硅胶(用于乙酸、丙酸、丙烯酸或氯乙酸),或 600 mg/200 mg 浸渍硅胶(用于甲酸); ·空气采样器,流量0~500 mL/min和 0~3 L/min	·短时间采样:以 300 mL/min 流量采集 15 min 空气样品(用于甲酸和乙酸),以 1 L/min 流量采集 15 min 空气样品(用于丙酸、丙烯酸或氯乙酸); ·长时间采样:以 50 mL/min 流量采集 1~4 h 空气样品; ·个体采样:在采样点,打开硅胶管两端,佩戴在采样对象的前胸上部,尽量接近呼吸带,以 50 mL/min 流量采集 1~4 h空气样品	采样后,立即封闭硅胶管两端,置清洁容器中运输和保存。室温下,甲酸样品可保存 7 d,其他样品至少可保存 15 d	工作场所空气中羧酸类化合物的测定方法(GBZ/T 160.59—2004): ·甲酸、乙酸、丙酸、丙烯酸或氯乙酸的溶剂解吸-气相色谱法
酰胺类化合物	二甲基甲酰胺、二甲基乙酰胺	·多孔玻板吸收管; ·空气采样器,流量0~3 L/min	·采样点,将装有 10 mL 吸收液的多孔玻板吸收管,以 1 L/min 流量采集 15 min 空气样品	采样后,立即封闭多孔玻板吸收管的进出气口,置清洁容器内运输和保存。样品在室温下可保存 7 d	工作场所空气中酰胺类化合物的测定方法(GBZ/T 160.62—2004): ·二甲基甲酰胺、二甲基乙酰胺和丙烯酰胺的溶剂采集-气相色谱法
	丙烯酰胺	·冲击式吸收管; ·空气采样器,流量0~3 L/min	·采样点,将装有 10 mL 吸收液的冲击式吸收管,以 3 L/min 流量采集 15 min 空气样品	采样后,立即封闭冲击式吸收管的进出气口,置清洁容器内运输和保存。样品在室温下可保存 7 d	

表 3-3(续)

类别	有害物质名称	收集器名称	采样要求	样品保存方法	检测标准
饱和脂肪族酯类化合物	甲酸甲酯、甲酸乙酯、乙酸甲酯、乙酸乙酯、乙酸丙酯、乙酸丁酯、乙酸戊酯、1,4-丁内酯	·活性碳管:溶剂解吸型,内装 100 mg/50 mg 活性炭; ·空气采样器,流量 0～500 mL/min	·短时间采样:以 100 mL/min 流量采集 15 min 空气样品; ·长时间采样:以 50 mL/min 流量采集 2～8 h 空气样品; ·个体采样:在采样点,打开活性碳管两端,佩戴在采样对象的前胸上部,进气端尽量接近呼吸带,以 50 mL/min 流量采集 2～8 h 空气样品	采样后,封闭活性碳管两端,置清洁容器内运输和保存。样品在室温下,甲酸甲酯可保存 5 d,其余至少可保存 7 d	工作场所空气中饱和脂肪族酯类化合物的测定方法(GBZ/T 160.63—2007): ·甲酸酯类、乙酸酯类和 1,4-丁内酯的溶剂解吸-气相色谱法
	硫酸二甲酯	·硅胶管:溶剂解吸型,内装 200 mg/100 mg 硅胶; ·空气采样器,流量 0～500 mL/min	·在采样点,以 300 mL/min 流量采集 15 min 空气样品	采样后,封闭硅胶管进出气口,置清洁容器内运输和保存。样品在室温下可稳定 2 d	工作场所空气中饱和脂肪族酯类化合物的测定方法(GBZ/T 160.63—2007): ·硫酸二甲酯的高效液相色谱法
不饱和脂肪族酯类化合物	甲基丙烯酸甲酯	·注射器,100 mL、1 mL	在采样点,用 100 mL 注射器先抽空气样品洗 3 次,然后抽取 100 mL 空气样品	采样后,立即封闭注射器进气口,垂直防置。置清洁的容器内运输和保存。样品应尽快测定	工作场所空气中不饱和脂肪族脂类化合物的测定方法(GBZ/T 160.64—2004): ·甲基丙烯酸甲酯的直接进样-气相色谱法
异氰酸酯类化合物	甲苯二异氰酸酯(TDI)和二苯基甲烷二异氰酸酯(MDI)	·冲击式吸收管; ·空气采样器,流量 0～5 L/min	·在采样点,串联 2 个各装有 10.0 mL 吸收液的冲击式吸收管,以 3 L/min 流量采集 15 min 空气样品	采样后,立即封闭冲击式吸收管的进出气口,直立置于清洁容器内运输和保存。样品在室温下避光可保存 5 d	工作场所空气中异氰酸酯类化合物的测定方法(GBZ/T 160.67—2004): ·甲苯二异氰酸酯(TDI)和二苯基甲烷二异氰酸酯(MDI)的溶剂采集-气相色谱法
	二苯基甲烷二异氰酸酯(MDI)和多次甲基多苯基二异氰酸酯(PMPPI)	·冲击式吸收管; ·空气采样器,流量 0～5 L/min	·在采样点,用装有 10.0 mL 吸收液的冲击式吸收管,以 3 L/min 流量采集 15 min空气样品	采样后,立即封闭冲击式吸收管的进出气口,直立置于清洁容器内运输和保存。样品在室温下避光可保存 7 d(MDI)或 1 d(PMPPI)	工作场所空气中异氰酸酯类化合物的测定方法(GBZ/T 160.67—2004): ·二苯基甲烷二异氰酸酯(MDI)和多次甲基多苯基二异氰酸酯(PMPPI)的盐酸萘乙二胺分光光度法

第四节 采样仪器

采集空气样品的装置统称为采样仪器。采样仪器是指在空气检测中，用于采集空气中被测物质的仪器，包括空气收集器和空气采样器等。直接采样法所用采样装置简单，而浓缩采样所需的采样仪器较之稍微复杂。后者主要包括：采样器、气体流量计和采气动力。采样器的作用是使空气中被测物被截留，并与空气分离。气体流量计的作用是准确测量并显示采气的流速，作为计量采气量的参数。采样动力装置能够在采样仪器原末端产生负压，使样品气体能流过采样仪器。为了避免气样被污染，被采集气体必须先进入采样器，其流经的顺序为：采样气→体流量计→采气动力。

一、采样器

采样器是捕集空气中被测污染物的装置，前面介绍的气体吸收管（瓶）、填充柱、滤料、冷凝采样管等都是采集器，需要根据被捕集物质的存在状态、理化性质等选用。

二、采气动力

采气动力为抽气装置，应根据所需采样流量、采样体积、采集器特点和采样点的条件进行选择，并且要求其抽气流量稳定、连续运行能力强、噪声小，能够满足抽气速度要求。

注射器、连续抽气筒、双连球等手动采样动力适用于采气量小、无市电供给的情况。对于采样时间较长和采样速度要求较大的场合，需要使用电动抽气泵。常用的有刮板泵、薄膜泵、真空泵及电磁泵等。

真空泵和刮板泵抽气速度较大，可作为采集大气中颗粒物的动力；薄膜泵是一种轻便的抽气泵，用微电动机通过偏心轮带动橡皮膜进行抽气。一般采气流量为 0.5～3.0 L/min，适用于阻力不大的收集器（如吸收管）。薄膜泵的优点是无污染性、自吸性使其在仪器仪表行业得到了广泛运用。近年来，由于在薄膜材质上取得了突破性的进展，薄膜泵在世界先进国家和我国得到了越来越多的应用，占据了其他泵的一些领域。仪器行业使用较多的薄膜泵又称为微型真空泵。高端的微型真空泵经过最不利工况下长时间运转试验，可靠性大大高于一般产品。作为主要运转部件，采样动力宜选用质量可靠的优质微型真空泵。

三、气体流量计

流量计是测量气体流量的仪器，而流量是计算采气体积的参数。常用的流量计有皂膜流量计、孔口流量计、转子流量计、临界孔稳流器、湿式流量计和质量流量计。

1. 皂膜流量计

皂膜流量计是一根标有体积刻度的玻璃管，管的下端有一支管和装满肥皂水的橡皮球，如图 3-9 所示。当挤压橡皮球时，肥皂水液面上升，由支管进来的气体便吹起皂膜，并在玻璃管内缓慢上升，准确记录通过一定体积所需时间，即可得知流量。这种流量计常用于校正其他流量计，在很宽的流量范围内误差均小于 1%。

2. 孔口流量计

孔口流量计分为隔板式和毛细管式两种。当气体通过隔板或毛细管小孔时，因阻力而产生压力差；气体流量越大，阻力越大，产生的压力差也越大，由下部 U 形管两侧的液柱差可直接读出气体的流量，如图 3-10 所示。

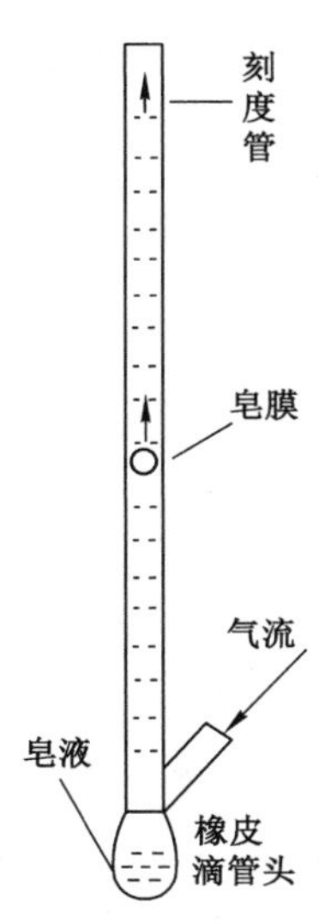

图 3-9　皂膜流量计

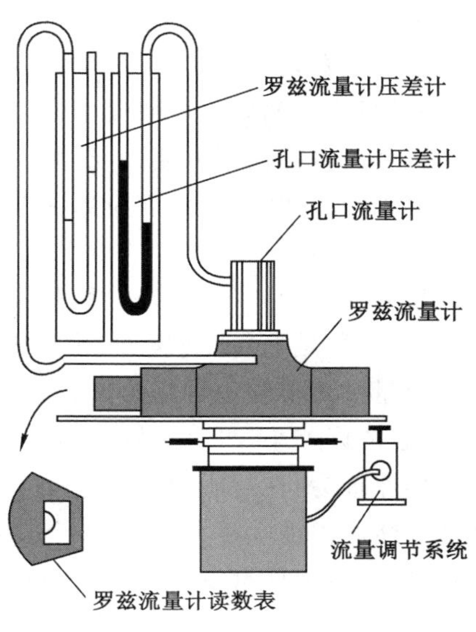

图 3-10　孔口流量计

3. 转子流量计

转子流量计由两个部件组成：一是从下向上逐渐扩大的锥形管；二是置于锥形管中且可以沿管的中心线上下自由移动的转子，如图 3-11 所示。对于转子流量计，当测量流体的流量时，被测流体从锥形管下端流入，流体的流动冲击着转子，并对它产生一个作用力（这个力的大小随流量大小而变化）；当流量足够大时，所产生的作用力将转子托起，并使之升高，同时被测流体流经转子与锥形管壁间的环形断面。这时，作用在转子上的力有：流体对转子的动压力、转子在流体中的浮力和转子自身的重力。流量计垂直安装时，转子重心与锥形管的管轴相重合，作用在转子上的三个力都沿平行于管轴的方向。当这三个力达到平衡时，转子就平稳地浮在锥管内某一位置上。对于给定的转子流量计，转子大小和形状已经确定，故它在流体中的浮力和自身重力都是已知常量，唯有流体对浮子的动压力是随来流流速的大小而变化的。因此，当来流流速变大或变小时，转子将作向上或向下的移动，相应位置的流动截面积也发生变化，直到流速变成平衡时对应的速度，转子就在新的位置上稳定。对于一台给定的转子流量计，转子在锥管中的位置与流体流经锥管的流量大小一一对应。

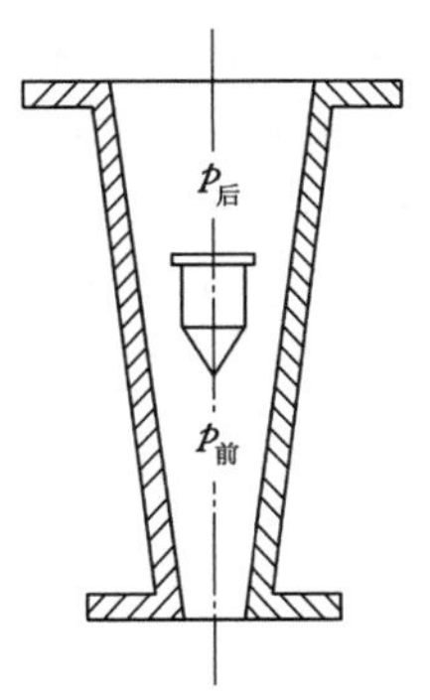

图 3-11　转子流量计

为了使转子在锥形管的中心线上下移动时不碰到管壁，通常采用两种方法：一种是在转子中心装有一根导向芯棒，以保持转子在锥形管的中心线做上下运动；另一种是在转子圆盘边缘开有一道道斜槽，当流体自下而上流过转子时，一边绕过转子，同时又穿过斜槽产生一反推力，使转子绕中心线不停地旋转，保证转子在工作时不致碰到管壁。转子流量计的转子材料可用不锈钢、铝、青铜等制成。

4. 临界孔稳流器

临界孔稳流器是一根长度一定的毛细管，当空气流通过毛细孔时，如果两端维持足够的压力差，则通过小孔的气流就能保持恒定，此时为临界状态流量，其大小取决于毛细管孔径的大小。这种流量计使用方便，广泛用于空气采样器和自动监测仪器上控制流量。临界孔可以用注射器针头代替，其前面应加除尘过滤器，防止小孔被堵塞。

5. 湿式流量计

湿式流量计分为两种型号：一种是 LML 普通型，采用黄铜材料，一般在无腐蚀气体范围内使用；另一种是 LMF 防腐型，采用不锈钢材质，可测量腐蚀性气体。LMF/LML 系列湿式气体流量计是实验室常用的仪表之一。在测量气体体积总量时，其准确度较高，特别是小流量时，它的误差小，可直接用于测量气体流量，也可用作标准仪器检定其他流量计。

其工作原理为：在封闭的圆筒形外壳内装有一由叶片围成的圆筒形转筒，并能绕中心轴自由旋转。转筒内被叶片分成 3～4 个气室(图 3-12)，每个气室的内侧壁与外侧壁都有直缝开口(内侧壁开口为计量室进气口，外侧壁开口为计量室出气口)。流量计壳体内盛有约1/2容积的水或低黏度油作为密封液体，转筒的 1/2 浸于密封液中。随着气体进入流量计(如图中液面中心的进口处)，进入转筒内的一个气室 A，此时 A 气室的进气口露出液面，进气口与流量计进口相通而开始充气；B 气室已充满气体，其进出口都被液面密封，形成封闭的“斗”空间，即计量室；C 气室的出气口已露出液面，开始向流量计出口排气。随着气体不断地充入气室 A，在进气压力的推动下，转筒朝如图逆时针方向绕中心轴旋转。气室 A 中的充气量逐渐增大，气室 B 的出气口也将离开液面并且开始向流量计出口排气，气室 C 中的气体将全部排出。当气室 C 全部浸入液体中时，气室 D 将开始充气，气室 A 将形成封闭的计量室，然后依次是气室 D、气室 C 形成封闭的计量室。转筒旋转 1 周，就有相当于 4 倍计量室空间的气体体积通过流量计。所以，只要将转筒的旋转次数通过齿轮机构传递到计数指示机构，就可显示通过流量计气体的体积流量。

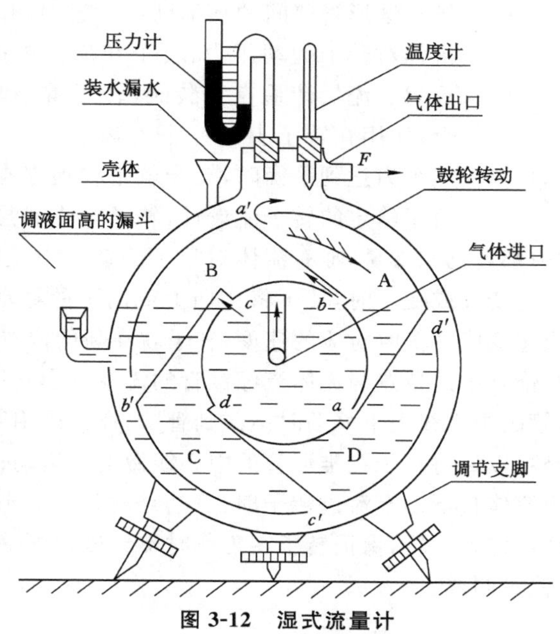

图 3-12 湿式流量计

由于湿式气体流量计的特殊的密封形式，它是一种无泄漏的容积式流量计。其误差特性与其他容积式流量计有明显的差别。测量精度可达 0.2～0.5 级。

湿式气体流量计的转筒旋转速度不宜过快，所以它只适合于小流量的气体流量测量，而且被计量的气体不能溶于流量计内部密封液体或与密封液体发生反应。

5. 质量流量计

质量流量计采用感热式测量，不会因为气体温度、压力的变化而影响到测量的结果。质量流量计是一种较为准确、快速、可靠、高效、稳定、灵活的流量测量仪表，在石油加工、化工等领域将得到广泛应用，在推动流量测量上潜力巨大。质量流量计是不能控制流量的，它只能检测液体或者气体的质量流量，通过模拟电压、电流或者串行通信输出流量值。但是，质量流量控制器是可以检测可以进行控制的仪表。质量流量控制器本身除了测量部分，还有一个电磁调节阀或压电阀，这样质量流量控制本身构成一个闭环系统，用于控制流体的质量流量。质量流量控制器的设定值可以通过模拟电压、模拟电流或计算机、PLC 提供。

四、专用采样装置

在实际工作中，通常使用专用的便携式采样器采样。将收集器、流量计、抽气泵及气样预处理、流量调节、自动控制等部件组装在一起，就构成专用采样装置。目前，市面上的大气采样器按其用途可分为空气采样器、颗粒物采样器和个体采样器。

（一）空气采样器

用于采集大气中气态和蒸气态物质，采样流量为 0.5～2.0 L/min。所用抽气动力多为薄膜泵，适合于与气泡吸收管和多孔玻板吸收管等阻力和流速都较小的采集器配合。采样器一般是便携式的、轻巧的，便于在现场采样使用。

（二）粉尘采样器

在测定空气中粉尘浓度、分散度、粉尘中游离二氧化硅、金属元素等化学有害物质时，都可使用携带式粉尘采样器采集粉尘。采样速度一般为 10～30 L/min，最小为 0.4 L/min，最大为 40 L/min。它配有滤料采样夹，与滤纸或滤膜配合使用。粉尘采样器又分为固定式和携带式两种。携带式粉尘采样器在现场用三脚支架支撑，其高度 1.0～1.5 m，它的两个采样夹可以进行平行采样。该仪器质量轻，易于携带，常用于采集作业场所空气中烟和尘。

（三）个体采样器

个体采样是指将空气收集器佩戴在采样对象的前胸上部，其进气口尽量接近呼吸带进行采样。近年来，我国已研制出多种个体剂量器，其特点是体积小、质量轻，可以随人的活动连续地采样，测定得出污染物的时间加权平均浓度，以研究人体实际吸入的污染物量。这种剂量器有扩散式、渗透式等，都只能采集挥发性较大的气态和蒸气态物质。

1. 扩散式个体采样器

将装有某种吸附剂的采样管放在采样现场，气体分子在浓度差的作用下，自动扩散到吸附剂表面而被吸附，采样一定时间后，用光度法、色谱法等分析方法测定。

2. 渗透式个体采样器

这种类型的个体采样器与扩散型的相似，气体分子通过一个渗透薄膜，渗透到收集剂上被收集。收集剂可以是吸收液或固体吸附剂。氯个体采样器由硅酮膜制成袋，内装 10 mL 荧光素-溴化物溶液，氯分子渗透过硅酮膜，被吸收液吸收，同时发生显色反应，之后光度测定。氯乙烯个体采样器可以由活性炭作为吸附剂，热解吸或二氧化碳解吸后，气相色谱法测定。

为了满足用户对仪器智能化日益提高的要求，专用采样装置的发展方向是提高自动化水平。国内外采样装置生产商对抽气泵、流量控制、微型计算机等部分不断进行改进。先进的采样装置抛弃了旧的玻璃流量计等调节方式，采用单片机控制流量，精度高，流量稳定。为了配合智能化的需求，市场上出现了新型的真空泵。新型的国产“气海”长寿命可调速微型真空泵选用了优质、长寿命部件，率先采用了先进的无刷电动机，自带 PWM（脉宽调制），能方便且可靠地调节流量，能输出电动机转速反馈信号（FG），实现了对电动机工况的实时监控，更便于自动控制；另外，用户根据需要调节转速还可以提高泵的寿命。

复习思考题

1. 根据空气理化检验的目的，怎样正确选择采样点？
2. 什么是主导风向和烟污强度系数？
3. 采样方法可分为哪几类？选择采样方法的依据是什么？
4. 同时采集以气态和气溶胶两种状态存在的空气污染物可以采用哪些方法？
5. 通常使用的气态污染物收集器有哪些种类？其适用范围如何？
6. 什么是穿透容量和最大采气量？
7. 用于空气采样的动力主要有哪些？
8. 在采集空气样品时，为什么要用气体流量计？常用的流量计有哪几种？
9. 简述转子流量计测定气体流量的原理。
10. 常用的专用采样器有哪些？
11. 如何评价方法的采样效率？影响采样效率的因素有哪些？
12. 什么是最小采气量？其有何意义？

第四章 工作场所空气中粉尘参数的测定

第一节 概　述

工业粉尘(如水泥生产粉尘以及石化成品粉尘等)不仅影响生产人员的身体健康,而且当可燃物质粉尘浓度达到一定值时,就可能引起粉尘爆炸,给工业生产带来很大的危害。为了有效地采取防尘、除尘措施,保证工业生产安全和人身健康,研究粉尘的特性和制定相应的安全标准,需要人们研制测量范围大、轻便安全、操作简单的粉尘浓度测定仪,尤其是快速连续测尘仪。

一、粉尘的分类

依照粉尘的不同特征,有不同的分类方法。

1. 按粉尘的粒径大小分类

粒径在 10 μm 以上的容易沉降到地面的粉尘叫作工业粉尘,它们在静止空气中可加速沉降,由于它们是用眼睛可以分辨的粉尘,所以又叫作可见粉尘;粒径为 0.1～10 μm 的粉尘称为飘尘,又称为显微粉尘,它们在静止空气中可等速沉降,普通显微镜可观察到粒径小于 0.1 μm 的粉尘则称为超显微粉尘。它们在静止空气中不沉降,仅随空气分子做无规则的运动,并且要借助高倍显微镜才能观察到。

2. 按粉尘的理化性质分类

按粉尘的理化性质分类,分为无机粉尘、有机粉尘 、混合性粉尘。

(1) 无机粉尘。无机粉尘包括矿物性粉尘(如石英、石棉、滑石粉、煤粉等),金属粉尘(如铁、锡、铝、锰、铍及其氧化物等)和人工无机粉尘 (如金刚砂、水泥、耐火材料等)。

(2) 有机粉尘。有机粉尘包括植物性粉尘 (如棉、麻、谷物、烟草等)、动物性粉尘(如毛发、角质 骨质等)和人工有机粉尘(如有机染料、炸药等)。

(3) 混合性粉尘。混合性粉尘是指两种或两种以上粉尘的混合物。混合性粉尘可分为无机粉尘的混合,或有机粉尘的混合,或者有机粉尘与无机粉尘的混合。这几种混合性粉尘在生产中都可见到。在煤矿采掘工作面遇到半煤岩、煤层夹矸情况或在掘进工作面掘进与锚喷支护同时进行时,会产生煤、水泥之间的各种组合的混合性粉尘。

3. 按粉尘中游离二氧化硅含量分类

(1) 矽(二氧化硅)尘:矿尘中游离二氧化硅(SiO_2)含量在 10%以上的粉尘。

(2) 非矽尘:矿尘中游离 SiO_2 含量在 10%以下的粉尘。

二、粉尘的性质

粉尘对安全生产的危害,应该考虑粉尘如下的理化性质:

1. 分散度

粉尘颗粒分散度通常服从一定的分布规律。而大部分的粉尘颗粒，比如煤粉、金属粉尘等颗粒的分散度通常都符合罗森一拉姆勒分布。

罗森-拉姆勒分布是韦伯尔概率分布的一种特殊情况，自然界中许多物料、比较大的雾滴和机械碾磨以及破碎产生的粉尘大多属于这种分布。数学模型如下：

$$V = \exp\left[-\left(\frac{d}{x}\right)^{N}\right] \tag{4-1}$$

式中：N 表征粒子的分散程度，是粒子尺寸分布参数。N 值越大，分布越集中；N 值越小，则反之。

粉尘分散度越高，形成的气溶胶体系越稳定，在空气中悬浮的时间越长，被人体吸入的概率越大；粉尘分散度越高，比表面积也越大，越容易参与理化反应，越容易发生爆炸，对人体危害也越大。

2. 折射率

折射率是指光在空气中的速度与光在该材料中的速度之比率。

$$g = \sqrt{\varepsilon_r \mu_r} \tag{4-2}$$

式中：ε_r 为介质相对介电常数；μ_r 为介质的相对磁导率（可在相应手册中查找）。对于耗散介质，折射率是一个复数；对于非耗散介质，折射率是一个实数。

在导体或耗散介质中，由于电导率 $\sigma \neq 0$，入射波的电磁场会引起电流而把部分光能转化为热能，因而使得导体或耗散介质对光有吸收作用，此时折射率不再是实数，而是复数，可表示为：

$$g = n(1 + \mathrm{i}\eta) \tag{4-3}$$

η 称为吸收指数，表示光通过该介质时的衰减情况（介质入射光的吸收程度）。因此，对于非耗散介质（光学透明介质）来说，其折射率仅为实数；而对于耗散介质（非光学透明介质）来说，其折射率为复数。折射率实数部分和虚数部分都不仅与 ε_r、μ_r 有关，而且还与入射光波长 λ 及电导率 σ 有关。

3. 化学成分

化学成分不同的粉尘对人体的作用性质和危害程度不同。例如，石棉尘可引起石棉肺而且可致癌，棉尘则引起棉尘病；含有游离二氧化硅的粉尘可致矽肺。同一种粉尘，空气中的浓度越高，其危害也越大；粉尘中主要有害成分含量越高，对人体危害也越严重，如含游离二氧化硅 10％以上的粉尘比含量在 10％以下的粉尘对肺组织的病变发展影响更大。

4. 粉尘的爆炸性

一定浓度条件下，高度分散的可氧化粉尘一旦遇到明火、电火花或放电，则可能发生爆炸。一些粉尘爆炸的浓度条件如下：煤尘 30～40 g/m^3；淀粉、铝及硫黄粉尘 7 g/m^3；糖尘 10.3 g/m^3。在采集这些粉尘样品时，必须注意防爆。由此可见，爆炸性粉尘不仅对职业安全有危害，而且对生产安全也是重大的危险源。

三、粉尘的危害

粉尘对安全生产的影响主要有：爆炸、降低能见度、设备磨损等。粉尘对人体健康的影响主要有：工人患有尘肺病、（肺）部粉尘沉着症以及有机性粉尘引起的肺部疾病和其他病症。

1. 可燃粉尘的火灾及爆炸危害

可燃粉尘爆炸通常可分为两个步骤，即初次爆炸和二次爆炸。当粉尘悬浮于含有足以维持燃烧的氧气的环境中，并有合适的点火源时，初次爆炸能在封闭的空间中发生。如果发生初次爆炸的装置或空间是轻型结构，则燃烧着的粉尘颗粒产生的压力足以摧毁该装置或结构，其爆炸效应必然引起周围环境的扰动，使那些原来沉积在地面上的粉尘弥散，形成粉尘云。该粉尘云被初始的点火源或初次爆炸的燃烧产物所引燃，由此产生的二次爆炸的膨胀效应往往是灾难性的，压力波能传播到整个厂房而引起结构物倒塌。由于此压力效应，粉尘爆炸的火焰能传播到较远的地方，会把火焰蔓延到初次爆炸以外的地方。

2. 对人体的危害

粉尘对人体的危害是多方面的，但突出的危害表现在肺部，粉尘引起的肺部疾患可分为3种情况：

第一种是尘肺。这是主要的职业病之一，我国已将它列为法定职业病范畴。这种病是由于较长时间吸入较高浓度的生产性粉尘所致，引起以肺组织纤维化为主要特征的全身性疾病。由于粉尘种类繁多，尘肺的种类也很多，主要有矽肺、煤工尘肺、石墨尘肺、炭黑尘肺、石棉肺、滑石尘肺、水泥尘肺、电焊工尘肺、铸工尘肺等。

第二种是肺部粉尘沉着症。它是由于吸入某种金属性粉尘或其他粉尘而引起粉尘沉着于肺组织，从而呈现异物反应，其危害比尘肺小。

第三种是粉尘引起的肺部病变反应和过敏性疾病。这类疾病主要是由有机粉尘引起的，如棉尘、麻尘、皮毛粉尘、木屑等。

另外，长期接触生产性粉尘还可能引起其他一些疾病。例如，大麻、棉花等粉尘可引起支气管哮喘、哮喘性支气管炎、湿疹及偏头痛等变态反应性疾病；破烂布屑等某些农作物粉尘可能成为病原微生物的携带者，若带有丝茵屑、放射菌屑的粉尘进入肺内，可引起肺霉菌病等。

第二节 工作场所中粉尘的采集

一、测尘点和采样位置的确定

测定粉尘的目的是确定劳动者受粉尘危害的程度，所以测尘点的选择要遵循一定的原则，否则不能反映真实的情况。测尘点应设在有代表性的工人接尘地点，测尘位置应选择在接尘人员经常活动的范围内，且粉尘分布较均匀处的呼吸带。存在风流动影响时，一般应选择在作业地点的下风侧或回风侧。移动式产尘点的采样位置，应位于生产活动中有代表性的地点，或者将采样器架设于移动设备上。

1. 工厂测尘点和采样位置的确定

一个厂房内有多台同类设备生产时，3 台以下者选 1 个测尘点，4～10 台者选两个测尘点，10 台以上者，至少选 3 个测尘点；同类设备处理不同物料时，按物料种类分别设测尘点；单台产尘设备设 1 个测尘点。移动式产尘设备按经常移动范围的长度设测尘点，20 m 以下者设 1 个，20 m 以上者在装卸处各设 1 个。在集中控制室内，至少设 1 个测尘点，但操作岗位也不得少于 1 个测尘点。

固体散料常用输送带输送，也是常见的产尘点，输送带长度在 10 m 以下者设 1 个测尘点，10 m 以上者在输送带头、尾部各设一个测尘点。高式带式运输转运站的机头、机尾各设一个测尘点，低式转运站设一个测尘点。

采样位置选择在接近操作岗位或产尘点的呼吸带(一般为 1.5 m 左右)。

2. 车站、码头、仓库产尘货物搬运存放时测尘点和采样位置的确定

在车站、码头、仓库、车船等装卸货物作业处，应设一个测尘点，输送带输送货物时，装卸处分别设一个测尘点。车站、码头、仓库存放货物处，分别设一个测尘点。如果是人工搬运货物，来往行程超过 30 m 以上时，除装卸处设测尘点外，中途也应设一个测尘点。

晾晒粮食的场所粉尘量也很大，所以也要设一个测尘点。物品存放在仓库时，假如在包装、存放过程中产生粉尘，则应在包装、发放处各设一个测尘点。

采样位置一般设在距工人 2 m 左右呼吸带高度的下风侧；周边采样，应距囤积点 10 m 左右。

二、粉尘采样器的类型、规格和性能要求

粉尘采样器的基本功能是提供采集含尘气体的动力，调节和控制流速。粉尘收集器是整套粉尘采样装置的一部分，不包括在粉尘采样器，但有些采样器和收集器是合并在一起的。

1. 粉尘采样器

在测定空气中粉尘浓度、分散度、粉尘中游离二氧化硅、金属元素等化学有害物质时，可使用携带式粉尘采样器采集粉尘。粉尘采样器的体积应小于 300 mm×170 mm×200 mm，质量小于 5 kg。需要防爆的工作场所应使用防爆型粉尘采样器，用于个体采样时，流量范围为 1～5 L/min；用于定点采样时，流量范围为 5～80 L/min；用于长时间采样时，连续运转时间应不小于 8 h。

粉尘采样器配有滤料采样夹，与滤纸或滤膜配合使用。粉尘采样器又分为固定和携带式两种。携带式粉尘采样器(图 4-1)在现场用于三脚支架支撑，其高度 1.0～1.5 m。它的两个采样夹可以进行平行采样。该仪器质量轻、易于携带，常用于采集工作场所粉尘。

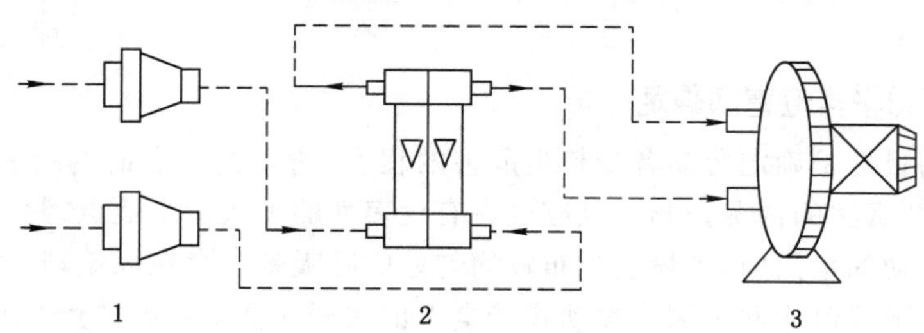

1—采样夹；2—流量计；3—风箱和电动机。

图 4-1　携带式粉尘采样器结构示意图

2. 个体粉尘采样器

个体粉尘采样器的体积应小于 150 mm×80 mm×150 mm，质量小于1 kg。抽气流量在 0～5 L/min 或 0～10 L/min 范围内连续可调，可不带流量计，运行时的噪声小于 60 dB(A)；采样器连续运行 8 h 以上时，温升小于 10 ℃。应有佩戴装置，并且使用方便安

全，不影响工作。个体采样器主要由采样头（粉尘收集器）、采样泵、滤膜等构成。采样头是个体采样器收集粉尘的装置，由入口、粉尘切割器、过滤器 3 部分组成。测定呼吸性粉尘时才使用粉尘切割器，否则测定的是悬浮性粉尘。采样头入口将呼吸带内满足总粉尘卫生标准的粒子有代表性地采集下来，切割器将采集的粉尘粒子中非呼吸性粉尘阻留，呼吸性粉尘由过滤器全部捕集下来。旋风切割器、向心式切割器和撞击式切割器是个体粉尘采样器中比较常用的切割器。

3. 呼吸性粉尘采样器

呼吸性粉尘的粒径分布标准应符合英国医学研究协会所规定的标准；呼吸性粉尘采样器的体积应小于 300 mm×170 mm×200 mm，质量小于 5 kg。气流量范围应与收集器所需流量匹配，运行时的噪声小于 70 dB(A)。采样器连续运行 8 h 以上时，温升小于 30 ℃。呼吸性粉尘采样器应有配套的固定装置，使用方便安全。

4. 个体呼吸性粉尘采样器

同气体采样一样，个体采样器都是为了反映劳动者个人受粉尘危害的情况，其他定点采样器则主要反映一个区域受粉尘危害的情况。呼吸性粉尘的粒径分布标准应符合英国医学研究协会所规定的标准；个体呼吸性粉尘采样器体积应小于 150 mm×80 mm×150 mm，质量小于1 kg。流量范围应与收集器所需流量匹配，对不带流量计的，运行时的噪声小于 60 dB(A)；采样器连续运行 8 h 以上，温升小于 10 ℃，应佩戴装置，并且使用方便安全，不影响工作。

三、可吸入粉尘切割器

粉尘中粒径不同的颗粒对人体的危害程度也不同，所以有时需要分别测定，可吸入粉尘的切割器就是能将粉尘分级分别采集的粉尘采样装置。

1. 串联旋风切割器

旋风切割器的工作原理与旋风分离器基本相同，如图 4-2 所示。空气高速沿着 180°渐开线进入切割器的圆筒内，形成旋转气流，在离心力作用下，将粗颗粒物摔到筒壁上并持续向下运动；粗颗粒在不断与筒壁撞击中失去前进的能量而落入到颗粒物收集器内，细颗粒随气流沿气体排出管上升，被过滤器的滤膜捕集，从而将粗、细颗粒物分开。切割器必须用标准粒子发生器制备的标准粒子进行校准后方可使用。

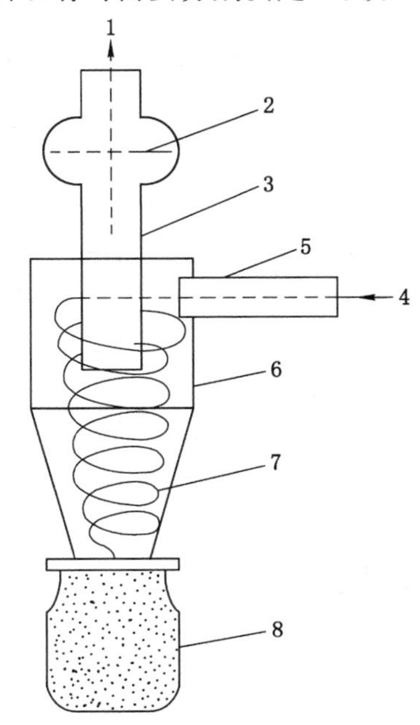

1,4—空气入口；2—滤膜；3—气体排气管；5—气体排管；6—圆筒体；7—旋转气流轨线；8—大粒子收集器。

图 4-2　旋风式切割器原理示意图

缩小旋风切割器的尺寸可以明显地提高除尘效率，减小切割器的分割粒径；同时，将具有不同分割粒径的旋切除尘器按顺序串联，从而实现粉尘分级切割。旋风切割器的分割粒径与自身尺寸和气流量的大小有关。

2. 向心式切割器

如图 4-3 所示，当气流从小孔高速喷出时，因所携带的颗粒物大小不同，惯性也不同，颗粒质量越大，惯性越大。不同粒径的颗粒物各有一定运动轨线，其中质量较大的颗粒运动轨线接近中心轴线，最后进入锥形收集器被底部的滤膜收集；小颗粒物惯性小，离中心轴线较远，偏离锥形收集器入口，随气流进入下一级。第二级的喷嘴直径和锥形收集器的入口孔径变小，二者之间距离缩短，使小一些的颗粒物被收集。第三级的喷嘴直径和锥形收集器的入口孔径又比第二级小，其间距离更短，所收集的颗粒更细。如此经过多级分离，剩下的极细颗粒到达最底部，被夹持的滤膜收集。图 4-4 为三级向心式切割器原理示意图。

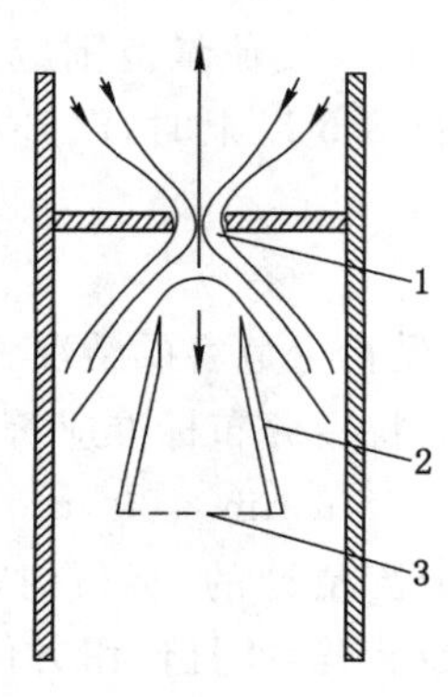

1—空气喷嘴；2—收集器；3—滤膜。

图 4-3 向心式切割器原理图

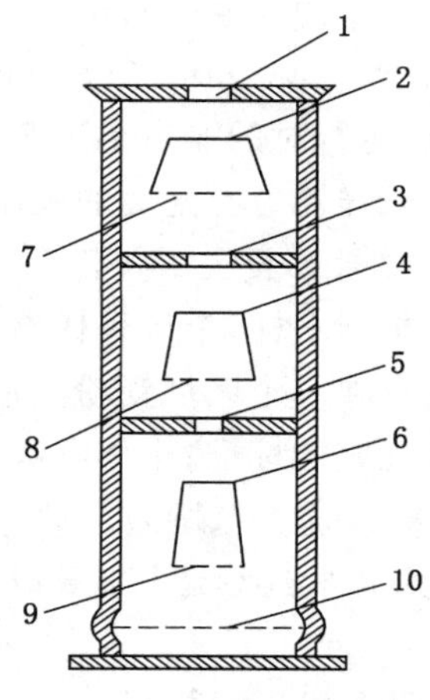

1,3,5—气流喷孔；2,4,6—锥形收集器；
7,8,9,10—滤膜。

图 4-4 三级向心式切割器原理示意图

3. 撞击式切割器

如图 4-5 所示，当含有颗粒物的气体以一定速度由喷嘴喷出时，颗粒获得一定的动能并且有一定的惯性。在同一喷射速度下，粒径越大，惯性越大。因此，气流从第一级喷嘴喷出后，惯性大的大颗粒难以改变运动方向，与第一块捕集板碰撞被沉积下来，而惯性较小的颗粒则随气流绕过第一块捕集板进入第二级喷嘴。由于第二级喷嘴小于第一级，故喷出颗粒动能增加，速度增大，其中惯性较大的颗粒与第二块捕集板碰撞而被沉积，而惯性较小的颗粒继续向下级运动。如此逐级进行，则气流中的颗粒由大到小被分开，沉积在不同的捕集板上。最末级捕集板用玻璃纤维滤膜代替，捕集更小的颗粒。这种采样器可以设计为 3～6 级，也有 8 级的，称为多级撞击式采样器。单喷嘴多级撞击式采样器采样面积有

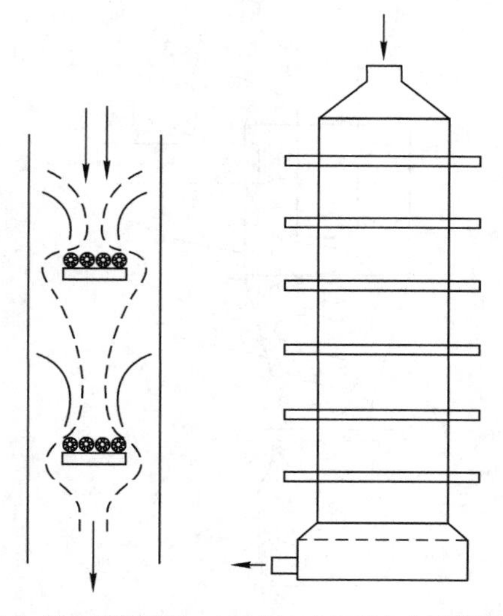

(a) 撞击捕集原理 (b) 六级撞击式采样器

图 4-5 撞击式切割器的工作原理

限，不宜长时间连续采样，否则会因捕集板上堆积颗粒过多而造成损失。多级多喷嘴撞击式采样器捕集面积大，其中应用较普遍的一种称为安德森采样器，由 8 级组成，每级 200～400 个喷嘴，最后一级也是用纤维滤膜代替捕集板捕集小颗粒物。安德森采样器捕集颗粒物粒径范围为0.34～11 μm。

第三节　工作场所中粉尘浓度的测定

粉尘浓度是指单位体积空气中所含粉尘的质量（mg/m^3）或数量（N/cm^3），《工作场所有害因素职业接触限值 第 1 部分：化学有害因素》（GBZ 2.1—2007）规定了工作场所空气中粉尘容许浓度值，《工作场所空气中粉尘测定 第 1 部分：总粉尘浓度》GBZ/T 192.1—2007）、《工作场所空气中粉尘测定 第 2 部分：呼吸性粉尘浓度》（GBZ/T 192.2—2007）中注明了检测标准方法，粉尘浓度测定的标准方法是重量法，也是基本方法。如果使用仪器或其他方法测定粉尘质量浓度，则必须以标准重量法为基准，这样可以保证测定结果的可比性。重量法测定结果能更好地反映现场粉尘浓度的真实情况，所需仪器装置比较简单，但操作复杂、速度慢。在作业现场使用的操作简便、灵活。快速的检测方法是仪器测定法，主要仪器有压电晶体差频法测尘仪、β 射线吸收法测尘仪及光散射测定仪。

一、滤膜重量测定法

滤膜重量测定法的原理是：空气中粉尘通过采样器上的预分离器，分离出的呼吸性粉尘颗粒采集在已知质量的滤膜上，由采样后的滤膜增量和采气量，计算出空气中呼吸性粉尘的浓度。

测定工作场所空气中粉尘时，测尘点应设在生产过程中工作人员经常或定时停留、并受粉尘污染的工作场所，要有代表性地反映工人接尘的实际情况。测尘位置应选择在粉尘分布较均匀处的呼吸带，一般在接近操作岗位的 1.5 m 左右。在有风流动影响时，应选择在作业地点的下风侧或回风侧。如果产尘点处于移动状态，采样或测尘点应位于生产活动中有代表性的地点，或者将采样或测尘仪器直接架设在移动设备上。

测尘滤膜采用过氯乙烯滤膜或其他测尘滤膜。采样前将滤膜置于干燥器内 2 h 以上，然后用镊子取下滤膜的衬纸，除去滤膜的静电，在分析天平上准确称量，在衬纸上和记录表上记录滤膜的质量 m_1 和编号；将滤膜和衬纸放入相应容器中备用，或者将滤膜直接安装在预分离器内；将滤膜置于滤料采样夹上，滤膜毛面应朝进气方向，滤膜放置应平整，不能有裂隙或褶皱，在呼吸带高度（一般受粉尘危害人员站立处的 1.5 m 高处），根据粉尘检测的目的和要求，可以采用短时间采样或长时间采样。

1. 短时间采样

在采样点，连接好的呼吸性粉尘采样器在呼吸带高度以预分离器要求的流量采集 15 min空气样品。

2. 长时间采样

在采样点，将装好滤膜的呼吸性粉尘采样器，在呼吸带高度以预分离器要求的流量采集 1～8 h 空气样品（由采样现场的粉尘浓度和采样器的性能等确定）。

3. 个体采样

将连接好的呼吸性粉尘采样器佩戴在采样对象的前胸上部，进气口尽量接近呼吸带，以预分离器要求的流量采集 1～8 h 空气样品(由采样现场的粉尘浓度和采样器的性能等确定)。

无论定点采样或个体采样，要根据现场空气中粉尘的浓度、使用采样夹的大小和采样流量及采样时间，估算滤膜上 Δm。采样时要通过调节采样时间，控制滤膜粉尘 Δm 数值在 0.1～5 mg 的要求；否则，有可能因铝膜过载造成粉尘脱落。在采样过程中，若有过载可能，应及时更换呼吸性粉尘采样器。

采样后，从预分离器中取出滤膜，将滤膜的接尘面朝里对折两次，置于清洁容器内运输和保存。运输和保存过程中应防止粉尘脱落或污染。称量前，将采样后的滤膜置于干燥器内 2 h 以上，除静电后，在分析天平上准确称量，记录滤膜和粉尘的质量(m_2)，则粉尘的质量浓度 $C(\mathrm{mg/m^3})$：

$$C=\frac{m_2-m_1}{Qt} \tag{4-4}$$

式中：C 为空气中呼吸性粉尘的浓度，$\mathrm{mg/m^3}$；m_2 为采样后的滤膜质量，mg；m_1 为采样前的滤膜质量，mg；Q 为采样流量，L/min；t 为采样时间，min。

称量法最低检出浓度为 0.2 $\mathrm{mg/m^3}$(按感量 0.01 mg 天平、采集 500 L 空气样品计)，其优点在于可以测量粉尘质量浓度，而且粉尘化学成分、分散度组成、尘粒形状及其光学、电气等性能的变化对于测量读数没有影响。该称量法可以测量浓度相当高的粉尘，测量技术比较简单，但不能满足测量连续性这一基本要求。

二、β 射线吸收法

β 射线吸收法基于 β 粒子穿透物质时强度随吸收层厚度增加而减弱的原理实现的。原子核在发生 β 衰变时，放出 β 粒子。β 粒子实际上是一种快速带电粒子，它的穿透能力较强，一个强度恒定的 β 源发出的 β 射线通过介质时，由于介质的吸收作用，其射线强度将会减弱，并且在一定范围内遵循指数衰减规律。假设质量为 m 的粉尘均匀地分布在面积 A_b 上，即：

$$\ln\frac{n_0}{n}=\frac{\mu}{\rho}\cdot d \tag{4-5}$$

式中：d 为($d=m/A_b$)粉尘的表面质量，$\mathrm{mg/cm^2}$；n_0、n 分别代表采样粉尘前后，计数器每分钟以电流脉冲方式所记录下来的 β 粒子数，这个脉冲计数率表征了放射穿透强度；μ/ρ 为质量衰减系数，该系数是介质层衰减系数与介质层密度的比值，受粉尘粒子化学成分的影响，与电子密度有关。对于 β 射线粉尘测量仪使用的特定场所来说，该系数是个常值。因此，由式(4-5)得到粉尘的绝对质量表达式，即：

$$m=A_b\cdot\frac{\rho}{\mu}\cdot\ln\frac{n_0}{n} \tag{4-6}$$

式中：m 为粉尘的绝对质量，mg；A_b 为粉尘分布的表面积，$\mathrm{cm^2}$。

粉尘绝对质量 m 和气体采样体积 V_x 的比值，就是粉尘浓度 C，关系式为：

$$C=m/V_x \tag{4-7}$$

β 射线飘尘测定仪系统一般由 β 射线探测、粉尘采样、信号处理与单片机(微处理器)系统组成，如图 4-6 所示。β 源采用一般 ^{14}C，β 射线由 G-M 计数器(探测器)探测，用滤膜夹将待测滤膜置于放射源与计数器之间进行测量。所得脉冲信号经过放大成形后，经单道脉冲幅度分析器分析，选择对应β射线幅度的电压脉冲信号转变为数字脉冲信号。数字脉冲信号的计数由单片机(微处理器)系统实现。

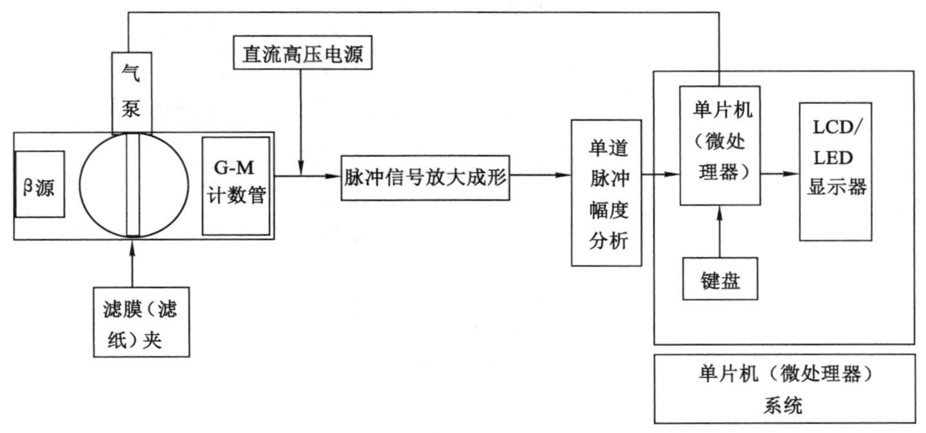

图 4-6　β射线粉尘测量仪系统结构

用β射线吸收法的快速直读粉尘测量仪器有:美国的 RDM101 型β射线测尘仪等，国内的 KCY-1 型微机测尘仪、XDC-1 型计算机。β射线吸收测定颗粒物的方法克服了光学方法测定颗粒物时受颗粒物粒径大小及其分布、颜色的影响，直接测量探头采样点颗粒物的质量浓度。由于方法属于点测量，仍需要与手工采样重量法同步比对进行，只有建立方法测定结果之间的相关关系，才能定量测定监测断面颗粒物的平均浓度，该方法适合测定水汽饱和及接近饱和气流中的颗粒物。

方法检测下限:0.3 mg/m^3;测量范围:0～2 000 mg/m^3。

三、石英晶体振荡法

石英晶体振荡法是利用压电材料黏附尘样介质后质量改变，从而引起压电振动频率改变的原理进行测量的。石英谐振器为测定飘尘的传感器，如图 4-7 所示。当待测的气体式样经过粒子切割器时，试样中只有微粒直径小于 10 μm 的飘尘才能够进入测量气室中，而那些微粒直径大于十微米的粉尘颗粒物则会被剔除。粉尘测量装置的气室内部有一个静电采样器，该采样器主要由电极、石英谐振器及高压放电针构成，静电采样器会使空气试样中的飘尘带负电，此时在电场的作用下，飘尘会被正电吸引，在电极表面沉积下来，与正极发生电荷中和。此时气体试样中的飘尘含量已经非常的低，它的排气口放置在参比室内。通过测量计算采样后两个石英谐振器的频率之差(Δf)，便可以知道飘尘的浓度。如果用标准的飘尘浓度气样校正仪器，则在显示屏幕上显示的飘尘浓度比较准确。

石英晶体振荡法的发展前景很好，现在市面上已经出现了采用程序控制的自动清洗的连续自动石英晶体测尘仪，如美国的 TSL 型测量仪等，国产的 CC-1 型快速测尘仪。它能够测量出粉尘的质量浓度，适用于地面上粉尘浓度较低的场合。但是，这种方法还是存在一定问题的，在实际的应用过程中可能会出现以下问题:第一，它要加大晶体对尘粒的吸附能力;第二，它要定期从其表面上清除粉尘。对于问题一，可以采用有黏附性能的面层和强制性使

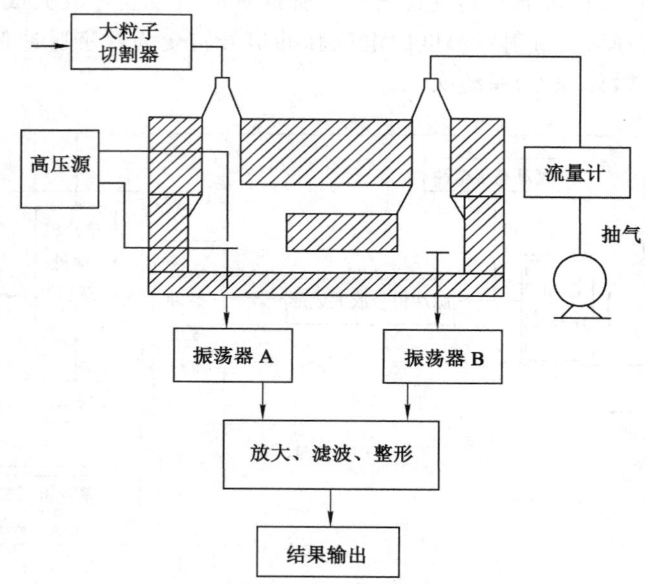

图 4-7　压电晶体振荡测量大气尘粒浓度方法

其沉淀的方法来改善；对于问题二，还有待科研人员去解决。

四、光学法

光学法测量大气尘埃粒子浓度最为简单可取，所以在连续检测方面有很明显的优势，在工业检测方法中处于最主要的地位，使用最为广泛。依据光学法原理所研制的工业中所使用的测尘仪，已经普遍应用于世界各个地方。

1. 光散射法

光散射粉尘测试仪是基于米氏(Mie)散射理论及粉尘的各参量来测定环境中粉尘的质量浓度。根据 Mie 散射理论，在温度和湿度较稳定的环境下，当散射粒子的直径与光源波长接近时，散射光强度与散射粒子的直径成比例，因此光散射粉尘测试仪测定的结果是每立方米粒子数(CPM)，但该结果与我国现行卫生标准中涉及的粉尘质量浓度(mg/m^3)不相适应，故需要通过质量浓度转换系数 K 值，将光散射粉尘测试仪测得的 CPM 值转换为悬浮粉尘的质量浓度，即：

$$C = K(R - B) \tag{4-8}$$

式中：C 为粉尘质量浓度，mg/m^3；K 为质量浓度转换系数；R 为光散射粉尘测试仪读数(CPM)；B 为光散射粉尘测试仪基底值(CPM)。

光散射式数字粉尘测试仪在实际的测量中要得到 K 值，即浓度转换系数才能使用。要得到该值就要通过实际测试求得。第一是在试验内测定，或者在现场测定。其方法是将光散射式数字粉尘测试仪与滤膜采样器吸引口放置于同一位置、同一高度、同一方向，并在同一时间内同步采样，然后分别求出相对浓度 R 和质量浓度 C 值，按 $K = C/R$ 求得转换系数。

光散射粉尘测试仪由光学系统、光电转换系统、气路系统、单片机控制系统组成，如图 4-8 所示。被测悬浮粉尘由采样泵抽入到切割器中，经切割器切割分离得到所需尺寸范围的粉尘颗粒(如 $PM_{2.5}$、PM_{10}、TSP 等),所得粉尘颗粒随气流进入检测腔中,在激光光源照射下产生散射光脉冲信号,经光电转换系统将光信号转换成与粉尘浓度成正比的每立方米粒子数,最后通过微处理器计算出粉尘的质量浓度。我国研发了P-5型、LD 型、PC-3A 型等多种光散射式粉尘测试仪器系列产品,P-5 型等光散射粉尘测试仪新配置了滤膜在线采样器,可在监测粉尘浓度的同时分析所收集颗粒物的化学成分,并可求出测定时间内该场所的 K 值;而且还设计了可更换的粒子切割器,实现了 TSP、PM_{10}、PM_{5}、$PM_{2.5}$、$PM_{1.0}$ 等多种粒子分离切割器兼容,通过配备不同流量的抽气泵和不同的粒子切割器,可形成一系列不同型号或不同规格的仪器,以满足公共场所颗粒物检测、劳动卫生粉尘测定以及大气环境粉尘监测的不同需要。

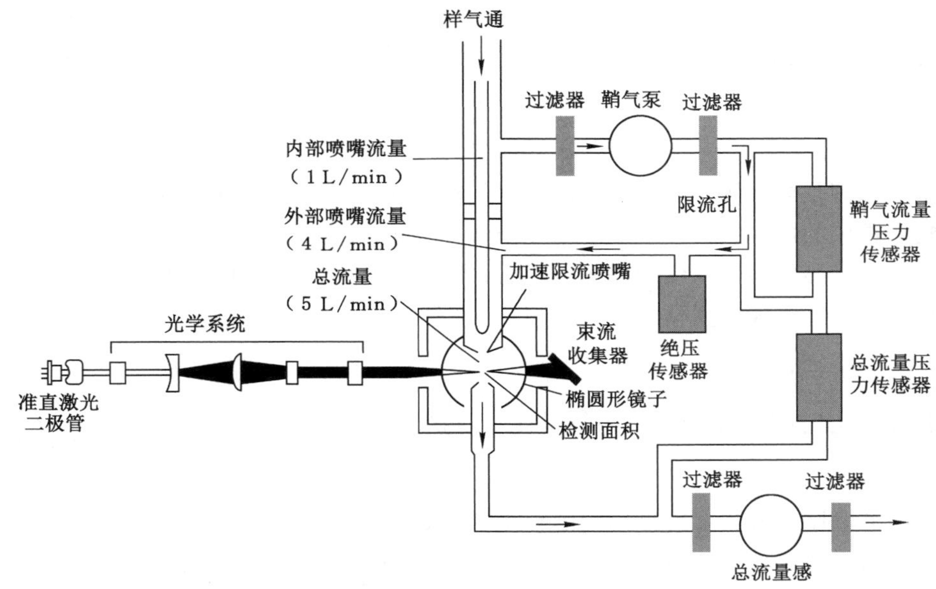

图 4-8　光散射粉尘测试仪系统结构简图

光散射法测定公共场所空气中可吸入颗粒物浓度,具有快速、灵敏、稳定性好、体积小、质量轻、无噪声、操作简便、安全可靠等优点,广泛应用于各类粉尘浓度测量中。

2. 光透射法

采用光学原理测量粉尘的方法有透射法和散射法,是目前使用较多的工业粉尘测量方法,散射法测量的灵敏度较高,但从原理上不适合测量浓度较高的工业粉尘。因为在较高浓度情况下,当光在通过含尘空气时,光强的衰减很大,使测量非线性增大,很难保证测量的精度。测量较高浓度的工业粉尘时,可以采用光学透射测量方法。光学透射法是利用光线通过粉尘介质时由于微粒对光线的散射和吸收使光强发生衰减的原理来测量粉尘浓度。光通过介质时,会与介质发生相互作用,除了被介质散射外,还会被介质吸收,其中吸收关系符合朗伯-比尔定律。当平行光通过均匀介质时,以朗伯-比尔定律为基础,通过测量入射光强和出射光强,经过计算得到粉尘浓度。所以透射光强和出射光强的关系为:

$$I_{out} = I_{in}\exp(\alpha CL) \tag{4-9}$$

式中：I_{out}、I_{in}分别为透射、入射光强；C 为介质浓度；L 为光与介质相互作用的距离；α 为介质对光波的吸收系数。其中，α 与光波的波长和介质的性质有关，如粉尘颗粒的粒径、折射率等，与介质的浓度无关。

BFC-1 型便携式高浓度测尘仪是光电透射式测尘仪，它由光电探测器、稳压电源 、控制器和显示仪表 4 部分组成。作为仪器的一次信号发生器的光电探测器部分由发射光源、保护镜头、调零装置及光电转换元件等构成。光电转换元件用硅光电池，置于一可调恒温炉内，以克服环境温度的影响。稳压电源为光源提供稳定的直流电源，以保证光源输出的稳定性。控制器包括恒温炉温度控制和电信号调节部分，显示仪表为电位差计。

当测量低浓度的粉尘时，采用光吸收的方法是不可行的。在小区域体积内，光的衰减对含尘空气不是很敏感；因为在粉尘浓度较低时，透射光强较大入射光的衰减相对太小，不易测到，因此对测量仪器的灵敏度要求很高。如果要直接测量较低浓度的粉尘，则可以采用散射光强的方法。

五、声学法

声学法原理是当声源与接收器之间的空间有尘粒存在时测定声场的参数。因存在悬浮固体颗粒而造成的声能损失值与烟尘的体积浓度成正比。

影响声学法测量烟尘浓度结果的因素有：含尘气流速度、温度和湿度的变化排气道内压力以及烟尘分散度组成的变化。

第四节　工作场所中粉尘的分散度测定

粉尘的分散度是各种粒度范围内的粉尘数量、质量或体积占粉尘总量的百分比。分散度对煤矿等粉尘浓度较高的地方工人尘肺病的发生和发展有重要作用，因此必须重视粉尘的分散度测定。与测量游离二氧化硅含量相比，粉尘分散度测量的操作方法相对简单。粉尘分散度的测定目的是在了解粉尘浓度的基础上，更进一步衡量粉尘的危害性，对工作地点的劳动卫生条件进行评价，同时对正确选择防尘装备和措施、检验其实际效果具有重要意义，粉尘的粒径分布测定是采用宏观分级的方法，即将粉尘按一定的粒径范围划分成若干个部分来计量。

《工作场所空气中有害物质监测的采样规范》(GBZ 159—2004)、《工作场所空气中粉尘测定 第 1 部分：总粉尘浓度》(GBZ/T 192.1—2007)和《工作场所空气中粉尘测定 第 2 部分：呼吸性粉尘浓度》(GBZ/T 192.2—2007) 中都未明确规定测定粉尘浓度前须进行分散度测定。在实际测定过程中，对测试结果的合理性可能会产生一定测定影响。因此，对工作场所空气中粉尘浓度测定，在未知粉尘分散度情况下，应首先测定粉尘分散度，并根据分散度测定结果，选用合适的方法和器具(采集滤膜等)，由此测定的结果更能准确地反映作业现场的粉尘浓度。目前，工作场所粉尘分散度的标准测定方法是 2007 年由卫生部发布的《工作场所空气中粉尘测定 第 3 部分：粉尘分散度》(GBZ/T 192.2—2007)的方法为滤膜溶解涂片法和自然沉降法。由于该方法受到分散剂、颗粒超细等因素影响，为使分散度测试结果更客观，测定粉尘粒径分布时，质量粒径分布多用沉降法，数量粒径分布常用显微镜观测法、激光分析仪。

一、滤膜溶解涂片法

滤膜溶解涂片法的原理是将采集有粉尘的过氯乙烯滤膜溶于有机溶剂中，形成粉尘颗粒的混悬液，制成标本，在显微镜下测量和计数粉尘的大小及数量，计算不同大小粉尘颗粒的百分比。

首先将采集有粉尘的过氯乙烯滤膜放入瓷坩埚或烧杯中，用吸管加入 1～2 mL 乙酸丁酯，用玻璃棒充分搅拌，制成均匀的粉尘混悬液。然后立即用滴管吸取 1 滴，滴于载物玻片上；用另一载物玻片呈 45°角推片，待自然挥发，制成粉尘（透明）标本，贴上标签，注明样品标识、注明采样地点及日期。测定时，将待标定目镜测微尺放入目镜筒内，物镜测微尺置于载物台上，首先在低倍镜下找到物镜测微尺的刻度线，移至视野中央；然后换成 400～600 放大倍率，调至刻度线清晰，移动载物台，使物镜测微尺的任一刻度与目镜测微尺的任一刻度相重合（图 4-9）；最后找出两种测微尺另外一条重合的刻度线，分别数出两种测微尺重合部分的刻度数，按照式（4-10）计算出目镜测微尺刻度的间距（μm），即：

$$D=\frac{k}{o}\times 10 \tag{4-10}$$

式中：D 为目镜测微尺刻度的间距，μm；k 为物镜测微尺刻度数；o 为目镜测微尺刻度数。

目镜测微尺的标定后取下物镜测微尺，将粉尘标本放在载物台上，首先用低倍镜找到粉尘颗粒，然后在标定目镜测微尺所用的放大倍率下观察，用目镜测微尺随机地依次测定每个粉尘颗粒的大小，遇长径量长径，遇短径量短径。至少测量 200 个尘粒（图 4-10），按表 4-1 分组记录，算出百分数。

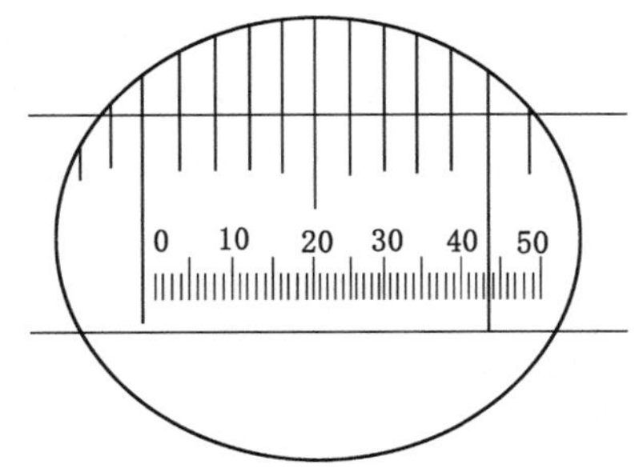

图 4-9　目镜测微尺的标定

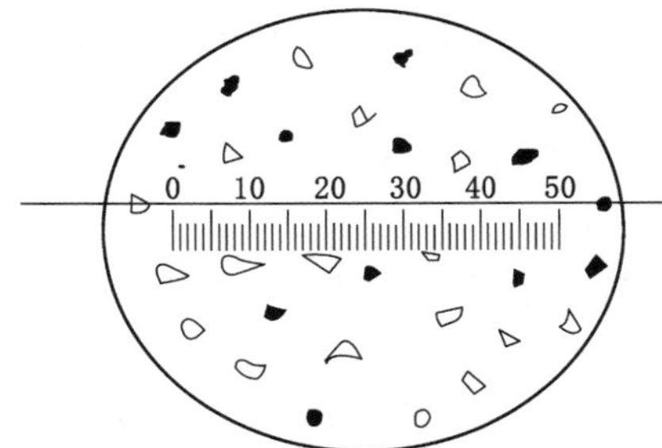

图 4-10　粉尘分散度的测量

表 4-1　粉尘分散度测量记录

粒径/μm	<2	2～	5～	≥10
尘粒数/个				
百分数/%				

二、自然沉降法

自然沉降法将含尘空气采集在沉降器内，粉尘自然沉降在盖玻片上，在显微镜下测量和计数粉尘的大小及数量，计算不同大小粉尘颗粒的百分比。

如图 4-11 所示，将在采样前清洗沉降器，盖玻片用洗涤液清洗，用水冲洗干净后，再用

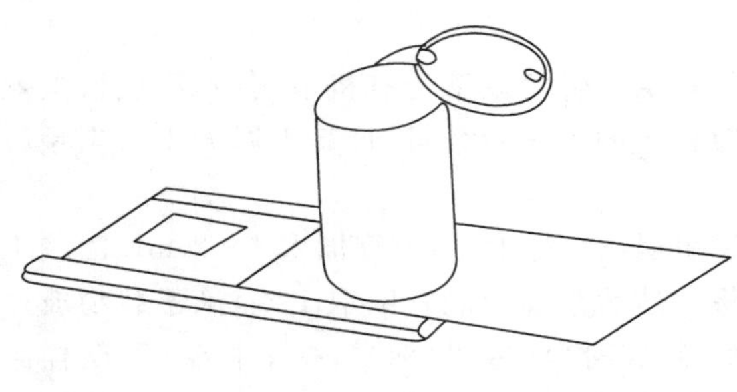

图 4-11　格林式沉降器

95%乙醇擦洗干净，采样前将盖玻片放在沉降器底座的凹槽内，推动滑板至与底座平齐，盖上圆筒盖。将滑板向凹槽方向推动，直至圆筒位于底座之外，取下筒盖，上下移动几次，使含尘空气进入圆筒内；盖上圆筒盖，推动滑板至与底座平齐。随后，将沉降器水平静止 3 h，使尘粒自然沉降在盖玻片上。将滑板推出底座外，取出盖玻片，采尘面向下贴在有标签的载物玻片上，标签上注明样品的采集地点和时间。粉尘分散度的测量和计算同滤膜溶解涂片法一样，需要在显微镜下测量和计算。

三、显微镜法

用显微镜观测固定在显微镜视野内所有粉尘粒子或目镜刻度尺范围内的全部粉尘粒子，对在一定粒子直径范围内的粒子个数进行分别计数，计算各直径范围内的粒子个数占总粉尘粒子数的百分比，即可得出粉尘的数量分散度。

根据粉尘粒度的不同，既可采用一般的光学显微镜，也可以采用电子显微镜。光学显微镜测定范围为 0.18～150 μm，大于 150 μm 的可用简单放大镜观察，小于 0.18 μm 的必须用电子显微镜观察，透射电子显微镜常用于直接观察大小在 0.000 1～5 μm 的颗粒。

显微镜法有可能查清在制备过程中颗粒产品结合成聚集体以及破碎为碎块的情况，在测量过程中有可能考虑颗粒的形状，绘出特定表面的粒度分布图，而不只是平均粒度的分布图。但是，在用电子显微镜对超细颗粒的形貌进行观察时，由于颗粒间普遍存在范德华力和库仑力，颗粒极易形成球团，给粒度测量带来困难，需要选用分散剂或适当的操作方法对颗粒进行分散。

传统的显微镜法测定颗粒粒度分布时，通常采用显微拍照法将大量颗粒试样照相，然后根据所得的显微照片，采用人工的方法进行颗粒粒度的分析统计。由于测量结果受主观因素影响较大，所以测量精度不高，而且操作复杂，容易出错。

近年来，随着微电子技术渗入各个科学领域，采用综合性图像分析系统可以快速且准确地完成显微镜法中的测量和分析统计工作。综合性的图像分析系统，如扫描图像分析系统、探针图像分析系统，是在人体视学的基础上结合现代信息技术发展起来的，它可对颗粒粒度进行自动测量并自动分析统计。图像分析技术因其测量的随机性、统计性和直观性被公认为是测定结果与实际粒度分布吻合最好的测试技术。但是，由于显微镜法的取样量较少，代表性不强，有时不能反映整个样品的水平，因而适合测试粒度分布范围较窄的样品，不适用于质量和生产控制。

四、激光衍射法

激光衍射粒度分析仪根据弗栾霍芬(Frannhoffer)衍射和 Mie 散射理论研制而成的，由激光光源、粉尘分散器、透镜、光强检测器组成。如图 4-12 所示，由激光器发出的激光束，经滤波、扩束、准值后变成一束平行光，在该平行光束没有照射到颗粒的情况下，光束经过透镜后将汇聚到焦点上。当通过某种特定的方式把颗粒均匀地放置到平行光束中时，激光的传播形态将发生变化，一部分激光被散射，以一定的角度向远离轴线方向传播，这部分散射光通过透镜后将在焦平面上形成光环。激光是一种具有良好准直性、单色性的光源，它可以得到清晰的散射谱分布。粒径不同的颗粒产生散射光的角度不同：大颗粒散射光的散射角小，形成的光环靠近轴心；小颗粒散射光的散射角大，形成的光环远离轴心。这样在焦平面上就形成近似“靶心”状的多个同心圆光环。通过安装在焦平面中心不同半径上的数十个光电接收器，就可以将这些反映颗粒大小信息的光信号转换成电信号，并传给计算机，再通过计算机的处理就可以得到详细的粒度分布。测量结果可直接输出，并且通过粒度处理软件获得所需的粒度指标。激光粒度仪测定的是根据光学衍射或散射原理的等效直径，反映的是颗粒的横截面积，粒度软件可以换算成表面积平均粒径和体积平均粒径等。

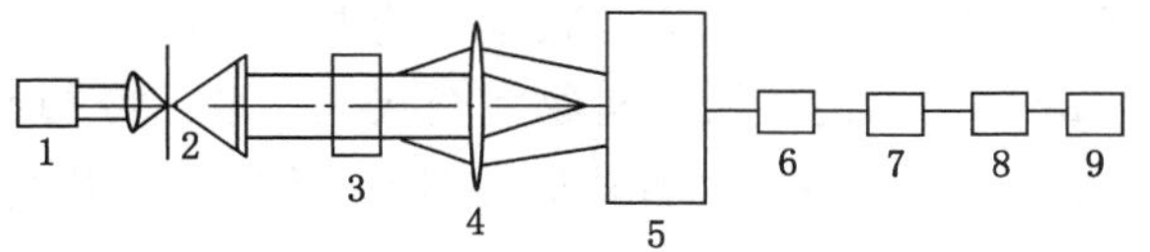

1—He-Ne 激光器；2—扩束系统；3—颗粒槽；4—聚焦透镜；5—光电检测器；
6—信号放大器；7—A/D 转换器；8—数据采集；9—计算机。

图 4-12　激光粒度仪工作原理示意图

激光衍射法在测量颗粒粒度方面具有测量速度快、测量范围广、测量精度高、重复性好、适用对象广、不受被测颗粒折射率的影响、适于在线测量等优点。值得注意的是，只有被测颗粒粒径大于激光光波波长才能处理成激光衍射。虽然现在激光衍射粒度仪能测定亚微米级颗粒粒度，但是由于存在多重衍射等问题，导致测量结果误差较大。

第五节　工作场所中粉尘的二氧化硅测定

工作场所中粉尘是产生职业性尘肺病的主要因素，其中最典型的是由石英粉尘引起的矽肺，其发病人数最多，具有发病工龄短、进展快、病死率高等特点，是危害最严重的一种职业性尘肺病。粉尘中游离二氧化硅是致人产生矽肺的病因，具有致纤维化作用，其含量的不同对人体的危害也不同。目前，游离二氧化硅含量检测方法的依据是《工作场所空气中粉尘测定 第 4 部分：游离二氧化硅含量》(GBZ/T 192.4—2007)。该部分包括了 3 种游离二氧化硅含量的检测方法：焦磷酸法、红外分光光度法和 X 射线衍射法。其中，红外分光光度法、X 射线衍射法为仪器分析法，焦磷酸法为化学分析法。焦磷酸重量法用来检测总粉尘和沉降尘中的游离二氧化硅含量，而红外分光法和 X 射线衍射法用来检测呼吸性粉尘中的游离二氧化硅含量。

一、焦磷酸重量法

焦磷酸重量法的主要原理是粉尘中的硅酸盐及金属氧化物能溶于加热到 245～250 ℃ 的焦磷酸中，游离二氧化硅基本不溶，从而实现分离；然后称量分离出的游离二氧化硅，计算其在粉尘中的含量。

1. 粉尘样品的采集

粉尘的现场采样按照《工作场所空气中有害物质监测的采样规范》(GBZ 159—2014)执行，需要的粉尘样品量一般应大于0.1 g，可用直径75 mm滤膜大流量采集空气中的粉尘，也可在采样点采集呼吸带高度的新鲜沉降尘，并记录采样方法和样品来源。

2. 测定步骤

将采集的粉尘样品放在105 ℃±3 ℃的烘箱内干燥2 h，稍冷，储存在干燥器中备用。如果粉尘粒子较大，需用玛瑙研钵研磨至手捻有滑感为止。在分析天平上准确称取0.1～0.2 g粉尘样品于25 mL锥形瓶中，加入15 mL焦磷酸摇动，使样品全部湿润。

将锥形瓶放在可调电炉上，迅速加热到245～250 ℃，同时用带有温度计的玻璃棒不断搅拌，保持15 min；若粉尘样品含有煤、其他碳素及有机物，应放在瓷坩埚或铂坩埚中，在800～900 ℃下灰化30 min以上，使碳及有机物完全灰化。取出冷却后，将残渣用焦磷酸洗入锥形瓶中，若含有硫化矿物(如黄铁矿、黄铜矿、辉铜矿等)，应加数毫克结晶硝酸铵于锥形瓶中。再按照前面加焦磷酸加热处理。

取下锥形瓶，在室温下冷却至40～50 ℃，加50～80 ℃的蒸馏水至40～45 mL，一边加蒸馏水、一边搅拌均匀。将锥形瓶中物质小心地移入烧杯，并用热蒸馏水冲洗温度计、玻璃棒和锥形瓶，洗液倒入烧杯中，加蒸馏水至150～200 mL。取慢速定量滤纸折叠成漏斗状，放于漏斗中并用蒸馏水湿润。将烧杯放在电炉上煮沸内容物，稍静置，待悬浮物略有沉降，趁热过滤，滤液不超过滤纸的2/3处。过滤后，用0.1 mol/L盐酸溶液洗涤烧杯，移入漏斗中，并将滤纸上的沉渣冲洗3～5次，再用热蒸馏水洗至无酸性反应为止(用pH试纸试验)。用铂坩埚时，用热蒸馏水洗至无磷酸根反应后再洗涤3次。上述过程应在当天完成。

首先将有沉渣的滤纸折叠数次，放入已称至恒量(m_1)的瓷坩埚中，在电炉上干燥、炭化，炭化时要加盖并留一小缝；然后放入高温电炉内，在800～900 ℃灰化30 min后取出，室温下稍冷后，放入干燥器中冷却1 h，在分析天平上称至恒量(m_2)，并记录。

粉尘中游离二氧化硅的含量为：

$$w=(m_2-m_1)/m\times 100 \tag{4-11}$$

式中：w为粉尘中游离二氧化硅含量，%；m_1为坩埚质量数值，g；m_2为坩埚加游离二氧化硅质量数值，g；m为粉尘样品质量数值，g。

3. 焦磷酸难溶物质的处理

若粉尘中含有焦磷酸难溶的物质时，如碳化硅、绿柱石、电气石、黄玉等，需用氢氟酸在铂坩埚中处理。具体方法如下：

将带有沉渣的滤纸放入铂坩埚内，按前面将其灼烧至恒量(m_2)，然后加入数滴9 mol/L硫酸溶液，使沉渣全部湿润。在通风柜内加入5～10 mL 40%氢氟酸，稍加热，使沉渣中游离二氧化硅溶解，继续加热至不冒白烟为止(防止沸腾)。再于900 ℃下灼烧，称至恒量(m_3)。氢氟酸处理后粉尘中游离二氧化硅含量为：

$$w=(m_2-m_3)/m\times 100 \tag{4-12}$$

式中：w为粉尘中游离二氧化硅的含量，%；m_2为氢氟酸处理前坩埚加游离二氧化硅和焦磷酸难溶物质的质量，g；m_3为氢氟酸处理后坩埚加焦磷酸难溶物质的质量，g；m为粉尘样品质量，g。

4. 注意事项

(1) 焦磷酸溶解硅酸盐时温度不得超过 250 ℃,否则容易形成胶状物。

(2) 酸与水混合时应缓慢并充分搅拌,避免形成胶状物。

(3) 样品中含有碳酸盐时,遇酸产生气泡,宜缓慢加热,以免样品溅失。

(4) 用氢氟酸处理时,必须在通风柜内操作,注意防止污染皮肤和吸入氢氟酸蒸气。

(5) 用铂坩埚处理样品时,过滤沉渣必须洗至无磷酸根反应,否则会损坏铂坩埚。检验磷酸根方法如下:

配置 pH=4.1 乙酸盐缓冲液(0.025 mol/L 乙酸钠溶液与 0.1 mol/L 乙酸溶液等体积混合)、1%抗坏血酸溶液(置于 4 ℃保存)、钼酸铵溶液(取 2.5 g 钼酸铵,溶于 100 mL 的 0.025 mol/L硫酸溶液),用试剂 1 分别将试剂 2 和 3 稀释 10 倍(临用时配制)。检验时取 1 mL样品处理的过滤液,加上述稀释试剂各 4.5 mL,混合均匀,放置 20 min,若有磷酸根离子,溶液呈蓝色。溶液变蓝色的原理是磷酸和钼酸铵在 pH=4.1 时,用抗坏血酸还原成蓝色。

二、红外分光光度法

红外分光光度法的原理为 α-石英在红外光谱中于 12.5 μm(800 cm^{-1})、12.8 μm(780 cm^{-1})及 14.4 μm(694 cm^{-1})处出现特异性强的吸收带,在一定范围内,其吸光度值与 α-石英质量呈线性关系。通过测量吸光度,进行定量测定。

1. 样品的采集

现场样品采集按 GBZ 159—2017 执行,总尘的采样方法按 GBZ/T 192.1—2007 执行,呼吸性粉尘的采样方法按 GBZ/T 192.2—2007 执行。滤膜上采集的粉尘量大于0.1 mg时,可直接用于本法测定游离二氧化硅含量。

2. 测定

(1) 样品的处理。样品的采集后用分析天平准确称量采样后滤膜上粉尘的质量(m)。然后放在瓷坩埚内,置于低温灰化炉或电阻炉(<600 ℃)内灰化,冷却后放入干燥器内待用。称取 250 mg 溴化钾和灰化后的粉尘样品一起放入玛瑙乳钵中研磨混匀后,连同压片模具一起放入干燥箱(110 ℃±5 ℃)中 10 min。将干燥后的混合样品置于压片模具中,加压 25 MPa,持续 3 min,制备出的锭片作为测定样品;同时,取空白滤膜一张,处理方法如前所述,制成样品空白锭片。

(2) 石英标准曲线的绘制。精确称取不同质量(0.01~1.00 mg)的标准 α-石英粉尘,分别加入 250 mg 溴化钾,置于玛瑙乳钵中充分研磨均匀,制成标准系列锭片。将标准系列锭片置于样品室光路中进行扫描,分别以 800 cm^{-1}、780 cm^{-1}和 694 cm^{-1}三处的吸光度值为纵坐标,以石英质量为横坐标,绘制三条不同波长的 α-石英标准曲线,并求出标准曲线的回归方程式。在无干扰的情况下,一般选用 800 cm^{-1}标准曲线进行定量分析。

(3) 样品测定。分别将样品锭片与样品空白锭片置于样品室光路中进行扫描,记录 800 cm^{-1}(694 cm^{-1})处的吸光度值,重复扫描测定三次,测定样品的吸光度均值减去样品空白的吸光度均值后,由 α-石英标准曲线得到样品中游离二氧化硅的含量。

3. 结果计算

粉尘中游离二氧化硅的含量为:

$$w = m_1/m \times 100 \tag{4-13}$$

式中：w 为粉尘中游离二氧化硅（α-石英）的含量，%；m_1 为测得的粉尘样品中游离二氧化硅的质量，mg；m 为粉尘样品的质量，mg。

4. 注意事项

（1）本法的 α-石英检出量为 0.01 mg；相对标准差（RSD）为 0.64%～1.41%。平均回收率为 96.0%～99.8%。

（2）由于粉尘粒度大小对测定结果有一定影响，因此样品和制作标准曲线的石英尘应充分研磨，使其粒度小于 5 μm 的占 95%以上，方可进行分析测定。

（3）灰化温度对煤矿尘样品定量结果有一定影响，若煤尘样品中含有大量高岭土成分，在高于 600 ℃灰化时发生分解，于 800 cm^{-1}附近产生干扰，如灰化温度小于 600 ℃时，可消除此干扰带。

（4）在粉尘中若含有黏土、云母、闪石、长石等成分时，可在 800 cm^{-1}附近产生干扰，则可用 694 cm^{-1}的标准曲线进行定量分析。

（5）为降低测量的随机误差，实验室温度应控制在 18～24 ℃，相对湿度小于 50%为宜。

（6）制备石英标准曲线样品的分析条件应与被测样品的条件完全一致，以减少误差。

三、X 射线衍射法

X 射线衍射法的原理是当 X 射线照射游离二氧化硅结晶时，将产生 X 射线的衍射线；在一定的条件下，衍射线的强度与被照射的游离二氧化硅的含量成正比。利用测量衍射线强度，对粉尘中游离二氧化硅进行定性测定和定量测定。

1. 样品的采集

根据测定目的，现场样品采集按 GBZ 159—2017 执行，总尘的采样方法按 GBZ/T 192.1—2007 执行，呼吸性粉尘的采样方法按 GBZ/T 192.2—2007 执行。滤膜上采集的粉尘量大于 0.1 mg时，可直接用于本法测定游离二氧化硅含量。

2. 测定步骤

（1）样品处理。准确称量采样后滤膜上粉尘的质量（m）。按旋转样架尺寸，将滤膜剪成待测样品 4～6 个。

（2）标准曲线。将高纯度的 α-石英晶体粉碎后，首先用盐酸溶液浸泡 2 h，除去铁等杂质，再用水洗净烘干；然后用玛瑙乳钵或玛瑙球磨机研磨，至粒度小于 10 μm 后，置于氢氧化钠溶液中浸泡 4 h，以除去石英表面的非晶形物质，用水充分冲洗，直到洗液呈中性（pH＝7），干燥备用。或用符合本条要求的市售标准 α-石英粉尘制备。将标准 α-石英粉尘在发尘室中发尘，用与工作场所采样相同的方法，将标准石英粉尘采集在已知质量的滤膜上，采集量控制在0.5～4.0 mg，在此范围内分别采集 5～6 个不同质量点，采尘后的滤膜称量后记下增量值，然后从每张滤膜上取 5 个标样，标样大小与旋转样台尺寸一致。在测定 α-石英粉尘标样之前，首先测定标准硅（111）面网上的衍射强度（CPS）；然后分别测定每个标样的衍射强度（CPS）。计算每个点 5 个 α-石英粉尘样的算术平均值，以衍射强度（CPS）均值对石英质量绘制标准曲线。

（3）样品测定

① 定性分析。在进行物相定量分析之前，首先对采集的样品进行定性分析，以确认样品中是否有 α-石英。将待测样品置于 X 射线衍射仪的样架上进行测定，将其衍射图谱与粉

末衍射标准联合委员会(JCPDS)卡片中的 α-石英图谱相比较，当其衍射图谱与 α-石英图谱相一致时，表明粉尘中 α-石英存在。

② 定量分析。X 射线衍射仪的测定条件与制作标准曲线的条件完全一致。首先测定样品(101)面网的衍射强度，然后测定标准硅(111)面网的衍射强度。测定结果按下式计算：

$$I_B = I_i \cdot I_s / I \tag{4-14}$$

式中：I_B 为粉尘中石英的衍射强度；I_i 为采尘滤膜上石英的衍射强度；I_s 为在制定石英标准曲线时，标准硅(111)面网的衍射强度；I 为在测定采尘滤膜上石英的衍射强度时，测得的标准硅(111)面网衍射强度。

如仪器配件没有配标准硅，可使用标准石英(101)面网的衍射强度(CPS)表示 I 值。由计算得到的 I_B 值，从标准曲线查出滤膜上粉尘中 α-石英的含量。

3. 结果计算

粉尘中游离二氧化硅(α-石英)的含量为：

$$w = m_1 / m \times 100 \tag{4-15}$$

式中：w 为粉尘中游离二氧化硅(α-石英)的含量，%；m_1 为滤膜上粉尘中游离二氧化硅(α-石英)的质量，mg；m 为粉尘样品的质量，mg。

4. 注意事项

本法测定的粉尘中游离二氧化硅指的是 α-石英，其检出限受仪器性能和被测物的结晶状态影响较大；一般 X 射线衍射仪中，当滤膜采尘量在 0.5 mg 时，α-石英的含量检出限可达 1%。

(1) 粉尘粒径大小影响衍射线的强度，粒径在 10 μm 以上时，衍射强度减弱。因此，制作标准曲线的粉尘粒径应与被测粉尘的粒径相一致。

(2) 单位面积上粉尘质量不同，石英的 X 射线衍射强度有很大差异。因此，滤膜上采尘量一般控制在 2～5 mg 范围内为宜。

(3) 当有与 α-石英衍射线相干扰的物质或影响 α-石英衍射强度的物质存在时，应根据实际情况进行校正。

第六节　粉尘的可燃性及爆炸性测定

一切可燃物的粉体都可以引起爆炸，主要有 7 类粉尘具有爆炸性：金属粉，如镁粉、铝粉；煤炭，如活性炭和煤；粮食，如面粉、淀粉；合成材料，如塑料、染料；饲料，如血粉、鱼粉；农副产品，如棉花、烟草；林产品，如纸粉、木粉等。粉尘经常存在于我们周围，但并不是随时随地都会爆炸，只有具备了某些条件，它们才处于危险状态，即：粉尘必须具有可燃性，还必须形成粉尘云，而且粉尘云被热源点燃。值得注意的是，在某些情况下，粉尘云的形成和粉尘云的燃烧可能成为如同瓦斯爆炸那样的初始爆炸。

一、粉尘的可燃性及爆炸性的影响参数

欧盟等标准化组织关于粉尘爆炸性参数的测定主要包括：粉尘云最低着火温度、粉尘层最低着火温度、粉尘云最小点火能、粉尘云爆炸下限、粉尘云最大爆炸压力、粉尘云最大爆炸压力上升速率、粉尘云最大爆炸指数、粉尘云极限氧体积分数和粉尘可燃性分类等。

1. 粉尘粒度

粉尘的燃烧性和爆炸性主要受粉尘粒度的影响，评价粉尘的爆炸性不给出粉尘的粒度指数实际上是无任何意义的。通常我们说粉尘越细，其爆炸可能性就越大，除某些超细粉尘以外，微米级粉尘实际上很易形成粗粒并且难于散开。同样，粒径小于 200 μm 的粉尘能发生爆炸也是可以被人们接受的。一般情况下，某些粉尘能够发生爆炸，甚至粒径较大的粉尘也能爆炸(如粉尘很易散开和由强点火源引起爆炸的情况下)。粉尘粒度的测量参考前面粉尘粒度分析仪、显微镜分析方法。

2. 点火温度

点火温度也是判断粉尘云着火特性的一个重要参数。它是在没有火焰、电火花等点火源的作用下，粉尘云在空气中被加热而引起燃烧、爆炸的最低温度。最低着火温度也受粉尘性质、试验条件的影响。该温度值也是工厂设备中不能超过的最高温度。因此，它是判断粉尘云着火敏感度的一个重要参数，也是工厂、矿山管理可燃粉尘的重要依据。

3. 最低点火能量

在最容易引燃粉尘的试验条件下，能引起粉尘云着火的最小能量被称为粉尘云最小着火能量。一般用电火花作为点火源，通过对其电量的计算而求得，通常又以电容器放电火花作为点火源者居多。当电容为 C_i 加放在电极上的电压为 V 时，放电能 E 可由下式计算：

$$E = \frac{1}{2} C_i V^2 \tag{4-16}$$

最小着火能量也受粉尘性质、试验条件的影响，测量点火能量最常用的仪器是阿尔特马恩型火花点火器。粉尘分散在垂直管里，用能量可调的电火花点燃粉尘。这样，人们就可以测出 5%的粉尘云着火应供给的能量，其能量可能为 5 mJ～1 J。实际上，我们是用这种仪器进行不同粉尘的分类，而在这方面的研究范围是很广泛的。

4. 粉尘云最大爆炸压力及压力上升速度

这是在耐压密闭容器内发生粉尘爆炸而产生的压力，通过压力传感器可以测到爆炸压力随时间的变化曲线，通常将这个压力-时间曲线的最大斜率称为最大压力上升速度。

爆炸压力随粉尘云浓度而变化，从爆炸下限起，随粉尘浓度增大而增高，在某一浓度时达到最大值，之后随粉尘云浓度增大而逐渐降低，在上限浓度时爆炸压力接近零。一般将测得的爆炸压力中的最大值称为最大爆炸压力，这时最大压力上升速度也达到最大值。因此，最大爆炸压力是判断粉尘爆炸猛烈程度的重要参数。

二、20 L 球爆炸测试装置

20 L 球爆炸测试装置和 1 m^3 爆炸测试装置都是国际上通用的爆炸性参数测试装置，主要测试可燃粉尘的爆炸下限、最大爆炸压力及最大爆炸压力上升速率、爆炸指数和极限氧体积分数等。如图 4-13 所示，该装置材质为 18 mm厚的不锈钢，底部是一个半径为 15 cm 的半球，上部为圆柱体，顶部有一个圆拱形盖子，所以整个装置为球、柱组合体。20 L 装置在侧壁上设有排气孔、观察孔及压力传感器等，

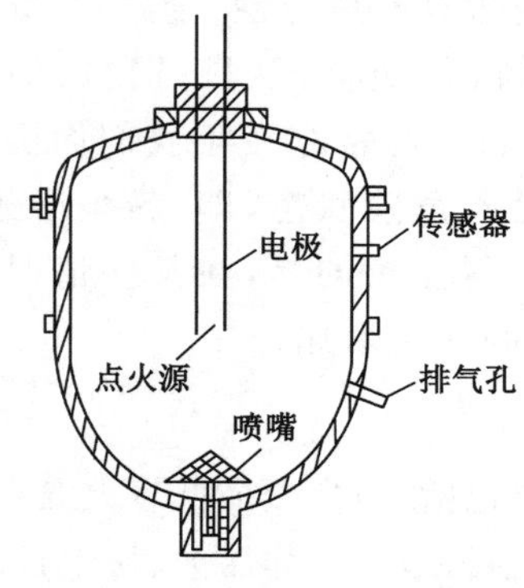

图 4-13　20 L 爆炸装置示意图

点火电极是用两根铜棒从顶盖中心孔插入容器至其几何中心，点火用的烟火点火器接在铜电极上，在爆炸腔底部装有一个分散粉尘用的锥形帽，通过此锥形帽可在爆炸腔内形成浓度均匀的粉尘云。

三、粉尘云着火温度测试装置

粉尘云最低着火温度的测试采用 IEC(国际电工委员会)提出的“粉尘云着火温度测试装置与方法”，如图 4-14 所示。

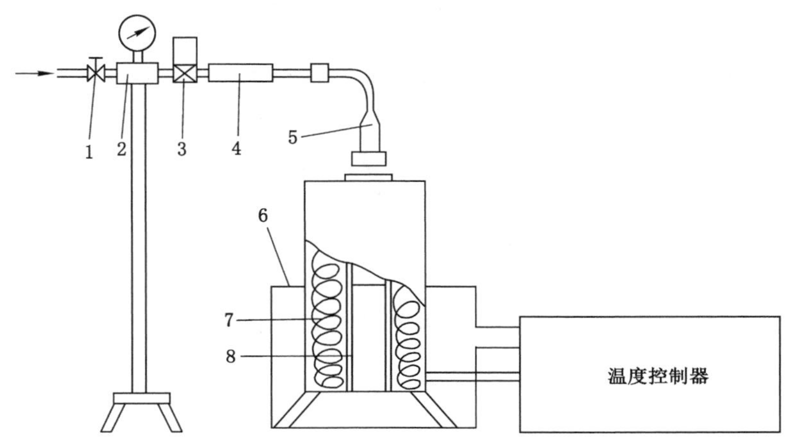

1—气源阀门；2—储气室；3—电磁阀；4—储粉室；5—玻璃转接头；6—热电偶；7—耐火材料；8—石英管。

图 4-14　粉尘云着火温度测试装置

该装置为下端开口的竖直石英管，炉管容积 0.23 L；上端通过玻璃转接头与装有粉尘的储粉室相连，储粉室依次与电磁阀、高压储气室和气源连接，石英管外侧绕的镍铬丝；中部装有热电偶，与温度控制器相连，进行炉温的控制及显示。

四、粉尘层着火温度的测试装置

粉尘层最低着火温度的测试采用 IEC 提出的“粉尘层着火温度测试装置与方法”，如图 4-15所示。

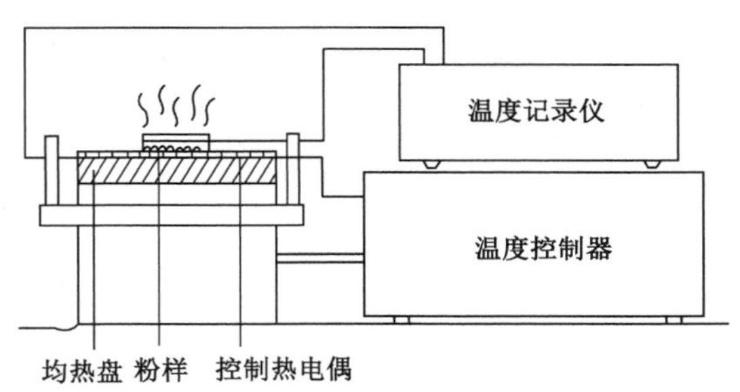

图 4-15　粉尘层着火温度的测定装置

在该系统中，加热装置为 1 500 W 的电加热炉，上面放置 1 个铜质均热盘，圆盘上放置 1 个 5 mm 厚的不锈钢圆环，圆环内盛放试样，有 2 只热电偶用于控制及显示圆盘与粉尘层接触表面温度，另有 1 只热电偶用于测试粉尘层内部温度，由 LM16 型温度记录仪记录，PDP 温度控制器控制均热盘温度。

复习思考题

1. 空气中呼吸性粉尘的浓度可按哪些公式进行计算？请简述式中各字母所代表数值的含义和单位。

2. 试述对工作场所空气中粉尘检测的过程中对国家职业卫生标准的应用。

3. 试述对工作场所空气的粉尘检测的过程中对采样现场的劳动卫生学调查。

4. 试述总粉尘浓度的测定与呼吸性粉尘浓度的测定二者的区别。

5. 试述你在粉尘检测技术工作中的经验、不足与体会。

6. 粉尘爆炸的特点有哪些？

7. 涉及粉尘爆炸危险企业现场检查注意的内容包括哪些？

8. 工作场所中哪些物质会发生粉尘爆炸？请对其进行归类。

第五章 工作场所空气中有毒有害物质的检测

第一节 有毒有害物质来源与分类

一、有毒有害物质来源

人类和生物赖以生存的环境要素之一是清洁的空气。据有关资料介绍，每人每日平均吸入 10～12 m^3 的空气在 60～90 m^3 的肺泡面积上进行气体交换，吸收生命所需要的氧气，用以维持人体正常的生理活动。所以有毒有害物质进入工作场所的空气中，就直接危害劳动者的身体健康。

工作场所有毒有害物质主要来源于 3 个方面：容器、管道及生产设备的泄漏；工作场所散发的原料及生成物；工矿企业排放的污染物。

在工矿企业使用或生产的化学品中，有许多是气体、在室温下可蒸发的液体或可转化成气态的物质，其中很多是有毒有害物质。在储存、输送和使用过程中，有时会泄漏到工作场所的空气中，如一氧化碳、苯系物等。通常是设备存在轻微缺陷造成的，其泄漏量比较少，但对人的危害依然存在。

在矿山、隧道挖掘过程中和在物料粉碎过程中以及在粉状物料使用过程中，都会产生大量粉尘，尤其是颗粒细小的可吸入粉尘对呼吸系统危害很大。有些生产过程中也散发有毒有害的气体，如人造胶合板材热压黏合过程中，尿醛胶散发大量的甲醛；生产箱包、鞋、胶带过程中，黏合剂中的有机溶剂（如苯、甲苯、己烷等）逸散出，彩印业使用的油墨中的有机溶剂，这些有毒气体直接进入工作区，有些工种，如木料加工、建筑石材加工，会产生高强度的噪声；在金属冶炼、砖瓦烧制岗位的热辐射；某些地区的矿山、石料开采地的放射性元素的有害射线。这些工作岗位都产生对劳动者有害的物质。

有些岗位虽无对人体有害的因素，但有时也会受其他工序的危害。企业向大气排放的污染物，不仅对大气环境造成污染，同时也会对本企业的人员造成危害。

二、空气中有毒有害物质的分类

有毒有害物质在工作环境中可细分为粉尘、烟尘、气体、蒸气和气溶胶。

粉尘：直径大于 0.1 μm 的固体颗粒多为固体物质在机械粉碎、研磨、打砂、钻孔时形成。

烟尘：烟尘是悬浮于空气中直径小于 0.1 μm 的固体颗粒，是某些金属在高温下融化时产生的蒸气散到空气中，在空气中氧化凝聚而成。

雾：雾为悬浮于空气中的液体微滴，如酸雾；或者由液体喷发而成，如喷漆作业中的含苯漆雾、喷洒农药时的药液雾等。

气体：在常温常压下，某些污染物以气体状态分散在空气中，常见的气体污染物有一氧化碳、二氯化碳、氮氧化物、氟化氢等。

蒸气:某些污染物在常温常压下是液体或固体,但由于其沸点成熔点低,易挥发或具有升华性质,因而以蒸气状态存在于空气中,如苯、甲苯、汞蒸气、碘蒸气等。

气体或蒸气以分子状态分散于空气中,它们的运动速度较大,在空气中分布比较均匀。其扩散情况与相对密度有关,相对密度小的向上漂浮,相对密度大的向下沉降。这类污染物受气温和气流的影响,可以传输到很远的地方,所以受害人群不一定局限于现场工作人员。

气溶胶:悬浮在空气中的固态或液态颗粒与空气组成的多相分散体系称为气溶胶。气溶胶由于粒度大小不同,物理性质差异很大。微小颗粒像气体分子一样扩散,受布朗运动所支配,它们聚合成较大的颗粒,较大的颗粒则受重力影响,易沉降。

有毒有害物质在空气中存在的物理状态分为气、固、液 3 种,根据存在方式的不同,其分类如下:

(一) 有毒有害气体

有毒有害气体就是可能对人类生命和财产造成危害的气体,通常将有毒有害气体分为可燃气体和有毒气体两大类,广泛存在于石油化工、煤矿、钢铁冶金、造纸、生物制药、水处理、农药、烟草、食品、半导体、船舶等行业,由于它们性质和危害不同,其检测手段也有所不同。

1. 可燃气体

可燃气体是在石油化工、化工以及煤矿等行业随时可能遇到的有害气体。它主要是烷烃等有机气体和某些无机气体,如甲烷(瓦斯)、丙烷等以及苯、一氧化碳、氨气等其他有机、无机气体,与空气(氧气)在一定的浓度范围内均匀混合形成预混气体。可燃气体遇到火源会发生爆炸,燃烧过程会释放大量能量。

常见的可燃液体分类有:

(1) 按照国家标准《危险货物分类和品名编号》(GB 6944—2012)分类,将可燃液体分为 3 类:

① 低闪点液体:闪点<−18 ℃,如乙醚(闪点−45 ℃)、乙醛(闪点−38 ℃)等。

② 中闪点液体:−18 ℃≤闪点<23 ℃,如苯(闪点−11 ℃)、乙醇(闪点 12 ℃)等。

③ 高闪点液体:23 ℃≤闪点<61 ℃,如丁醇(闪点 35 ℃)、氯苯(闪点 28 ℃)等。

(2) 根据国家标准 2018 年版《建筑设计防火规范》(GB 50016—2014)分类,将可燃液体的火灾危险性分为 3 类(包括生产性物质和储存物质):

① 甲类:闪点<28 ℃。

② 乙类:28 ℃≤闪点<60 ℃。

③ 丙类:闪点≥60 ℃。

(3) 按化学组成分类:

① 烃类包括链烃和环烃,碳的个数为 5～10 个,如辛烷、壬烷等。

② 芳香烃苯及其衍生物,如乙苯、丙苯等。

③ 卤代烃烃类及芳香烃类分子中氢原子被卤素原子置换的产物,如 1,2-氯乙烷、氯苯等。

④ 烃的含氧化合物可分为:醛类(如戊醛、己醛等);醇类(如甲醇、乙醇等);酚类(如苯酚等);酮类(如丙酮、丁酮等);醚类(如乙醚、乙丙醚等);酯类(如乙酸乙酯、乙酸丁酯等)。

⑤ 腈类，如丙烯腈。

⑥ 胺类，此类物品分子中含有氨基，如苯胺等。

⑦ 烃的含硫化合物，如二硫化碳等。

⑧ 杂环化学物，如杂苯等。

⑨ 肼类与某些重氮类肼。

⑩ 有机硅类，主要是低级有机硅化合物，如硅烷等。

⑩ 含易燃液体的制品，如油漆、黏结剂等。

可燃性气体的爆炸极限为标准来确定测量指标。可燃气体发生爆炸必须具备一定的条件：一定浓度的可燃气体、一定量的氧气以及足够热量点燃它们的火源，即爆炸“三要素”，三者缺一不可。对生产环境常见的可燃性气体进行安全监测时，以可燃性气体浓度为检测对象，以可燃性气体的爆炸极限为标准，确定测量与报警指标。

对生产环境常见的可燃性气体进行安全监测时，以可燃性气体浓度为检测对象，以可燃性气体的爆炸极限为标准，确定测量与报警指标。

2. 有毒气体

有毒气体既可以存在于生产原料中，如大多数的有机化学物质（VOC），也可能存在于生产过程的各个环节的副产品中，如氨气、一氧化碳、硫化氢等可燃性气体和有毒气体，有毒气体主要包括刺激性气体和窒息性气体。

窒息性气体是导致人体缺氧而窒息的气体。根据其对人体的作用不同，可以分为两类：一类呈单纯性窒息性气体，其本身无毒，但由于它们存在对氧气的排斥而造成缺氧，人们在缺氧的环境中造成窒息，如氮气、甲烷、二氧化碳；另一类是化学性窒息性气体，其主要危害是对血液或组织产生特殊的化学作用，使氧的运送和组织利用氧的功能发生障碍，造成全身组织细胞无法利用氧气致缺氧，它是化学工业常遇到的有毒气体。

刺激性气体平时主要是由于冶炼、造纸、印染、橡胶、塑料等工业生产中泄漏而危及人群。刺激性气体也存在于被污染的日常生活环境或工作场所中（如冶炼厂、下水道、肉类加工厂、地窖及垃圾焚烧厂等）。刺激性气体中毒常为群体中毒，危害极大，重者导致快速死亡。刺激性气体的种类甚多，最常见的有氯、氨、氮氧化物、光气、氟化氢、二氧化硫、三氧化硫和硫酸二甲酯等。刺激性气体是通过直接刺激皮肤、黏膜、眼睛、呼吸道等而造成对人体的伤害的气体，在战时常被作为化学武器。

刺激性气体多呈黄褐色、棕红色或深蓝色，常有霉变的干草或腐烂苹果味，如氨或氯有辛辣臭味。刺激性气体多以气体或烟雾的形式弥散在空气中，按其性质可分为酸、光气、醛、醚等几类。按其在水中的溶解度和分子颗粒的大小又可分为高水溶性大颗粒有害气体（如氯气、氨气、二氧化硫等）和低水溶性小颗粒有害气体（如氮氧化物、光气、羟基镍等）。

在工业生产过程中进行有毒气体监测时，以有毒气体浓度为检测对象，并以有毒气体的最高允许浓度为标准，确定监测与报警指标。我国采用最高允许浓度作为卫生标准，除最高允许浓度（MAC）外，有毒气体还有以 TLV 作为卫生标准。TLV 即阈限值，是指空气中有毒物质的浓度。在该浓度以下，现场工作人员每日重复接触不会产生有害影响。

（二）空气中有毒重金属物质

金属具有光泽和延展性，兼有良好的导电性和导热性。所谓有毒重金属，是指那些对人体来说非必须而又有害的重金属元素以及其化合物。它们在人体中即使只有少量存在，有时也会对正常的代谢作用产生某种灾难性影响。工作场所空气中污染物可分为生产性重金属毒物和生产性重金属粉尘两大类：生产性重金属毒物的来源是指在生产过程中形成的可能对人体产生有害影响的重金属物质，主要以气体、蒸气、烟、雾形态存在于生产环境中；生产性重金属毒物来源有多种形式，可来自原料、中间产品、辅助材料、成品、夹杂物、副产品或废弃物，工作场所空气中 Cd 主要以 Cd 尘和 Cd 化合物存在，Zn 主要以气溶胶及 Zn 化合物存在，Cu 主要以 Cu 烟和 Cu 尘存在，Co 主要以气溶胶及 Co 化合物存在，Pb 主要以 Pb 尘、Pb 烟和 PbS 等化合物存在，Ni 主要以气溶胶及 Ni 化合物存在。《职业病分类和目录》列出了职业病的致病源，重金属及其化合物是导致职业病的病源。工作场所中气体颗粒物中的重金属是职业病的致病源之一。《金属烟热诊断标准》(GBZ 48—2002)规定了金属烟热是因吸入新生的金属氧化物烟所引起的典型性骤起体温升高和血液白细胞数增多等为主要表现的全身性疾病。铜、银、镉、铅、砷等重金属矿物在冶炼和铸造过程中产生的金属氧化物烟是职业病的主要诱因之一。

第二节　空气中有毒有害物质的检测标准

为了保护环境，保障人的身体健康，保证安全生产和预防火灾爆炸事故发生，必须首先确定生产和生活环境中有毒有害物质的最高允许浓度的阈限值，以便通过应用各种类型的测量仪器、仪表对这些气体进行检测；然后通过检测了解生产环境的火灾危险程度和有毒气体的恶劣程度，以便采取措施或通过自动监测系统实现对生产、生活环境的监控。

为保证从业人员的职业安全，需要空气中有毒有害物质进行检测，有毒有害物质的监测标准由各种有害气体的环境卫生标准来确定。

一、有毒物质的危害程度分级

有毒物质的危害程度分级是根据《职业性接触毒物危害程度分级》(GBZ 230—2010)的职业性接触毒物危害程度分级依据进行计算。危害程度分级是依据急性毒性、影响毒性作用的因素、毒性效应和实际危害后果 4 大类，分成急性毒性、扩散性、蓄积性、致癌性、生殖毒性、致敏性、刺激与腐蚀性、实际危害后果与预后 9 项指标为基础的定级标准。进行综合分析、计算毒物危害指数确定。每项指标均按照危害程度分 5 个等级并赋予相应分值(轻微危害：0 分；轻度危害：1 分；中度危害：2 分；高度危害：3 分；极度危害：4 分)，我国政府已将国家产业政策中禁止使用名单的物质直接列为极度危害。列入限制使用(含贸易限制)名单的物质，毒物危害指数低于高度危害分级的，直接列为高度危害；毒物危害指数在极度或高度危害范围内的，依据毒物危害指数进行分级；同时，根据各项指标对职业危害影响作用的大小赋予相应的权重系数。依据各项指标加权分值的总和，即毒物危害指数确定职业性接触毒物危害程度的级别，见表 5-1。

表 5-1　职业性接触毒物危害程度分级和评分依据

分项指标		极度危害	高度危害	中度危害	轻度危害	轻微危害	权重系数
积分值		4	3	2	1	0	
急性吸入 LC_{50}	气体 $/(m^3 \cdot m^{-2})$	<100	[100,500)	[500,2 500)	[2 500,20 000)	≥20 000	5
	蒸气 $/(mg \cdot m^{-3})$	<500	[500,2 000)	[2 000,10 000)	[10 000,20 000)	≥20 000	
	粉尘和烟雾 $/(mg \cdot m^{-3})$	<50	[50,500)	[500,1 000)	[1 000,5 000)	≥5 000	
急性经口 LD_{50} $/(mg \cdot kg^{-1})$		<5	[5,50)	[50,300)	[300,2 000)	≥2 000	
急性经皮 LD_{50} $/(mg \cdot kg^{-1})$		<50	[50,200)	[200,1 000)	[1 000,2 000)	≥2 000	1
刺激与腐蚀性		pH≤2 或 pH≥11.5；腐蚀作用或不可逆损伤作用	强烈刺激作用	中等刺激作用	轻度刺激作用	无刺激作用	2
致敏性		有证据表明，该物质能引起人类特定的呼吸系统致敏或重要脏器的变态反应性损伤	有证据表明，该物质能导致人类过敏	动物试验证据充分，但无人类相关证据	现有动物试验证据不能对该物质的致敏性做出结论	无致敏性	2
生殖毒性		明确的人类生殖毒性：已确定对人类的生殖能力、生育或发育造成有害效应的毒物，人类母体接触后可引起子代先天性缺陷	推定的人类生殖毒性：动物试验生殖毒性明确，但对人类生殖毒性作用尚未确定因果关系，推定对人的生殖能力或发育产生有害影响	可疑的人类生殖毒性：动物试验生殖毒性明确，但无人类生殖毒性资料	人类生殖毒性未定论：现有证据或资料不足以对毒物的生殖毒性做出结论	无人类生殖毒性：动物试验阴性，人群调查结果未发现生殖毒性	3
致癌性		Ⅰ组，人类致癌物	ⅡA 组，近似人类致癌物	ⅡB 组，可能人类致癌物	Ⅲ组，未归入人类致癌物	Ⅳ组，非人类致癌物	4
实际危害后果与预后		职业中毒病死率≥10	职业中毒病死率<10%；或致残（不可逆损害）	器质性损害（可逆性重要脏器损害），脱离接触后可治愈	仅有接触反应	无危害后果	5

表 5-1(续)

分项指标	极度危害	高度危害	中度危害	轻度危害	轻微危害	权重系数
扩散性(常温或工业使用时状态)	气态	液态,挥发性高(50 ℃≤沸点<150 ℃);固态,扩散性极高(使用时形成烟或烟尘)。	液态,挥发性中(50 ℃≤沸点,<150 ℃);固态,扩散性高(细微而轻的粉末,使用时可见尘雾形成,并在空气中停留数分钟以上)	液态,挥发性低(沸点≥150 ℃);固态,晶体、粒状固体、扩散性中,使用时能见到粉尘但很快落下,使用后粉尘留在表面	固态,扩散性低(不会破碎的固体小球(块),使用时几乎不产生粉尘)	3
蓄积性(或生物半减期)	蓄积系数(动物实验,下同)<1;生物半减期≥4 000 h	1≤蓄积系数<3;400 h≤生物半减期<4 000 h	3≤蓄积系数<5;400 h≤生物半减期<400 h	蓄积系数>5;4 h≤生物半减期<40 h	生物半减期<4 h	1

注 1:急性毒性分级指标以急性吸入毒性和急性经皮毒性为分级依据。无急性吸入毒性数据的物质,参照急性经口毒性分级。无急性经皮毒性数据,且不经皮吸收的物质,按轻微危害分级;无急性经皮毒性数据,但可经皮肤吸收的物质,参照急性吸入毒性分级。

注 2:强、中、轻和无刺激作用的分级依据 GB/T 21604 和 GD/T 21609。

注 3:缺乏蓄积性、致癌性、致敏性、生殖毒性分级有关数据的物质的分项指标暂按极度危害赋分。

注 4:工业使用在 5 年内的新化学品,无实际危害后果资料的,该分项指标暂按极度危害赋分:工业使用在五年以上的物质,无实际危害后果资料的,该分项指标按轻微危害赋分。

注 5:一般液态物质的吸入毒性按蒸气类划分。

危险程度的分为轻度危害(Ⅳ级)、中度危害(Ⅲ级)、高度危害(Ⅱ级)和极度危害(Ⅰ级)4 个等级。毒物危害指数 THI 计算公式:

$$\mathrm{THI}=\sum_{i=1}^{n}(k_i \cdot F_i) \tag{5-1}$$

式中:THI 为毒物危害指数;k_i 为分项指标权重系数;F_i 为分项指标积分值。

毒物危害指数是影响毒物危害程度各项指标的综合加权积分值,综合反映职业性接触毒物对劳动者健康危害程度的可能性,不能理解为职业性接触毒物的实际危害程度。危害程度的分级范围根据毒物危害指数值的大小,具体如下:

轻度危害(Ⅳ级):THI<35;

中度危害(Ⅲ级):35≤THI<50;

高度危害(Ⅱ级):50≤THI<65;

极度危害(Ⅰ级):THI≥65。

二、工作场所有害因素职业接触限值

职业性有害因素的接触限制量值是指劳动者在职业活动过程中长期反复接触,对绝大多数接触者的健康不引起有害作用的容许接触水平，是职业性有害因素接触限的量值。

1. 化学有害因素

化学有害因素包括工作场所存在或产生的化学物质、粉尘及生物因素。

2. 职业接触

劳动者在职业活动中通过呼吸道、皮肤黏膜等与职业性有害因素之间接触的过程。

3. 不良健康效应

机体因接触职业性有害因素而产生或出现的有害健康效应或毒作用效应。只有达到一定水平的接触，即过量的接触才会引起健康损害。

4. 临界不良健康效应

用于确定某种职业性有害因素容许接触浓度大小，即职业接触限值时所依据的不良健康效应。

5. 职业接触限值

劳动者在职业活动过程中长期反复接触某种或多种职业性有害因素，不会引起绝大多数接触者不良健康效应的容许接触水平。化学有害因素的职业接触限值分为时间加权平均容许浓度、短时间接触容许浓度和最高容许浓度 3 类。

6. 时间加权平均容许浓度

以时间为权数规定的 8 h 工作日、40 h 工作周的平均容许接触浓度。

7. 短时间接触容许浓度

在实际测得的 8 h 工作日、40 h 工作周平均接触浓度遵守 PC-TWA 的前提下，容许劳动者短时间(15 min) 接触的加权平均浓度。

8. 最高容许浓度

在一个工作日内，任何时间、工作地点的化学有害因素均不应超过的浓度。

9. 峰接触浓度

在最短的可分析的时间段内(不超过 15 min)确定的空气中特定物质的最大或峰值浓度。对于接触具有 PC-TWA 但尚未制定 PC-STEL 的化学有害因素，应使用峰接触浓度控制短时间的接触。在遵守 PC-TWA 的前提下，容许在一个工作日内发生的任何一次短时间(15 min)超出 PC-TWA 水平的最大接触浓度。

10. 接触水平

应用标准检测方法检测得到的劳动者在职业活动中特定时间段内实际接触工作场所职业性有害因素的浓度或强度。

11. 职业接触限值比值

劳动者接触某种职业性有害因素的实际接触水平与该因素相应职业接触限值的比值。

当劳动者接触两种以上化学有害因素时，每一种化学有害因素的实际测量值与其对应职业接触限值的比值之和，称为混合接触比值。

12. 行动水平

劳动者实际接触化学有害因素的水平已经达到需要用人单位采取职业接触监测、职业健康监护、职业卫生培训、职业病危害告知等控制措施或行动的水平，也称为管理水平或管理浓度。化学有害因素的行动水平，根据工作场所环境、接触的有害因素的不同而有所不同，一般为该因素容许浓度的 1/2。

13. 生物监测

系统地对劳动者的血液、尿等生物材料中的化学物质或其代谢产物的含量(浓度)或由其所致的无害生物效应水平进行的系统监测,目的是评价劳动者接触化学有害因素的程度及其可能的健康影响。

14. 生物接触限值

针对劳动者生物材料中的化学物质或其代谢产物、或引起的生物效应等推荐的最高容许量值,也是评估生物监测结果的指导值。每周 5 d 工作、每天 8 h 接触,当生物监测值在其推荐值范围以内时,绝大多数的劳动者将不会受到不良的健康影响,又称生物接触指数(biological exposure indices,BEIs)或生物限值(biological limit values,BLVs)。

三、工作场所的有毒作业分级

劳动者因从事职业活动而需要经常或定时在有毒有害场所停留,为了保护好作业人员在有毒有害作业场所的职业健康,加强有毒作业场所管理,规范有毒作业场所分级,如《有毒作业场所危害程度分级》(AQ/T 4208—2010)中规定了从事有毒作业危害条件分级的技术规则。少量的有毒物质进入肌体后,能与肌体组织发生化学或物理化学作用,破坏正常生理功能,引起肌体暂时的或长期的病理状态。劳动者进行有毒作业的场所叫作有毒作业场所。

有毒作业场所危害程度分级采用作业场所毒物浓度超标倍数作为分级指标,用 B 表示,包括时间加权平均浓度超标倍数(BTWA)、短时间接触浓度超标倍数(BSTEL)和最高浓度超标倍数(BMC),由 4 个指标决定:时间加权平均浓度(TWA)、短时间接触浓度(STEL)、最高浓度(MC)和职业接触限值(OELs)。其中,时间加权平均浓度(TWA)为作业场所中测定的以时间为权数 8 h 工作日、40 h 工作周的毒物平均接触浓度值;短时间接触浓度(STEL)为作业场所中测定的毒物在其最高浓度时间段内的短时间(15 min)接触浓度值;最高浓度(MC) 为作业场所中毒物在一个工作日(8 h)测定过程中出现的具有代表性的最高瞬间浓度值。在 GBZ 2.1—2007 中规定了工作场所空气中 339 种化学物质的时间加权平均容许浓度、短时间接触容许浓度 、最高容许浓度的职业接触限值。

对只存在一种毒物的作业场所,作业场所中毒物的浓度超标倍数为:

$$B = \frac{M}{M_r} - 1 \tag{5-3}$$

式中:M 为作业场所实际测定的毒物浓度值,mg/m^3;M_r 为作业场所毒物的职业接触限值,mg/m^3。

对存在多种毒物的作业场所,当这些毒物共同作用于同一器官、系统,或者具有相似的毒性作用(如刺激作用等),或者已知这些毒物可产生相加作用时,作业场所中毒物的浓度超标倍数按式(5-4)进行计算;若非以上情况,分别计算每种毒物的浓度超标倍数值,并取其最大值作为该作业场所的毒物浓度超标倍数值。

$$B = \left(\frac{M_1}{M_{1,r}} + \frac{M_2}{M_{2,r}} + \cdots + \frac{M_N}{M_{N,r}}\right) - 1 \tag{5-4}$$

式中:$M_1, M_2, \cdots, M_N$ 为作业场所实际测定的各种毒物浓度值,mg/m^3;$M_{1,r}, M_{2,r}, \cdots, M_{N,r}$ 为各种毒物相应的职业接触限值,mg/m^3。

最后根据作业场所的有毒作业场所的实际分级指数 BTWA、BSTEL 和 BMC 的值取其中最高的级别作为该有毒作业场所危害程度级别,危害程度划分为 3 级:0 级、Ⅰ级和Ⅱ级,根据 GBZ 2.1—2007 对工作场所空气中化学物质容许浓度的要求，对照采用分别按照表 5-2 分别进行分级。其中，0 级表示有毒作业场所危害程度达到标准的要求，Ⅰ级表示超过标准的要求，Ⅱ级表示严重超过标准的要求。

表 5-2　危害程度分级方法表

B 值的范围	级别	备注
$B \leqslant 0$	0 级	达标
$0 < B \leqslant 3$	Ⅰ级	超标
$B > 3$	Ⅱ级	严重超标

四、工作场所空气中有害物质监测的采样规范

1. 职业接触限值为最高容许浓度的有害物质的采样

用定点的、短时间采样方法进行采样；选定有代表性的、空气中有害物质浓度最高的工作地点作为重点采样点；将空气收集器的进气口尽量安装在劳动者工作时的呼吸带；在空气中有害物质浓度最高的时段进行采样；采样时间一般不超过 15 min；当劳动者实际接触时间不足 15 min 时，按实际接触时间进行采样。空气中有害物质浓度为：

$$C_{\mathrm{MAC}} = \frac{CV_{\mathrm{x}}}{Ft} \tag{5-5}$$

式中：C_{MAC} 为空气中有害物质的浓度，mg/m^3；C 为测得样品溶液中有害物质的浓度，μg/mL；V_{x} 为样品溶液体积，mL；F 为采样流量，L/min；t 为采样时间，min。

2. 职业接触限值为短时间接触容许浓度的有害物质的采样

用定点的、短时间采样方法进行采样；选定有代表性的、空气中有害物质浓度最高的工作地点作为重点采样点；将空气收集器的进气口尽量安装在劳动者工作时的呼吸带；在空气中有害物质浓度最高的时段进行采样；采样时间一般为 15 min；采样时间不足 15 min 时，可进行 1 次以上的采样；空气中有害物质 15 min 时间加权平均浓度的计算，采样时间为 15 min时，则：

$$\mathrm{STEL} = \frac{CV_{\mathrm{x}}}{15F} \tag{5-6}$$

式中：STEL 为短时间接触浓度，mg/m^3；C 为测得样品溶液中有害物质的浓度，μg/mL；V_{x} 为样品溶液体积，mL；F 为采样流量，L/min。

采样时间不足 15 min，进行 1 次以上采样时，按 15 min 时间加权平均浓度计算：

$$\mathrm{STEL} = (C_1T_1 + C_2T_2 + \cdots + C_nT_n)/15 \tag{5-7}$$

式中：STEL 为短时间接触浓度，mg/m^3；$C_1, C_2, \cdots, C_n$ 为测得空气中有害物质浓度，mg/m^3；T_1, T_2, T_n 分别为劳动者在相应的有害物质浓度下的工作时间，min；15 为短时间接触容许浓度规定的时间。

劳动者接触时间不足 15 min 时，按 15 min 计算，则加权平均浓度为：

$$\mathrm{STEL} = C_{\mathrm{a}}T/15 \tag{5-8}$$

式中：STEL 为短时间接触浓度，mg/m^3；C_{a} 为测得空气中有害物质浓度，mg/m^3；T 为劳动者在相应的有害物质浓度下的工作时间，min；15 为短时间接触容许浓度规定的时间。

3. 职业接触限值为时间加权平均容许浓度的有害物质的采样

根据工作场所空气中有害物质浓度的存在状况，或着采样仪器的操作性能，可选择个体采样或定点采样，长时间采样或短时间采样方法。以个体采样和长时间采样为主。

(1) 采用个体采样方法的采样。一般采用长时间采样方法，选择有代表性的、接触空气中有害物质浓度最高的劳动者作为重点采样对象，按照前面确定采样对象的数目，将个体采样仪器的空气收集器佩戴在采样对象的前胸上部，进气口尽量接近呼吸带，采样仪器能够满足全工作日连续一次性采样时，空气中有害物质 8 h 时间加权平均浓度为：

$$\mathrm{TWA} = CV_x \times 1\,000/(F \times 480) \tag{5-9}$$

式中：TWA 为空气中有害物质 8 h 时间加权平均浓度，mg/m^3；C 为测得的样品溶液中有害物质的浓度，g/mL；V_x 为样品溶液的总体积，mL；F 为采样流量，mL/min；480 为时间加权平均容许浓度规定的时间，以 8 h 计，min。

采样仪器不能满足全工作日连续一次性采样时，可根据采样仪器的操作时间，在全工作日内进行 2 次或 2 次以上的采样。空气中有害物质 8 h 时间加权平均浓度为：

$$\mathrm{TWA} = \frac{C_1T_1 + C_2T_2 + C_3T_3 + \cdots + C_nT_n}{8} \tag{5-10}$$

式中：TWA 为空气中有害物质 8 h 时间加权平均浓度，mg/m^3；C_1，C_2，…，C_n 为测得空气中有害物质浓度，mg/m^3；T_1，T_2，…，T_n 为劳动者在相应的有害物质浓度下的工作时间，h。

(2) 采用定点采样方法的采样。劳动者在一个工作地点工作时采样，可采用长时间采样方法或短时间采样方法采样。用长时间采样方法的采样：选定有代表性的、空气中有害物质浓度最高的工作地点作为重点采样点；将空气收集器的进气口尽量安装在劳动者工作时的呼吸带；采样仪器能够满足全工作日连续一次性采样时，空气中有害物质 8 h 时间加权平均浓度按式(5-9)计算；采样仪器不能满足全工作日连续一次性采样时，可根据采样仪器的操作时间，在全工作日内进行两次或两次以上的采样，空气中有害物质 8 h 时间加权平均浓度按式(5-10)计算。用短时间采样方法的采样：选定有代表性的、空气中有害物质浓度最高的工作地点作为重点采样点；将空气收集器的进气口尽量安装在劳动者工作时的呼吸带；在空气中有害物质不同浓度的时段分别进行采样；并记录每个时段劳动者的工作时间；每次采样时间一般为 15 min；空气中有害物质 8 h 时间加权平均浓度按式(5-10)计算。

劳动者在一个以上工作地点工作或移动工作时采样，在劳动者的每个工作地点或移动范围内设立采样点，分别进行采样；并记录每个采样点劳动者的工作时间；在每个采样点，应在劳动者工作时，空气中有害物质浓度最高的时段进行采样；将空气收集器的进气口尽量安装在劳动者工作时的呼吸带；每次采样时间一般为 15 min；空气中有害物质 8 h 时间加权平均浓度按式(5-10)计算。

第三节 常见的可燃性气体和有毒气体的测定

在工业生产环境中，可燃性气体或有毒气体引起的工业事故主要有：由可燃性气体引起的燃烧、爆炸事故，由有毒气体引起的急性或慢性中毒事故，由于缺氧引起的缺氧窒息事故。为了防止这些事故的发生，除了其他措施之外，对一氧化碳、硫化氢、二氧化硫、一氧化氮、二氧化氮、氟化氢、氰化氢、氨气等可燃气体、有毒气体和氧气进行及时检测是十分重要的。

一、二氧化硫的检测

二氧化硫浓度为 $10 \sim 15 \times 10^{-6}$ 时，呼吸道纤毛运动和黏膜的分泌功能均能受到抑制。浓度达到 20×10^{-6} 时，易引起咳嗽并刺激眼睛。若每天吸入浓度为 100×10^{-6} 的二氧化硫 8 h，支气管和肺部出现明显的刺激症状，使肺组织受损。浓度达到 400×10^{-6} 时，可使人产生呼吸困难。大气中的二氧化硫主要是由含硫燃料燃烧和生产工艺过程中采用含硫原料所产生的。原油、煤以及铁、铜、铅、锌、铝矿石等许多原料中都含有硫。煤和油等含硫燃料的燃烧、原油的炼制、金属矿石的冶炼等过程中，燃料和工业原料中的硫与氧结合，生成二氧化硫气体，排放到大气中，达到一定的量时，会产生二氧化硫污染。《环境空气-二氧化硫的测定甲醛吸收-副玫瑰苯胺分光光度法》(HJ 482—2009)中用甲醛吸收-副玫瑰苯胺分光光度法来测定车间中二氧化硫，《环境空气-二氧化硫的测定-四氯汞盐吸收-副玫瑰苯胺分光光度法》(HJ 483—2009)用四氯汞盐吸收-副玫瑰苯胺分光光度法来测定车间中二氧化硫，另外还有溶液电导率法、紫外荧光法、火焰原子吸收光谱法等。

1. 甲醛缓冲液-盐酸副玫瑰苯胺分光光度法

(1) 原理。HJ 482—2009 中规定二氧化硫的测定方法为甲醛吸收——副玫瑰苯胺分光光度法，二氧化硫被甲醛缓冲溶液吸收后，生成稳定的羟甲基磺酸加成化合物，在样品溶液中加入氢氧化钠使加成化合物分解，释放出的二氧化硫与副玫瑰苯胺、甲醛作用，生成紫红色化合物，用分光光度计在波长 577 nm 处测量吸光度。

(2) 校准曲线的绘制。取 16 支 10 mL 具塞比色管，分 A、B 两组，每组 7 支，分别对应编号。A 组按表 5-5 配制校准系列。

表 5-5　二氧化硫校准系列

比色管编号	0	1	2	3	4	5	6
二氧化硫标准溶液Ⅱ/mL	0	0.50	1.00	2.00	5.00	8.00	10.00
甲醛缓冲吸收液/mL	10.00	9.50	9.00	8.00	5.00	2.00	0
二氧化硫浓度/(μg·10 mL^{-1})	0	0.50	1.00	2.00	5.00	8.00	10.00

在 A 组各管中分别加入 0.5 mL 氨磺酸钠溶液(6.0 g/L)和 0.5 mL 氢氧化钠溶液(1.5 mol/L)，混匀。

在 B 组各管中分别加入 1.00 mL 副玫瑰苯胺溶液(0.050 g/100 mL)。

将 A 组各管的溶液迅速地全部倒入对应编号并盛有副玫瑰苯胺溶液的 B 管中，立即加塞混匀后放入恒温水浴装置中显色。在波长 577 nm 处，用 10 mm 比色皿，以水为参比测量吸光度。以空白校正后各管的吸光度为纵坐标，以二氧化硫浓度(μg/10 mL)为横坐标，用最小二乘法建立校准曲线的回归方程，见图 5-1。

显色温度与室温之差不应超过 3 ℃。根据季节和环境条件按表 5-6 选择合适的显色温度与显色时间。

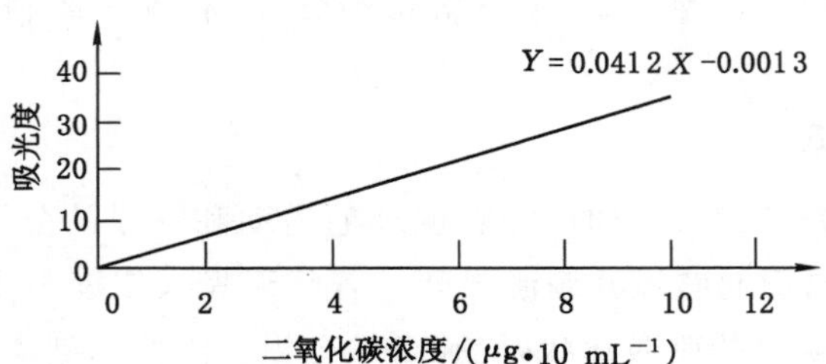

图 5-1　二氧化硫浓度与吸光度

表 5-6　显色温度与显色时间

显色温度/℃	10	15	20	25	30
显色时间/min	40	25	20	15	5
稳定时间/min	35	25	20	15	10
试剂空白吸光度 A_0	0.030	0.035	0.040	0.050	0.060

(3) 测定。采样器为用于短时间采样的普通空气采样器，流量范围 0.1～1 L/min，应具有保温装置。用于 24 h 连续采样的采样器应具备有恒温、恒流、计时、自动控制开关的功能，流量范围 0.1～0.5 L/min。

① 短时间采样的样品：采用内装 10 mL 吸收液的多孔玻板吸收管，以 0.5 L/min 的流量采气 45～60 min，将吸收管中的样品溶液移入 10 mL 比色管中，用少量甲醛吸收液(36%～38%的甲醛溶液 5.5 mL、0.05 mol/L 的 CDTA-Na 溶液 20.00 mL、2.04 g 邻苯二甲酸氢钾三种溶液合并后用水稀释至 100 mL，用水稀释 100 倍)洗涤吸收管，洗液并入比色管中并稀释至标线。加入 0.5 mL 氨磺酸钠溶液(6.0 g/L)，混匀，放置 10 min 以除去氮氧化物的干扰，以下步骤同校准曲线的绘制。

② 连续 24 h 采集的样品：用内装 50 mL 吸收液的多孔玻板吸收瓶，以 0.2 L/min 的流量连续采样 24 h，将吸收瓶中样品移入 50 mL 容量瓶(比色管)中，用少量甲醛吸收液洗涤吸收瓶后再倒入容量瓶(比色管)中，并用吸收液稀释至标线。吸取适当体积的试样(视浓度高低而决定取 2～10 mL)于 10 mL 比色管中，再用吸收液稀释至标线，加入 0.5 mL 氨磺酸钠溶液，混匀，放置 10 min 以除去氮氧化物的干扰，以下步骤同校准曲线的绘制。

将采集的样品分组，放置 20 min 以上，以便使样品中的臭氧成分分解。如果样品中含有其他混合物，可用离心法分离除去。根据上述曲线，测定出样品的吸光度，查出空气中二氧化硫的浓度，即：

$$\rho=\frac{(A-A_0-a)}{bV_s}\cdot\frac{V_t}{V_a} \tag{5-11}$$

式中：ρ 为空气中二氧化硫的浓度，mg/m³；A 为样品溶液的吸光度；A_0 为试剂空白溶液的吸光度；b 为校准曲线的斜率；a 为校准曲线的截距(一般要求小于 0.005)；V_t 为样品溶液的总体积，mL；V_a 为测定时所取试样的体积，mL；V_s 为换算成标准状态下(101.325 kPa，273 K)的采样体积，L。

计算结果精确至小数点后三位。

当使用 10 mL 吸收液，采样体积为 30 L 时，测定空气中二氧化硫的检出限为 0.007 mg/m^3，测定下限为 0.028 mg/m^3，测定上限为 0.667 mg/m^3。

当使用 50 mL 吸收液，采样体积为 288 L，试样为 10 mL 时，测定空气中二氧化硫的检出限为 0.014 mg/m^3，测定下限为 0.014 mg/m^3，测定上限为 0.347 mg/m^3。

2. 溶液电导率法

此法是在具有一定酸性的硫酸-过氧化氢吸收液的容器中，通以一定流量的环境中的空气，进行定时的接触反应。空气中 SO_2 被吸收液吸收后形成硫酸，使吸收液的电导率随硫酸的增加而增大，连续记录吸收液电导率的变化，可得到一定时间内 SO_2 浓度的平均值；根据记录曲线的斜率可得到 SO_2 浓度的瞬时变化，如图 5-2 所示。

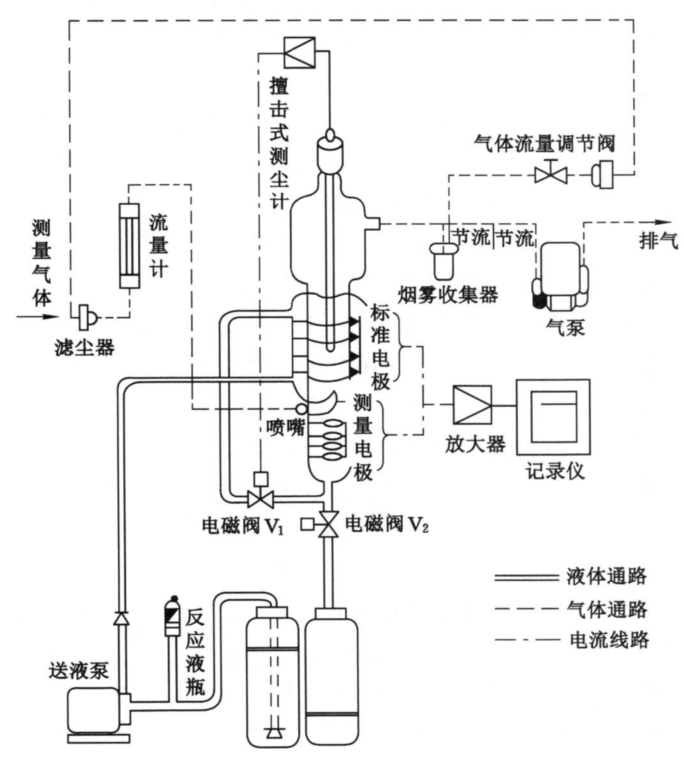

图 5-2　按浓度电导率法检测环境用 SO_2 计的结构图

吸收液由送液泵泵入检测容器中，并通过物位检测器和电磁阀控制，保持一定的液位，被测空气通过滤尘器和流量计经喷嘴进入反应容器中，且保持长时间不变的稳定流量。最后通过标准电极与测量电极检出电导率的变化，由记录仪进行连续记录。通过换算便可得到一定时间内 SO_2 浓度的平均值。被吸收后的气体经过烟雾收集器后排出，这里的撞击式测尘计主要用来使气泡混合发泡，以提高反应效率。测量后应将吸收液排入排液瓶，重新泵入新液，一般更换周期为 1 h，具体时间要根据空气中 SO_2 浓度的多少来定。

经过一定检测时间后需要补充吸收液，清洗过滤器，必要时需用等效溶液进行核准。与此类似的方法还有碘电极法。该方法所用吸收液为弱酸性游离碘溶液，用碘电极检测碘离子浓度的方法，可连续测量被测气体中 SO_2 浓度。此法要求在预热池中反应吸收，然后导入测量池进行测量，以提高反应效率。进气管最好用碘结晶的碱性石灰管。

3. 火焰原子吸收光谱法

(1) 原理。在工作场所空气中用 1 只盛有 10 mL(1 mL 高氯酸＋1 000 mL 水)高氯酸吸收液的多孔玻板吸收管，以 0.5 L/min 流量采集 15 min 采集二氧化硫，亚硫酸根被氧化成硫酸根，在酸性溶液中，硫酸根与铬酸钡反应生成硫酸钡沉淀并释放出铬酸根。反应式如下：

$$4H_2SO_3 + HClO_4 \xlongequal{} 4H_2SO_4 + HCl$$

$$H_2SO_4 + BaCrO_4 \xlongequal{} BaSO_4 + H_2CrO_4$$

往试液中加氨水中和，多余的铬酸钡析出，加乙醇降低沉淀的溶解度。用慢速滤纸干过滤，取滤液用火焰原子吸收测定铬，可间接求出二氧化硫的浓度。

(2) 工作标准曲线。分别吸取二氧化硫标准溶液(10.0 μg/mL)0.0 mL、0.5 mL、1.0 mL、2.0 mL、3.0 mL、4.0 mL、5.0 mL 于 7 支 10 mL 干燥的具塞比色管中，再分别加入吸收液 5.0 mL、4.5 mL、4.0 mL、3.0 mL、2.0 mL、1.0 mL、0.0 mL，使各标准管体积均为 5.0 mL，加入 0.5 mL 铬酸钡悬浊液，盖上塞子振动摇匀，加4.5 mL氨水、乙醇混合液，每加 1 个及时摇匀。在每支具塞闭塞管放入折成 60°的定性滤纸及过滤液。参照上述的仪器工作条件，依次将标准系列溶液喷入火焰原子吸收仪，测定其吸光度值。

(3) 样品测定。用吸收管中的吸收液洗涤进气管内壁 3 次，取 5.0 mL 吸收液放入 10 mL干燥的具塞比色管中，加入 0.5 mL 铬酸钡悬浊液。以下步骤与工作标准曲线绘制相同(兼作空白对照溶液)。

本研究提出的方法与二氧化硫的甲醛缓冲液-盐酸副玫瑰苯胺分光光度法相比，具有准确、简便、快速、易掌握、检出限低(近 4 倍)等特点。最低检出浓度为 0.16 mg/m^3(以采样体积 15 L 空气样品计)，能够满足工作场所空气中二氧化硫的检测要求。

4. 紫外荧光法

紫外荧光法基于空气中二氧化硫分子接受紫外线能量而在衰变中产生荧光的原理，通过紫外灯发出的紫外光(190～230 nm)，使其通过 214 nm 的滤光片，激发二氧化硫分子使其处于激发态，在二氧化硫分子从激发态衰减返回基态时产生荧光(240～420 nm)，由一个带着 330 nm 滤光片的光电倍增管测得荧光强度。光电倍增管测得的荧光强度与二氧化硫的浓度成正比，即：

$$SO_2 + h\nu_1 \longrightarrow SO_2^*$$

$$SO_2^* \longrightarrow SO_2 + h\nu_2$$

用光电倍增管将紫外线转化为电信号经过放大器输出，即可测量 SO_2 浓度。

二、氮氧化合物的检测

氮的氧化物有一氧化氮、二氧化氮、三氧化二氮、四氧化三氮和五氧化二氮等多种形式。大气中的氮氧化物主要以一氧化氮(NO)和二氧化氮(NO_2)形式存在，它们主要来源于石化燃料高温燃烧和硝酸、化肥等生产排放的废气以及汽车尾气。《环境空气 氮氧化物(一氧化氮和二氧化氮)的测定-盐酸萘乙二胺分光光度法》(HJ 479—2009)用盐酸萘乙二胺分光光度法测量空气中氮氧化物的浓度。

1. 盐酸萘乙二胺分光光度法

(1) 测量原理。盐酸萘乙二胺分光光度法检测原理如下：

空气中的二氧化氮被串联的第一支吸收瓶中的吸收液吸收并反应生成粉红色偶氮染料。空气中的一氧化氮不与吸收液反应，通过氧化管时被酸性高锰酸钾溶液氧化为二氧化氮，被串联的第二支吸收瓶中的吸收液吸收并反应生成粉红色偶氮染料。生成的偶氮染料在波长 540 nm 处的吸光度与二氧化氮的浓度成正比。分别测定第一支和第二支吸收瓶中样品的吸光度，计算两支吸收瓶内二氧化氮和一氧化氮的浓度，二者之和为氮氧化物的浓度（按二氧化氮计）。

(2) 标准曲线的绘制。取 6 支 10 mL 具塞比色管，按表 5-7 制备亚硝酸盐标准溶液系列。根据表 1 分别移取相应体积的亚硝酸钠标准工作液（2.5 μg/mL），加水至 2.00 mL，加入显色液[取 5.0 g 对氨基苯磺酸溶解于约 200 mL、40～50 ℃热水中，将溶液冷却至室温，全部移入 1 000 mL 容量瓶中，加入 50 mL 的 *N*-(1-萘基)乙二胺盐酸盐储备溶液(1.00 g/L)和 50 mL 冰乙酸，用水稀释至刻度。此溶液储存在密闭的棕色瓶中，在 25 ℃以下暗处存放可稳定 3 个月左右。若溶液呈现淡红色，应弃之重配。

表 5-7 NO_2 标准溶液系列

比色管编号	0	1	2	3	4	5
亚硝酸钠标准工作液/mL	0.00	0.40	0.80	1.20	1.60	2.00
水/mL	2.00	1.60	1.20	0.80	0.40	0.00
显色液/mL	8.00	8.00	8.00	8.00	8.00	8.00
NO_2 浓度/($\mu g \cdot mL^{-1}$)	0.00	0.10	0.20	0.30	0.40	0.50

各管混匀，在暗处放置 20 min（室温低于 20 ℃时放置 40 min 以上），用 10 mm 比色皿，在波长 540 nm 处，以水为参比测量吸光度，扣除 0 号管的吸光度以后，对应 NO_2 浓度，用最小二乘法计算标准曲线的回归方程。标准曲线斜率控制在 0.180～0.195，截距控制在±0.003。

(3) 空白试验。实验室空白试验：取实验室内未经采样的空白吸收液，用 10 mm 比色皿，在波长 540 nm 处，以水为参比测定吸光度。实验室空白吸光度 A_0 在显色规定条件下波动范围不超过±15%。

现场空白：同（实验室空白试验）测定吸光度。将现场空白和实验室空白的测量结果相对照，若现场空白与实验室空白相差过大，查找原因，重新采样。

(4) 样品测定。根据采样时间不同分为两种情况：

① 短时间采样（1 h 以内），取两支内装 10.0 mL 吸收液的多孔玻板吸收瓶和一支内装 5～10 mL 酸性高锰酸钾溶液（25 g/L）的氧化瓶（液柱高度不低于 80 mm），用尽量短的硅橡胶管将氧化瓶串联在两支吸收瓶之间[图 5-3(a)]，以 0.4 L/min 流量采气 4～24 L。

② 长时间采样（24 h），取两支大型多孔玻板吸收瓶，装入 25.0 mL 或 50.0 mL 吸收液[显色液(4.6)和水按 4∶1 比例混合]，液柱高度不低于 80 mm，标记液面位置。取一支内装 50 mL 酸性高锰酸钾溶液（25 g/L）的氧化瓶，按图 5-3(b)所示的接入采样系统，将吸收液恒温在 20 ℃±4 ℃，以 0.2 L/min 流量采气 288 L。

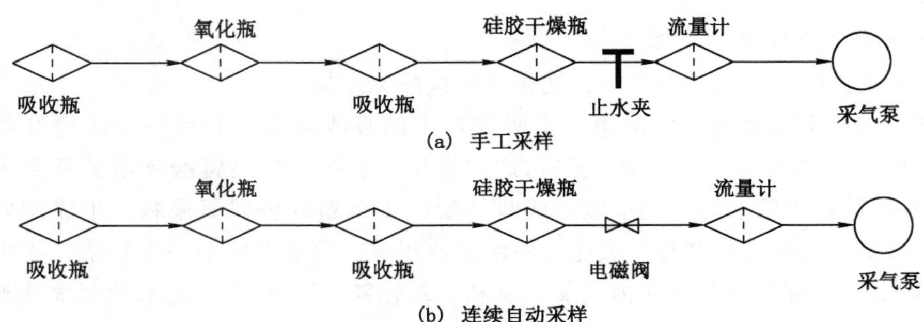

图 5-3 采样流程图

采样后放置 20 min，室温 20 ℃以下时放置 40 min 以上，用水将采样瓶中吸收液的体积补充至标线，混匀。用 10 mm 比色皿，在波长 540 nm 处，以水为参比测量吸光度，同时测定空白样品的吸光度。若样品的吸光度超过标准曲线的上限，应用实验室空白试液稀释，再测定其吸光度。注意，稀释倍数不得大于 6。

空气中二氧化氮浓度（mg/m^3）：

$$\rho_{NO_2}=\frac{(A_1-A_0-a)V_xD}{bfV_0} \tag{5-12}$$

空气中一氧化氮浓度按二氧化氮（NO_2）计，则：

$$\rho_{NO}=\frac{(A_2-A_0-a)V_xD}{bfV_0K} \tag{5-13}$$

按一氧化氮（NO）计，则：

$$\rho_{NO}'=\frac{\rho_{NO}\times 30}{46} \tag{5-14}$$

空气中氮氧化物的浓度 ρ_{NO_x}（mg/m^3）按二氧化氮计，则：

$$\rho_{NO_x}=\rho_{NO_2}+\rho_{NO} \tag{5-15}$$

式中：A_1、A_2 分别为串联的第一支和第二支吸收瓶中样品的吸光度；A_0 为实验室空白的吸光度；b 为标准曲线的斜率，明光度·mL/mg；a 为标准曲线的截距；V_x 为采样用吸收液体积，mL；V_0 为换算为标准状态（101.325 kPa、273 K）下的采样体积，L；K 为 $NO \rightarrow NO_2$ 氧化系数，$K=0.68$；D 为样品的稀释倍数；f 为萨尔茨曼（Saltzman）实验系数，取值为 0.88（当空气中 NO_2 浓度高于 0.72 mg/m^3 时，$f=0.77$）。

2. 化学发光法

NO_2 分子吸收化学能后，被激发到激发态，再由激发态返回至基态时，以光量子的形式释放出能量，这种化学反应称为化学发光反应；利用测量化学发光强度对物质进行分析测定的方法称为化学发光分析法。

化学发光现象通常出现在放热化学反应中，包括激发和发光两个过程，即：

$$\mathrm{A}+\mathrm{B}\xrightarrow{M}\mathrm{C}^*+\mathrm{D}$$

$$C^*\longrightarrow C+h\nu$$

式中：A 和 B 为反应物；C^{*} 为激发态产物；D 为其余产物；M 为参与反应的第三种物质；h 为普朗克常数；v 为发射光子的频率。

化学发光反应可在液相、气相、固相中进行。气相化学发光反应主要用于大气中 NO_x、SO_2 等气态有害物质的测定。

化学发光分析法的特点是：灵敏度高，可达 10^{-9} 级，甚至更低；选择性好，对于多种污染物质共存的大气，通过化学发光反应和发光波长的选择，可不经分离而有效地进行测定；线性范围宽，通常可达 5～6 个数量级。因此，该分析方法在环境监测、生化分析等领域得到较广泛地应用。

3. 原电池恒电流库仑法

该方法的特点是库仑池不施加直流电压，而依据原电池原理工作，如图 5-4 所示。库仑池中有两个电极：活性炭阳极和铂网阴极。池内充入 0.1 mol/L 磷酸盐缓冲溶液（pH＝7）和 0.3 mol/L 碘化钾溶液。当进入库仑池的气样中含有 NO_2 时，则与电解液中的 I^- 反应，将其氧化成 I_2，而生成的 I_2 又立即在铂网阴极上还原为 I^-，便产生微小电流。如果电流效率达 100％，则在一定条件下微电流大小与气样中 NO_2 浓度成正比，故可根据法拉第电解定律将产生的电流换算成 NO_2 浓度，直接进行显示和记录。测定总氮氧化物时，需先让气样通过铬酸氧化管，将 NO 氧化成 NO_2。

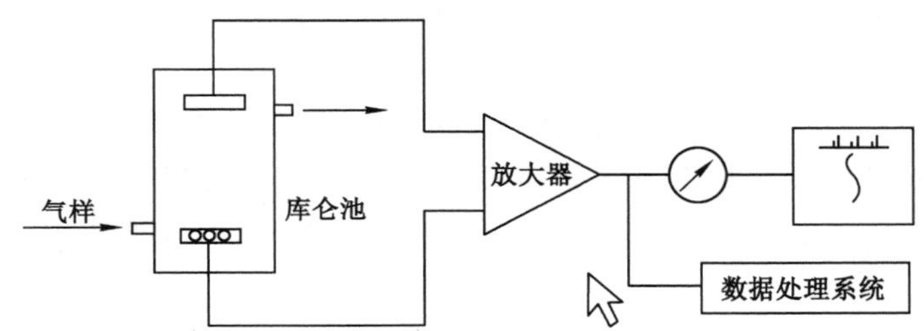

图 5-4　原电池恒电流库仑法测定 NO_2 原理图

该方法的缺点是 NO_2 流经水溶液时发生歧化反应，造成电流损失，使测得的电流仅为理论值的 70％左右。

扎尔兹曼法：在一定容积的扎尔兹曼试剂中，通入稳定流量的被测气体，并按一定的时间进行接触反应，所生成的偶氮染料将引起反应液吸光度的变化，通过检测其吸光度的变化来周期性地检测空气中 NO_2 平均浓度。同样可以采用光电管式光度计测定对特定波长吸光度的方法来测其反应液的吸光度。

使用该方法的浓度计是由过滤器、流量计、NO_2 用吸收池、氧化槽、NO 用吸收池、气泵及液泵、检测器等构成。吸收液的定量注入及被试气体的吸收等操作，按程序周期地反复进行，被试气体中的 NO 及 NO_2 应分别地按周期进行测量。

在测量的全过程中，必须使被试气体保持一定流量，并注意及时更换反应液及氧化液。

三、一氧化碳的检测

一氧化碳（CO）常温下为无色、无臭的气体，且难溶于水，不易液化和固化，稍轻于空气。

在毫无知觉的情况下，一氧化碳可通过呼吸进入人体，易和血液中携带氧(O_2)的血红蛋白(Hb)结合形成稳定的碳氧血红蛋白(COHb)。一氧化碳与血红蛋白的亲和力为氧气与血红蛋白亲和力的240～270倍。碳氧血红蛋白一旦形成，就使血红蛋白丧失了输送氧气的能力，使组织缺氧，导致组织低氧症。如果血液中50%的血红蛋白与一氧化碳结合，即可引起心肌坏死。当空气中一氧化碳含量达0.1%(体积分数)时，就会引起中毒，导致低氧症，甚至引起心肌坏死。在使用和产生一氧化碳的地方都是一氧化碳的存在场所。在炼焦炉、炼铁炉、煤井巷道、石油化工、冶金、金属加工等使用火焰的作业岗位，在有机合成、制造醋酸、草酸、氨、酿酒、铸造等用煤气或产生一氧化碳的作业，隧道作业，水煤气作业，在火灾现场、煤气管道、锅炉房、温室、用煤或煤气取暖的室内均可能存在一氧化碳。一氧化碳含量是大气污染监测最常见监控指标之一。测定空气中一氧化碳主要是用仪器测量方法，有红外线气体分析法、气相色谱法、电位法和汞置换法等。前三种方法应用比较普遍，汞置换法具有灵敏度高，响应时间快等特点，适用于大气中低浓度一氧化碳的测定。

1. 红外吸收法

该方法主要是利用CO、CO_2这样两个原子和多原子的分子在受到红外线照射时会在特定的波长范围显示出吸收光谱的机理。这种吸收光谱是由形成该分子的各原子核的振动以及全体分子的旋转所引起的能量变化所造成的。不管是有机化合物还是无机化合物，它们所吸收的光谱只与分子结构有关，而吸收的强度则服从朗伯-比尔定律。因此，测出透过物质的红外射线的强度，就可测定特定分子的浓度。

根据选择不同波长的方法，红外线气体分析仪可以分为分散型与非分散型两种。所谓分散型，是利用棱镜或衍射光栅等分光元件来选取单个波长的红外线，而非分散型主要是利用检测器或滤光片透过特定波长的特性。分散型分辨率高，能有效地消除背景噪声，价格也高。

非分散型红外吸收仪测量一氧化碳时，样品气体进入仪器，在前吸收室吸收4.67 μm谱线中心的红外辐射能量，在后吸收室吸收其他辐射能量。两室因吸收能量不同，破坏了原吸收室内气体受热产生相同振幅的压力脉冲，变化后的压力脉冲通过毛细管加在差动式薄膜微音器上，被转化为电容量的变化，通过放大器再转变为浓度成比例的直流测量值。测定范围为0～62.5 mg/m^3，最低检出浓度为0.3 mg/m^3。

2. 气相色谱法

气相色谱法的原理是空气中的一氧化碳经TDX-01色谱柱与空气的其他成分完全分离后，通过镍催化剂与氢气反应，生成甲烷，用氢焰离子化检测器测定，以保留时间定性，峰高定量。

在5支100 mL注射器中，用零空气将已知浓度的一氧化碳标准气体稀释成0.5～50 mg/m^{3}范围的4个浓度点的气体；另取零空气作为零浓度气体，准确量取1.0 mL各个浓度的标准气体，按气相色谱最佳测试条件分别通过色谱仪的六通进样阀，得到各个浓度的色谱峰和保留时间，每个样品重复做3次，测量峰高的平均值。以一氧化碳的浓度(mg/m^3)为横坐标，以峰高平均值(mm)为纵坐标，绘制标准曲线，并计算回归线的斜率。以斜率的倒数作为样品测定的计算因子B_g。

通过色谱仪六通进样阀进 1.0 mL 样品空气，按绘制标准曲线或测定校正因子的操作步骤进行测定。每个样品重复做 3 次，用保留时间确认一氧化碳的色谱峰，测量其峰高，得峰高的平均值(mm)。空气中一氧化碳浓度计算公式：

$$C_{CO}=(h-h_0)B_g \tag{5-16}$$

式中：C_{CO}为空气中一氧化碳的浓度，mg/m^3；h 为样品气体峰高的平均值，mm；h_0 为零空气峰高的平均值，mm；B_g 为用标准气体绘制标准曲线得到的计算因子，$mg/(mm\cdot m^3)$。

当直接进样 1 mL 时，气相色谱法检出限浓度为 0.5 mg/m^3；其测定范围为 1～50 mg/m^3。

3. 电化学法

空气中一氧化碳通过电化学池时，在多孔聚四氟乙烯黏结的铂催化气体扩散电极上，在控制电位下氧化成二氧化碳，放出电子，阴阳极之间的电流与一氧化碳浓度呈定量关系。电极反应如下：

工作电极：

$$CO+2OH^- \longrightarrow CO_2+H_2O+2e^-$$

对电极：

$$\frac{1}{2}O_2+H_2O+2e^- \longrightarrow 2OH^-$$

四、碳氢化合物的检测

1. 气相色谱法

空气中的碳氢化合物含有甲烷及其他非甲烷碳氢化合物，特别是非甲烷碳氢化合物在光学反应中会形成有害的碳化氢。在具体检测分析时，首先进行预处理，将甲烷及非甲烷碳化氢用分配式及活性炭柱等进行分离；然后再用气相色谱仪进行检测分析。利用气相色谱仪的检测器对碳化氢的选择性，不经分离就可直接检测总的碳化氢，一般采用定周期的间隔测量。从原则上讲，这种方法不会产生干扰误差，但随着碳元素含量的不同，其相对灵敏度也有差异。

2. 红外吸收法

根据碳氢化合物对红外区红外线的吸收量来检测碳氢化合物的浓度(参阅有关分析化学的书籍)。

与气相色谱法比较，其结构简单，价格较低，但其相对灵敏度对不同的碳氢化合物差别较大，通常多用于对汽车排气及其他气体的简易测量。

五、氯及氯化氢的检测

氯(Cl_2)及氯化氢(HCl)的检测分析大部分都已实现自动化。对氯化氢来讲，由于其反应性、吸附性和溶解度均比较大，在取样上困难较多，对各种检测方法都具有不同的干扰因素。例如，吸光光度法对卤素和氢基等物质不适宜，HCl 易溶于水，而红外线法的水分吸收为干扰因素，电导率法的电解质为干扰因素，这些不易解决，需要根据不同的被测物质来选择不同的检测方法。

一是吸光光度法(邻联甲苯胺法)含有邻联甲苯胺的吸收液在流量池中与导人的被测气

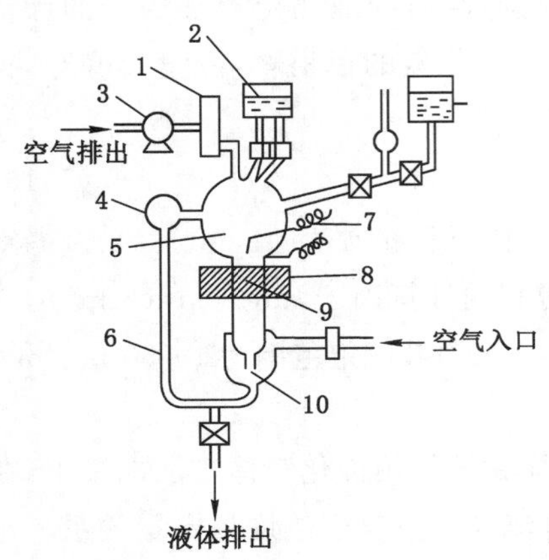

1—流量计；2—洗涤水；3—吸引泵；4—脱水器；5—流量池；6—空气导管；7—液面检 10-9 级测量；8—比色计；9—比色槽；10—节流孔。

图 5-5　吸光光度法氯量计

体循环接触，并不断地吸收被测气体中的 Cl_2 而呈黄色，利用比色计便可相应地测出 Cl_2 的浓度。如图 5-5所示，流量池和比色槽应定期清洗。

二是利用加入硫氰酸亚汞和硫酸亚铁铵，测量与氯离子 Cl^- 反应生成的硫酸氰亚铁的吸光度。但是，该方法受其他卤素化合物和氰化合物的影响，比色槽应定期清洗。

六、氟化氢的检测

氟化氢是一种强酸，常温下有刺鼻气味，无色。氟化工产品中涉及的危险化学品种类多、易挥发、毒性高、腐蚀性强，还有火灾、爆炸的危险。氟具有较大的电负性，活性极强，即使很低的浓度，也会使农作物受害。因此，在环境监测中，要求进行 10^{-9} 数量级测量。氟化工产品主要包括：氟制冷剂、高效灭火剂、含氟塑料、含氟涂料、含氟表面活性剂的原料以及各种无机盐（如氟化铵、氟化氢铵等）。

1. 离子电极法

采用氟化镧单晶敏感膜作为氟离子电极。吸收液使用碳酸钠水溶液，吸收液吸收被测气体中 F^- 的浓度与氟离子电极产生的电势呈线性关系，因而检测其电势便可得到气体中所含 F^- 的浓度。这种方法对 10^{-9}、10^{-10} 数量级的 HF 也具有良好的捕捉能力。另外，碘电极法定量范围广、选择性好、稳定性强且测量方法简单，目前仅少数国家能够生产碘电极。

2. 滤纸荧光法

掺有 8-羟喹啉镁盐的乙醇溶液，涂于带状滤纸上，用紫外线照射使其发出荧光。当滤纸接触被测气体时，在被测气体中的 HF 作用下，滤纸的荧光减少，用光电管就可检测其衰减情况，然后换算出 HF 的浓度。

七、硫化氢的检测

硫化氢是一种无色有刺激性和窒息性的有毒气体，吸入过量的硫化氢可使人员闪电式中毒死亡。硫化氢常产生于相应的化工厂，如一些农药生产中的硫化反应以及硫化染料、磺胺药物合成的废水中。在潮湿、缺氧的环境下，存在细菌作用产生的硫化氢，人员进入下水道、排水沟、蓄粪池或废井作业前，应首先排除硫化氢存在的危险。

1. 硝酸银比色法

将 2 g 亚砷酸钠溶解于 100 mL 浓度为 50 g/L 的碳酸钠溶液中，用水稀释至 1 L，即硫化氢的吸收液。串联两个各装有 10 mL 吸收液的多孔玻板吸收管，以 0.5 L/min 的流量抽取1 L空气样品。向吸收管中加入少量淀粉溶液，再加入（硫）酸性硝酸银溶液，硫化氢与硝酸银形成黄褐色硫化银胶体溶液。淀粉具有为分散胶体、阻止团聚的作用。实验中，用硫代硫酸钠配制硫化氢的标准溶液，按相同的方法配制标准系列，用目视比色法确定其浓度。按采样 1 L 计，测定范围在 2～40 mg/m^3。

2. 对氨基二乙替苯胺比色法

以醋酸锌水溶液为吸收液，串联两个各装 10 mL 吸收液的多孔玻板吸收管，以 0.25 L/min 的流量抽取 0.5 L 空气样品。与显色液（由硫酸和对氨基二乙替苯胺配制）混匀后，再加入硫酸铁铵。在强酸性溶液中，有铁离子存在时，硫化氢与对氨基二乙替苯胺反应生成亚乙蓝。有色溶液在波长 670 nm 下测吸光度。标准溶液由硫化钠配制，并用碘量法标定离子浓度，以标准曲线法进行定量分析。

八、氨的检测

氨为无色具有强烈刺激性气味的气体，在车间空气中氨的最高容许浓度为 30 mg/m^3。采集空气样品时，一般用挥发性小的稀硫酸溶液或被硫酸处理过的颗粒物富集浓缩气态的氨，转化成 NH_4^+ 离子后测定。测定方法有纳氏试剂光度法、靛酚蓝光度法及亚硝酸盐光度法等。在 300 ℃左右的高温下，用纯铜丝将氨定量氧化成二氧化氮后，可用化学发光法通过测定空气中二氧化氮而实现连续测定氨。

1. 纳氏试剂分光光度法

用 0.005 mol/L 的稀硫酸溶液作为吸收液，在两个串联的大型气泡吸收管中各加 5 mL 吸收液，以 0.5 L/min 的流量抽取 1 L 气样。氨与吸收液发生的化学反应方程式如下：

$$2NH_3 + H_2SO_4 \longrightarrow (NH_4)_2SO_4$$

硫酸铵与纳氏试剂（碘化汞钾与氢氧化钾的水溶液）反应生成黄色化合物。化学反应方程式为：

$$4K_2(HgI_4) + 8KOH + (NH_4)SO_4 \longrightarrow 2O(Hg)_2NH_2I + 14KI + K_2SO_4 + 6H_2O$$

在分光光度计上测定该溶液及标准溶液的吸光度，用标准曲线法定量。用在 80 ℃下烘干的硫酸铵作为标准物质配制标准溶液，其浓度为：

$$C_{NH_3} = \frac{5(C_1 + C_2)}{V_0} \tag{5-17}$$

式中：C_{NH_3} 为空气中氨的浓度，mg/m^3；V_0 为标准状况下空气样品的体积，L。

注意：凡是要测定空气中的有毒有害组分，采样时应同时记录采样点空气的温度和气压，以便校正到标准状况下空气样品的体积。

本法测溶液中的氨时，检出限为：1.0 μg/mL。

2. 靛酚蓝光度法

吸收液中的铵离子在硝普钠及次氯酸钠存在下，与水杨酸生成蓝绿色靛酚蓝染料，该溶液的吸光度与空气中的氨浓度成正比。化学反应方程式为：

$$3NH_3 + H_2SO_4 \longrightarrow 3NH_4{}^+ + SO_4^{2-}$$

$$NH_4{}^+ + NaClO \longrightarrow NH_2Cl + H_2O + Na^+$$

$$NH_2Cl + \text{C}_6\text{H}_4(\text{COOH})\text{—OH} + 2NaClO \longrightarrow O\text{=C}_6\text{H}_3(\text{COOH})\text{=NCl} + 2H_2O + 2NaCl$$

$$O\text{=C}_6\text{H}_3(\text{COOH})\text{=NCl} + \text{C}_6\text{H}_4(\text{COOH})\text{—OH} + NaOH \longrightarrow$$

$$O\text{=C}_6\text{H}_3(\text{COOH})\text{=N—C}_6\text{H}_3(\text{COOH})\text{—ONa} + 2H_2O + 2NaCl$$

本法对溶液中的氨检出限:0.2 μg/mL,测定结果仍为氨与铵盐的总量,但甲醛和硫化氢使结果偏低。

九、苯、甲苯、二甲苯的检测

苯属于Ⅱ级(极度危害)物质,甲苯、二甲苯属于Ⅲ级(中等危害)物质。它们的毒性作用主要表现在对中枢神经和自主神经系统的麻醉和刺激作用。车间空气最高容许浓度:苯为 40 mg/m^3,甲苯为 100 mg/m^3,二甲苯为 100 mg/m^3。其中,二甲苯对人的毒性最小。

由于苯、甲苯、二甲苯的蒸气一般共同存在于空气中,所以常利用气相色谱的分离功能来实现一次采样,同时分别测定。车间空气中苯、甲苯和二甲苯的检测标准方法都是采用气相色谱法。对于车间空气中浓度较高的样品,可采用现场直接采样;对于浓度较低的样品,则一般用活性炭管吸附富集采样。解吸方法又可分为溶剂洗脱和热解吸两种方式。溶剂洗脱方法的特点如下:不需要特殊的仪器,操作简便,但由于洗脱剂的稀释作用,使检出限较高;热解吸需要专用的热解吸仪,但最低检出浓度可比前者降低约 10 倍。

不管采用哪种方法,都可用相同的色谱柱进行组分的分离。以液担比为 5∶100 的比例,在 6201 担体(60~80 目)上涂渍聚乙二醇 6000 的固定相充填色谱柱。聚乙二醇 6000 为强极性固定液,适合于分离极性物质和易极化的芳香族化合物。分离苯、甲苯、二甲苯时,按照组分沸点从低到高的顺序出峰,其中对位和间位二甲苯沸点仅相差 0.8 ℃,极难分离开。涂渍邻苯二甲酸二壬酸-有机皂土-34 的填充柱,可将对位和间位二甲苯分开。如今,气相色谱仪多配置毛细管分离柱,其具有极强的分离效率,如涂渍 SE-30 的毛细管色谱柱,可将苯、甲苯和二甲苯的邻、对、间 3 种异构体完全分离。检测器主要用火焰离子化检测器(FID)。

1. 直接进样-气相色谱法

直接进样是指用直接采样方法采样,组分未被浓缩,适用于浓度较高的空气样品测定。采样时,用 100 mL 玻璃注射器,在采样点用现场空气抽洗 3~4 次,然后抽取 100 mL 空气,将注射器套上塑料帽后,垂直放置,当天测定。测定时,空气样品经六通阀和 1 mL 定量管注入色谱柱分析。用柱色谱分析时,典型的色谱条件为:长 2 m、内径 4 mm 的不锈钢柱;柱温:90E,汽化室温度:120 ℃;检测室温度:150 ℃,载气(N_2)流量:50 mL/min。检测室温度高于汽化室温度可防止检测器被高沸点组分污染。

标准气体配制方法:用微量注射器准确量取一定量的苯、甲苯和二甲苯液体,注入预先吸入氮气或清洁空气的 100 mL 注射器中,汽化(为速度快,可在低温的烘箱或红外烤箱中加热)后即为标准储备气体。用微量注射器取适量的苯、甲苯和二甲苯标准储备气,用纯氮气或空气稀释至所需浓度,得标准系列。

直接进样 1 mL 空气样品时,苯、甲苯和二甲苯检测限分别为 0.5 mg/m³、1 mg/m³、2 mg/m³。

苯、甲苯和二甲苯的气相色谱图见图 5-6。

2. 溶剂洗脱-气相色谱法

在抽气泵的作用下,空气样品流过活性炭管。空气中的苯、甲苯和二甲苯被富集在活性炭上。经二硫化碳洗脱后,用聚乙二醇 6000 柱分离,火焰离子化检测器测定,以保留时间定性,峰高定量。二硫化碳极性弱,且不能被聚乙二醇极化,所以保留时间短,先于苯流出。如用 1 mL 二硫化碳洗脱,进样量 1 μL,则方法的检出限分别为:苯 0.05 mg/m³、甲苯 0.2 mg/m³、二甲苯 0.2 mg/m³。

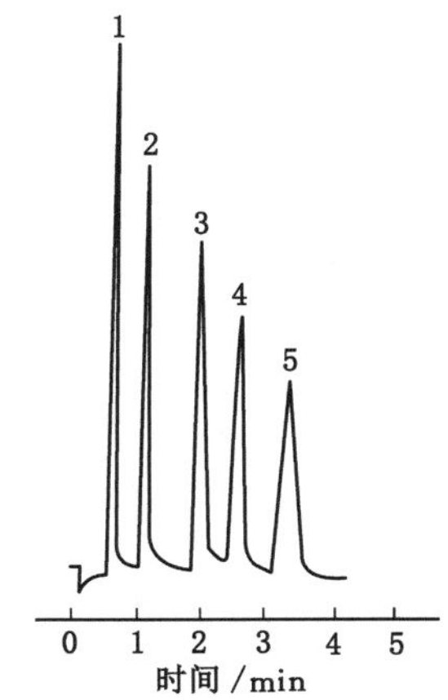

1—苯;2—甲苯;3—对,间-二甲苯;4—邻-二甲苯;5—苯乙烯。

图 5-6　苯、甲苯、二甲苯色谱图

活性炭采样管制作和采样方法:先把椰子壳活性炭(20～40 目)在氮气流中于 300～350 ℃下净化、活化 3～4 h,然后在长 150 mm、内径 3.0～4.0 mm、外径约 6 mm、一端稍细的玻璃管中装入 100 mg 处理后的活性炭,两端用少量玻璃棉固定,再将管的两端套上塑料帽,密封备用。此管可在干燥器中保存 5 d。采样时,取下活性炭采样管两端的塑料密封帽,将采样管的出气口一端接到空气采样器上,采样管垂直放置,以 0.1～0.2 L/min 的流量采气 2 L,之后将采样管的两端重新套上塑料帽。

可用二硫化碳作溶剂直接配制液体的标准溶液。取 3 个 25 mL 容量瓶,各加入少量二硫化碳,用 100 μL 微量注射器,准确量取一定量的苯、甲苯和二甲苯,分别注入容量瓶中,加二硫化碳至刻度,配成一定浓度的标准储备液。临用时,取一定量的标准储备液用二硫化碳稀释成浓度为 5～200 μg/mL 的混合标准溶液。

十、甲醛的检测

甲醛是重要的化工原料,用途广泛,但其对皮肤和黏膜有强烈的刺激作用,对人体危害极大。醛还能与空气中的离子性氯化物反应生成致癌物二氯甲基醚,国际癌症研究所已将甲醛列为可疑致癌物。受甲醛危害的场所主要分布在酚醛塑料、皮革、人造纤维、胶合板的生产和使用行业。我国居住区大气中甲醛的最高容许浓度(一次)为 0.05 mg/m³;车间空气中甲醛的最高容许浓度为 3 mg/m³;公共场所空气质量卫生标准甲醛的浓度限值不超过 0.12 mg/m³。

甲醛的测定方法很多,属于分光光度法的有:酚试剂光度法、乙酰丙酮光度法、变色酸光度法、盐酸副玫瑰苯胺光度法、4-氨基-3-联氨-5-巯基-1,2,4-三氮杂茂(AHMT)光度法等;属于电化学分析方法的有示波极谱法、微分脉冲极谱法;属于色谱方法的有气相色谱法和高效液相色谱法等。目前,酚试剂光度法和示波极谱法是我国车间空气中甲醛检验的推荐方法。

1. 酚试剂光度法

空气中的甲醛被酚试剂(3-甲基-2-苯并噻唑酮腙盐酸盐,MBTH)溶液吸收后生成嗪(一种有机化合物)。在酸性溶液中,嗪被高铁离子氧化生成蓝绿色化合物,在 645 nm 下用光度法定量测定。

化学反应方程式如下：

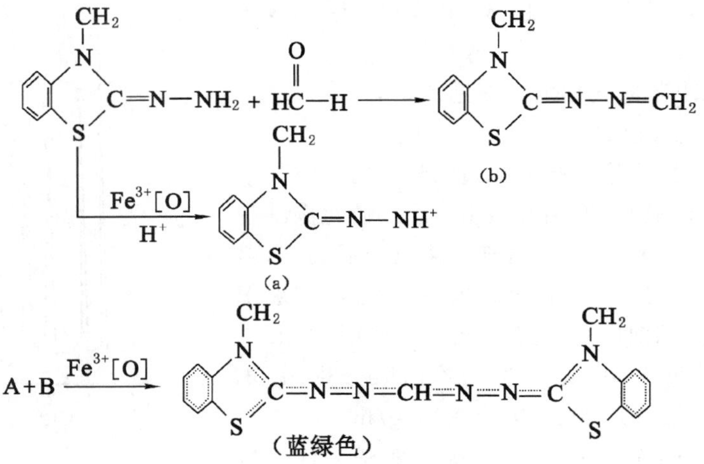

CH_2 N C=N—NH$_2$ + HC(=O)—H ——→ CH_2 N C=N—N=CH$_2$ S

(b)

$\xrightarrow[H^+]{Fe^{3+}[O]}$ CH_2 N C=N—NH$^+$ S

(a)

A+B $\xrightarrow{Fe^{3+}[O]}$ CH_2 N C=N=N=CH=N=N=C N CH_2 S S

（蓝绿色）

本方法检出限为 0.038 μg/mL。

配制 0.1%的酚试剂水溶液作为储备液，在冰箱中可保存 3 d，临用时用水稀释 20 倍作为吸收液。用内装 10 mL 吸收液的大型气泡吸收管（各装 5 mL 吸收液的两个串联吸收管），以 0.2 L/min 的流量采气 1 L。

2. 示波极谱法

以 0.01 mol/L 的稀硫酸溶液作为吸收液，用各内装 5 mL 吸收液的两个串联大型气泡吸收管，以 0.2 L/min 的流量采集一定量的空气。空气中的甲醛被稀硫酸吸收液富集后，在醋酸-醋酸铵-乙酰丙酮滴液中，甲醛与氨和乙酰丙酮反应生成二乙酰基二氢卢剔啶，该反应产物为电活性物质，在滴汞电极上产生一个灵敏的极谱波，其峰电位为－1.12 V（对饱和甘汞电极），根据极谱峰电流或极谱峰高值定量。

本法的检出限为 0.002 μg/mL，线性范围为 0.002～1.0 μg/mL。

十一、甲醇的检测

当空气中甲醇的含量在 6.7%～36.5%时，具有爆炸性。车间空气中甲醇的最高容许浓度为 50 mg/m^3。车间空气中甲醇的标准测定方法是气相色谱法和变色酸光度法，前者不仅灵敏、快速，而且干扰少，可同时测定甲醇、乙醇等。后者干扰较多，如乙醇、正戊醇、仲丁醇、丙酮、醛类均有不同程度的干扰。

1. 气相色谱法（直接进样法）

由于气相色谱法测甲醇等醇类物质的灵敏度高，且在车间空气中的最高容许浓度（mg/m^3）也高，所以常用直接采样法。用 100 mL 注射器采集空气样品后，直接进样，以氮气为载气，经二乙二醇己二酸聚酯柱（60～80 目的 405 白色担体，液担比为 10∶100）分离后，用氢火焰离子化检测器检测，出峰顺序为：甲醇、乙醇、正丙醇、异丁醇、正丁醇，基本按照沸点的低高顺序。以标准曲线法进行定量。本法对甲醇、正丙醇、正丁醇的检出限分别为 5 mg/m^3、10 mg/m^3、20 mg/m^3。

标准气体配制方法：用扩散管配气法配成一定浓度的甲醇标准气体；用微量注射器与

100 mL 注射器配合配制正丙醇、正丁醇的标准气体，稀释气体用清洁的空气。

2. 气相色谱法(热解吸进样法)

如果采样点甲醇含量低，可采用浓缩采样法。将 200 μg、40～60 目的硅胶装入长 15 cm、内径 3.5～4.0 mm、外径 6 mm 的玻璃管内，两端用玻璃棉固定，作为吸附采样管。在采样点，以 100 mL/min 的速度抽取 0.5 L 空气样品，空气中甲醇吸附在硅胶采样管中。甲醇可用水洗脱，液体进样，也可在热解吸装置上用 180 ℃在氮气流解吸。气体进样经 GDX-102 色谱柱分离、氢焰离子化检测器测定，以保留时间定性、峰高定量。定量方法可采用外标法(如标准曲线法)。标准气体配制参照直接进样法。

本法检出限 1 μg/mL(进 1.0 μL 样品溶液)。若以 0.2 L/min 流量采气 5 L 时，本法测定甲醇的最低检出浓度为 0.2 mg/m，其测量范围为 0.4～4 mg/m^3。

3. 变色酸光度法

以水为吸收液，串联两个各装 5 mL 吸收液的多孔玻板吸收管，以 0.5 L/min 的流量抽取 0.5 L 空气。在酸性溶液中，溶解在水中的甲醇被高锰酸钾氧化成甲醛。用亚硫酸钠还原过量的高锰酸钾及反应产生的二氧化锰，使溶液褪色。甲醛与变色酸作用生成紫色化合物，在 570 nm 波长下测定溶液的吸光度，用标准曲线法定量。

用无水甲醇与水配制甲醇标准溶液。本法的检出限为 2 μg/mL。

十二、空气中重金属有害物质的测定

(一) 汞及其化合物

汞及其化合物属Ⅰ级(极度危害)类毒物，在空气中主要以汞蒸汽和含汞化合物(如氯化汞、硫化汞)的粉尘形式危害人体健康。测定时，首先将其转化成二价离子形态。目前，测汞的方法主要有：二硫腙分光光度法、冷原子吸收光谱法和原子荧光法。对于有机汞的测定常用气相色谱法。冷原子吸收光谱法和二硫腙分光光度法是车间空气中汞测定的标准方法。

1. 二硫腙光度法

串联两支各盛有 10 mL 吸收液的大型气泡吸收管，以 1 L/min 的流量采气 50～60 L，记录采样时的气温和气压。吸收液为 0.1 mol/L 高锰酸钾溶液与 1∶9 硫酸溶液的等体积混合液。

空气中的汞被酸性高锰酸钾溶液吸收并氧化成汞离子，用盐酸羟胺溶液将过量的高锰酸钾还原褪色。在酸性溶液中，汞与二硫腙-三氯甲烷溶液反应，生成的二硫腙汞为橙色络合物，过量的二硫腙用碱液除去，用三氯甲烷萃取二硫腙汞，在 490 nm 波长下测定三氯甲烷层的吸光度，用标准曲线法定量。反应式为：

$$Hg^{2+} + 2S{=}C\begin{matrix}\diagup NH{-}NH{-}C_6H_5 \\ \diagdown N{=}N{-}C_6H_5\end{matrix} \longrightarrow S{=}C\begin{matrix}\diagup NH{-}N(C_6H_5) \\ \diagdown N{=}N(C_6H_5)\end{matrix}\!\!\rangle Hg \langle\!\!\begin{matrix}N(C_6H_5){-}NH \diagdown \\ N(C_6H_5){=}N \diagup\end{matrix}C{=}S + 2H$$

本法检出限为 0.05 μg/mL(以 Hg 计，液体样品)，采样效率在 99%左右。

2. 冷原子吸收分光光度法

采样方法同二硫腙光度法。汞被吸收管中的酸性高锰酸钾溶液氧化成汞离子(一般加硫酸)，在用盐酸羟还原去除高锰酸钾的颜色后，加入氯化亚锡溶液，将汞离子还原成原子态汞，然后用惰性载气（如高纯氮气）将汞从溶液中吹出并带入光吸收管，利用汞蒸气对253.7 nm波长的特征紫外线有强烈吸收的作用，分别测定标准溶液和样品溶液汞蒸汽的吸光度，其吸光度与汞含量成正比，可用标准曲线法或比较法进行定量。

测定仪器为测汞仪或带测汞附件的原子吸收光谱仪。本法的检出限为0.001～0.003 μg/mL，比二硫腙光度法低一个数量级以上。

（二）砷化氢

砷化物的毒性强弱顺序如下：砷化氢＞三价砷＞五价砷＞有机砷＞元素砷。砒霜（三氧化二砷）是典型的毒物。砷化氢（AsH_3）为剧毒，是强烈的溶血性毒物。砷化物在有还原剂和酸存在的条件下，就可产生砷化氢，例如在金属的酸洗、实验室用锌粒制取氢气等。工作场所砷化氢的最高容许浓度为0.3 mg/m^3。

1. 二乙氨基二硫代甲酸银比色法

饱和溴水与氢氧化钠溶液混合生成次溴酸钠，以此作为吸收液。在两个串联的小型气泡吸收管中各加3 mL吸收液。以0.3 L/min的流量抽取6 L空气样品。砷化氢被吸收液吸收后，次溴酸钠将其氧化成砷酸。产物挥发性低，易于富集。吸收液再转入砷化氢发生瓶中，用盐酸羟氨还原除去过量的次溴酸钠。之后在酸性溶液中被碘化钾、氯化亚锡及锌粒还原为砷化氢，用二乙氨基二硫代甲酸银-三乙醇胺氯仿溶液吸收砷化氢，生成红棕色的胶态银，在520 nm波长下测定吸光度。用三氧化二砷配制砷化氢标准溶液。本法的检出浓度为0.1 μg/rnL。

2. 砷钼酸-结晶紫分光度法

以碘-碘化钾溶液作为吸收液，串联两支各装5 mL吸收液的大型气泡吸收管，以0.3 L/min的流量抽取3 L空气样品。采样时，第一个吸收管不能褪色，否则说明砷化氢浓度太高。砷化氢在吸收管中被碘氧化成砷酸。吸收液被转入砷化氢发生瓶后，用亚硫酸钠除去过量的碘。在酸性条件下，砷酸被锌粒再次还原为砷化氢。砷化氢被碘液吸收后，再与钼酸铵及结晶紫作用。生成砷钼酸-结晶紫，在550 nm波长下测定其吸光度。采样3 L时，最低检出浓度为0.037 mg/m^3。

（三）锰及其化合物

锰及其化合物主要包括Mn、MnO_2、$MnCl_2$、Mn_3O_4（烟尘）等，属于Ⅰ级（极度危害）毒物。各种锰矿石的开采、破碎、筛选、运输过程中均可产生大量的锰尘；冶金工业中，由于需用大量的锰作为脱氧剂和脱硫剂以及用以制造锰合金时，均可产生锰烟与锰尘；制造焊条和电焊作业产生含锰烟尘；化学工业中使用锰化合物作为原料，二氧化锰用于干电池制造与玻璃脱色剂，四氧化三锰用于制造陶瓷和玻璃染料以及农业上用作肥料等，相关作业均可接触锰尘或锰烟，是锰及化合物的主要危害的主要来源。车间空气中锰及其化合物（换算成MnO_2）的最高容许浓度为0.2 mg/m^3。

锰及化合物的测定方法主要包括：磷酸-高碘酸钾分光光度法、过硫酸铵分光光度法、火焰原子吸收光谱法、石墨炉原子吸收光谱法和阳极溶出伏安法等。前两种方法都是基于用氧化剂将低价锰氧化成7价锰，即高锰酸根，利用其紫红色的特征吸收而建立起来的分光光度法。相对于火焰原子吸收光谱法，石墨炉原子吸收光谱法的检出限更低，如果粉尘或采集物中锰的含量很低，应选用此法。

1. 磷酸-高碘酸钾法

锰及其化物主要以粉尘或烟尘形式危害人的健康。采样时，将超细玻璃纤维滤纸固定在粉尘采样夹上，以 10 L/min 的流量抽取气样 150 L，锰及其化合物尘被玻璃纤维滤纸阻留。用热的磷酸(约 250 ℃)溶解玻璃纤维滤纸及被采集样品，锰转化成离子状态。在热酸性溶液中，锰离子被高碘酸钾氧化成紫色高锰酸根，在 530 nm 波长下测定样品及标准溶液的吸光度，用标准曲线法定量。化学反应式为：

$$2Mn^{2+}+5IO^{4-}+3H_2O \longrightarrow 2MnO^{4-}+5IO_3-+6H^+$$

用稀磷酸溶解在 280 ℃干燥的硫酸锰($MnSO_4$)作为锰标准溶液。

本法检出限为 0.3 μg/mL。

2. 火焰原子吸收光谱法

将微孔滤膜安装在采样夹上，以 2～5 L/min 的流量采集空气 20 L，空气中锰及其化合物采集在微孔滤膜上。用高氯酸-硝酸将采集的样品高温消解，待消解液近干时，用稀盐酸溶解残渣，定容后，于火焰原子化器上进样，在贫燃的空气-乙炔火焰中，锰分解为自由原子，并对锰的特征谱线 279.5 nm 产生吸收，吸光度(峰高)与自由原子在火焰中的浓度成正比，也与溶液中的锰的浓度成正比，用标准曲线法定量。锰的特征浓度(灵敏度)为 0.05 mg/mL(1%)，用稀盐酸溶解硫酸锰作为锰标准储备液。

(四)铍及其化合物

铍及其化合物包括：Be、BeF_2、$Be(OH)_2$ 和 BeO，属于Ⅰ级(极度危害)有毒物质。有此危害的行业主要分布在：铍冶金、铍合金制造，火箭、导弹及飞机高温部分的制造、X 射线管制造以及原子能工业。车间空气中最高允许浓度为 0.002 mg/m³。铍易形成氧化物，使其在火焰中的原子化效率比较低，因而火焰原子吸收光谱法的灵敏度低，常用的分析方法是桑色素荧光光度法和石墨炉原子吸收光谱法。

1. 桑色素荧光光度法

将聚氯乙烯滤膜夹在采样夹上，以 10 L/min 的流量采集空气 25 L。将滤膜及样品用高氯酸-硝酸(1∶9)高温消解，用氢氧化钠调节溶液至碱性后，再用 pH 缓冲溶液保持 pH 值，二价铍离子(Be^{2+})与桑色素反应生成络合物，络合物为具有黄绿色荧光的物质。在荧光光度计或荧光分光光度计上，调节激发波长 415 nm，发射波长 540 nm，测量样品溶液和标准溶液的荧光强度，以荧光强度对铍浓度的关系曲线作标准曲线进行定量。用浓盐酸溶解硫酸铍($BeSO_4 \cdot 4H_2O$)作为铍标准储备液，用稀盐酸稀释后作为标准工作液。本法的检出限为0.001 μg/mL。

2. 石墨炉原子吸收光谱法

将微孔滤膜夹在采样夹上，以 5 L/min 的流量采集空气 150 L。用高氯酸-硝酸(1∶9)高温消解，再用稀盐酸溶解后定容，用微量注射器或专用进样器进样，石墨炉在下列原子化条件下完成原子化工作程序：

干燥温度	100 ℃	干燥时间	30 s
灰化温度	1 500 ℃	灰化时间	30 s
原子化温度	2 400 ℃	原子化时间	10 s
净化除残温度	2 700 ℃	净化时间	5 s

在铍的特征谱线 234.9 nm 下测定样品和标准溶液的吸光度，以标准曲线法定量。方法

的灵敏度为 0.02 ng/1%。标准溶液同桑色素荧光光度法。

(五) 铅及其氧化物

铅及其氧化物包括：Pb、Pb_2O(氧化亚铅)、PbO(氧化铅)、Pb_2O_3(三氧化二铅)、Pb_3O_4(四氧化三铅)。工业上所用的铅约 40%为金属铅，如在铅蓄电池制造中，熔化铅时，即有大量铅蒸气逸出，并与空气中的氧结合，迅速氧化成氧化亚铅，并凝集为铅烟。在制造玻璃、搪瓷、景泰蓝、油漆、颜料、釉料、防锈剂(铅丹)、橡胶硫化促进剂和塑料稳定剂等产品中，都用到铅氧化物或其他化合物(如硫化铅)。车间空气中最高允许浓度为：铅烟 0.03 mg/m^3；铅尘 0.05 mg/m^3。无论是在安全检测还是在环境监测中，铅都是重要的检测项目。

空气中铅的测定方法，常用的有二硫腙分光光度法、火焰和石墨炉原子吸收分光光度法、催化极谱法、电感耦合等离子体发射光潜法等。原子吸收分光光度法是工作场所空气中铅的标准检验方法。二硫腙分光光度法适用于生产和使用铅的现场空气样品中铅的测定，也是标准检验方法之一。

1. 二硫腙分光光度法

将超细玻璃纤维滤膜、微孔滤膜或慢速定量滤纸等滤料置于稀硝酸(3∶97)溶液中浸泡 3～5 min，取出再用无铅水浸洗 3 次，室温晾干备用，可有效降低铅背景值。采样时，将处理过的超细玻璃纤维滤纸固定在采样夹上，以 10 L/min 的流量抽取 100～150 L 空气。被采集在滤料上的铅及其化合物，用硝酸溶解或消化后，在弱碱性(pH＝8.5～11)溶液中，铅离子与二硫腙作用生成二硫腙铅的红色络合物，用三氯甲烷将其萃取到有机相中，于 520 nm 下，分光光度法测定吸光度，标准曲线法定量。由于铅被二硫腙三氯甲烷溶液提取后采取的分析步骤不同，又可分为：

(1) 混色法。用二硫腙-三氯甲烷溶液提取后，在绿色二硫腙与红色二硫腙铅混合存在下光度法定量。

(2) 单色法。用二硫腙-三氯甲烷溶液提取后，以氰化钾-氨溶液洗去过剩的二硫腙，使三氯甲烷层只呈现二硫腙铅的红色，光度法定量。其化学反应式为：

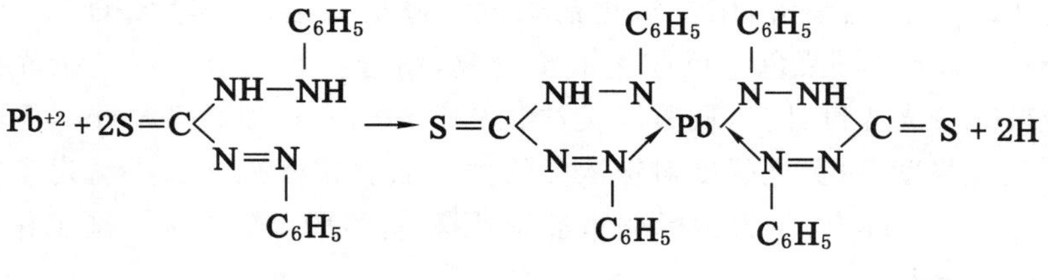

$$Pb^{+2} + 2S{=}C\left\langle\begin{matrix} NH{-}NH{-}C_6H_5 \\ N{=}N{-}C_6H_5 \end{matrix}\right. \longrightarrow S{=}C\left\langle\begin{matrix} NH{-}N(C_6H_5) \\ N{=}N(C_6H_5) \end{matrix}\right\rangle Pb \left\langle\begin{matrix} (C_6H_5)N{-}NH \\ (C_6H_5)N{=}N \end{matrix}\right\rangle C{=}S + 2H$$

用硝酸溶解光谱纯的铅或硝酸铅制备铅标准贮备液。该方法的检测限为 0.5 μg/mL。单色法需要氰化钾和氨水，前者为剧毒物质，尽量不采用。三氯甲烷也是易挥发有毒物质，操作应在通风橱中进行。

2. 火焰及石墨炉原子吸收光谱法

用微孔滤膜作为滤料，以 5 L/min 的流量采集 150 L(火焰原子化法)或 50 L(石墨炉原子化法)空气样品。将样品用硝酸-高氯酸消解后，在 283.3 nm 波长下，用火焰或石墨炉原子吸收法测定铅的含量。

火焰法：灵敏度 0.4 μg/mL(1%)，检测下限 0.06 μg/mL；石墨炉法：灵敏度为 0.002 μg/mL，检测下限与仪器噪声水平有关。

复习思考题

1. 试述工作场所空气中有毒有害气体的类别。

2. 怎样判断作业场所内物质的危害程度?

3. 有毒有害物质的危险程度分为哪几级?怎样计算其危害指数?

4. 怎样计算工作场所有毒物质的浓度超标倍数?

5. 简述盐酸萘乙二胺分光光度法对氮氧化物测定的原理。与原电池恒电流库仑法、化学发光法相比,该方法有何优缺点?

6. 二氧化硫测定的方法有哪几种?各方法有何优缺点?请写出恒电流库仑法测定空气中二氧化硫时的点击反应。

7. 简述气相色谱法测定一氧化碳的原理。

8. 测定碳氢化合物时样品的采集和预处理有哪几种方法?

9. 对较低浓度的氟化氢测定使用哪种方法最好?

10. 硝酸银比色法测定硫化氢时,为什么要阻止硫化银团聚?

11. 测定空气中的苯、甲苯、二甲苯时,采用有哪几种进样方法?简述测定方法的原理和主要步骤。

12. 试述目前我国车间空气中检验甲醛的推荐方法及其原理?

13. 试述桑色素荧光光度法测定铍及其化合物的原理及调节控制溶液 pH 值的原由。

第六章 空气中有毒有害气体的应急检测

在工业生产过程中，广泛存在着泄漏现象。当可燃气体、液化烃等危险物质发生泄漏后，遇到点火源就会引起燃烧及爆炸，就会形成灾害。有些有毒物质泄漏后，还会直接危及人身安全。因此，分析研究危险物质泄漏的原因与其危险性，采取有效的泄漏检测和预防措施，对于减少工业企业生产中灾害事故发生尤为重要。

第一节 概　述

正常情况下，在工业企业中收存、输送危险物质的仪器、容器、管道等是选用最合适的材料、按严格的标准设计制造并通过耐压试验的，是不会发生泄漏的。若发生有毒有害物质泄漏，一般是异常情况使容器或装置的部分构件被破坏或人为误操作造成的。

1. 设备、技术方面存在问题

设备质量、容器、管道达不到有关技术标准的要求；防爆炸、防火灾、防雷击、防污染等设施不齐全、不合理，维护管理不落实等；设备老化、带故障运行。化工生产流程中，一般都有一定的压力、温度，甚至高温、高压，不少原料、中间体和产品都具有腐蚀性等特点，极易导致设备老化、故障，使各种管、阀、泵、室、塔、釜、罐出现“跑、冒、滴、漏”的现象。

2. 违反操作规程

近年来不少化工企业，尤其是私营化工企业急剧增多，许多从业人员素质不高，又未经过严格、系统的培训。另外，规章制度不落实，劳动纪律涣散，也会导致危化品泄漏事故发生。例如，位于北京市怀柔区的某黄金冶炼厂，因 2 名当班工人违反规定，同时离岗用餐，导致 20 余吨含有氰化物的液体泄漏，造成 3 人死亡、8 人中毒受伤的严重后果。

可燃气体和有毒气体的泄漏后可能会发生火灾、爆炸或中毒事故，应迅速对事故现场的危险物质进行分析鉴定，才能选择正确的防护措施对救援人员实施防护，准确找出事故的本质原因，有效指导化学事故的预警、监控、防范和救援。与传统的实验室检测相比，气体现场快速检测技术在安全生产中具有操作简单、响应快速等优势，尤其是在突发化学事故应急处置和职业卫生监察领域更加突出。目前，有毒有害、易燃易爆气体现场快速检测技术已经成为各行各业保护劳动者生命和健康、保障国家和个人财产不受损害的重要技术手段，广泛应用于石油化工、煤矿、钢铁、造船、市政施工、消防、应急救援、反恐、安全监察、职业卫生检测等领域。

第二节　空气中有毒有害气体仪器测定法

为了预防和减少可燃气体和有毒气体的危害，真正落实“安全第一，预防为主，综合治理”安全生产指导方针，必须建立有效的有毒有害气体快速检测方法。其检测仪可分为两大类：一种是便携式检测仪；另一种是固定式检测仪。便携式检测仪主要用于环境应急监测或者个人安全检测，而固定式检测仪多应用于可能产生或泄漏可燃气体和有毒气体的生产场所，起到实时监控和及时报警的功能。固定式检测仪一般由变送器和控制器两部分组成。气体变送器包括气体传感器，用于检测气体浓度，并把监测信号转化为电信号。气体变送传感器按工作原理不同，可分为催化燃烧传感器、半导体传感器、电化学传感器、红外传感器、PID光离子检测器等。气体控制器的作用是处理来自变送器的电信号，并实现显示、报警、控制和数据上传等功能。便携式检测仪是利用有害物质的热学、光学、电化学、气相色谱学等特点设计的能在现场测定某种或某类有害物质的仪器，包括便携式红外检测仪、便携式分光光度计、便携式色谱、便携式色质联用仪、电位电解式检测仪、敏电极检测仪等。下面仅对常见的集中气体检测仪器介绍。

一、红外线气体检测仪

红外线气体检测技术是通过测定在特定波长范围内样品吸收红外光的强度来区分有毒有害气体的一种检测技术。红外光谱是分子吸收光谱的一种，利用物质对红外区的电磁辐射的选择性吸收来进行结构分析及对化合物进行定性定量分析的一种方法。被测物质的分子在红外线照射下，只吸收与其分子振动、转动频率一致的红外光谱。红外线气体检测仪采用单光束红外光谱检测器，将被测气体扫描绘制的红外光谱与分析仪内置毒物的红外光谱库自动搜索匹配，进行单一或多种成分的谱库检索与匹配，根据匹配效果来判断毒物种类和水平。目前，一种红外光谱技术被运用到现场快速检测仪器中光声红外光谱学技术。光声红外检测器是利用光声效应检测有毒有害物质的蒸气，当一种气体吸收到红外辐射时，会引起温度升高，由此引起气体膨胀。如果调节红外辐射的强度，则样品会膨胀和收缩；如果设计有音频，则用麦克风传输声音信号。光声红外气体检测器使用不同的过滤器，选择性地传输被监控的有毒有害物质吸收的特定光波长，用比较大的波长信号鉴定未知化合物。当大气样品中没有有毒有害物质存在时，就不会出现特殊波长的红外吸收峰，所以也就检测不到音频信号；当大气样品中有有毒有害物质存在时，通过调节红外光的吸收会产生音频信号。如果样品连续地吸收不同波长的红外光，则选择性会大大增加，即：当若干波长的光连续通过样品时，可以从干扰物中检测出是何种毒物。

该方法对红外光谱库内的CO、CO_2和CH_4等单一组分气体具有快速、准确、重复性好等优点，但对无红外光谱的单原子He、Ar等以及H_2、O_2、N_2、Cl_2等同质双原子分子无法进行检测，对与标准谱库相似度为0的AsH_3、氯化氢、氰化氢、硫化氢不能进行在线检测，且对多组分混合气体分辨率低。红外线气体检测仪具有检测快速、不破坏试样、用量少、操作简单、能分析各种状态的试样，但分析灵敏度较低，定量分析误差较大，其应用范围受到一定程度的限制。

二、光离子化法检测仪

光离子化检测器可分为无光窗式和光窗式两种。其原理是利用样品组分在离子化室中发生电离，产生带正电的离子与带负电的离子，在外加电场作用下，向金属电极快速移动，在两个电极之间产生微电流信号。该方法具有适用范围广、精度高、响应快、可连续测量以及无须载气等优点，且经离子化的待测气体可重新复合成为原来的气体和蒸汽，无破坏性，但易受环境因素影响，且不能检测电离电位远高于 10.6 eV 的氮气、氧气、二氧化碳、水、一氧化碳、甲烷以及放射性气体。

光离子化检测器(PID)检测待测气体，经离子化的待测气体可重新复合成为原来的气体和蒸汽，不具有破坏性，对光离子化检测器快速检测挥发性化学物的效果评价显示：在对模拟化学品金缕梅酊剂中毒现场的检测中，其准确度可满足现场检测的要求。通过多次检测，发现光离子化检测器易受到环境温度、相对湿度以及待测气体浓度的影响。因此，该仪器具有快速、连续测量，但易受环境因素影响的特点。PID 使电离电位等于或小于光能量的化合物发生电离，光离子化检测器便携式 PID 是微型色谱中比较常见的检测仪器，其灵敏度比氢火焰离子化检测器(FID)色谱仪高 50～100 倍，可以检测芳香类、醇类、醛类、酮类、胺类、卤代烃类、硫代烃类、不饱和烃类以及不含碳的无机气体(氨、砷、硒)、溴和碘类等物质。便携式 PID 体积小、质量轻、响应时间短，不需要氢气和助燃气，只用空气作载气，灵敏度高、检出限低、线性范围宽(105)，适合现场危险化学品应急检测。因此，它有利于分析复杂环境污染，突发性危险化学品污染事件等。

三、火焰离子化检测器

火焰光度法(FPD)主要用于检测含硫和含磷的化合物，如神经毒剂和芥子气。军事毒剂侦检仪则是基于火焰光度法的挥发性有机化合物快速检测仪，主要用于检测含硫、磷的神经毒剂。火焰光度法对含硫、磷的化合物具有较高的选择性，适用于含硫、磷化合物污染导致的突发化学中毒现场快速检测，但其较高的假阳性率又使在现场的实际应用中受到一定限制，在初步判定化合物种类后需要进一步使用其他方法进行验证。

该技术是基于氢火焰燃烧原理，火焰能够分解存在于空气中的任何有毒有害物质，含有磷和硫的有毒有害物质各自产生氢磷氧(HPO)和元素硫。在提高火焰温度时，磷和硫发散出特殊波长的光，通过较理想的过滤器来传递这种光，磷和硫发散出的光传送到光电倍增管，光电倍增管产生一个类似物质的电信号，这个电信号与空气中所含的磷和硫化合物的浓度有着直接的关系。由此可见，只要是含磷和硫的化合物，都可用火焰光度法进行检测。火焰光度法非常灵敏，允许仪器直接对环境空气采样分析，但环境空气中只要有磷和硫存在，就会产生干扰出现误报现象。为了减少检测中的干扰，在制造仪器时使用气相色谱技术中的火焰光度检测器就会大大降低误报的发生。

四、传感器气体检测仪

气体传感器是用来检测气体的成分和含量的传感器，是一种“气-电”传感器件，它把有关气体成分、浓度等物理特性转变为电信号，使人们能正确有效地控制并应用。气体传感器可分为：半导体型气体传感器、电化学型气体传感器、接触燃烧式气体传感器、光化学型气体传感器、高分子气体传感器等。

1. 催化燃烧型气体传感器

催化型可燃气体传感器是利用难熔金属铂丝加热后的电阻变化来测定可燃气体浓度。在探测器的表面涂有耐高温的催化层，当可燃气体进入探测器时，在其表面引起氧化反应(无焰燃烧)，其产生的热量使铂丝的温度升高，而铂丝的电阻率便发生变化，进而在桥路上产生一个不对称电压，输出的电信号用于检测可燃气体浓度。

催化燃烧型气体传感器对所有可燃气体的响应具有广谱性，在空气中对可燃气体爆炸下限以下的检测输出信号接近线性(最低爆炸限为 60%)。对非可燃气体没有反应。该类传感器结构简单，成本低，不受水蒸气影响，对环境温、湿度影响不敏感。基于以上优点，该类传感器在油田大量使用。

2. 电化学传感器

电化学传感器是目前较为常见的检测无机类可燃气体和有毒气体检测元件。传感器的传感电极上可以催化一些特殊的反应，随传感器不同，不同的待测物质将在电极上发生氧化或还原反应，并相对于测量电极产生正或负的电位差，传感器产生的电流与气体的浓度成比例。

3. 半导体传感器

半导体气体传感器是利用某种金属氧化物薄膜制成的器件，在清洁空气中它的电导很低；当半导体材料吸附气体时，气体分子在薄膜表面进行还原反应，引起半导体的电导率发生变化，从而使传感器的输出电阻值随被测气体的浓度变化而改变。

半导体传感器可以对未知有毒气体和易燃易爆气体响应，如甲烷、乙烷、丙烷、丁烷、甲醛、一氧化碳、乙烯、乙炔、氯乙烯、苯乙烯、丙烯酸等。由于其具有响应速度快、灵敏度高等特点，1962 年半导体金属氧化物陶瓷气体传感器问世以来，就得到了广泛使用。

4. 高分子式气体传感器

近年来，使用高分子敏感材料(如 L-B 膜、酞菁聚合物、聚乙烯醇-磷酸、氨基十一烷基硅烷、聚异丁烯等)制作而成的气体传感器取得了很大进展。高分子式气体传感器主要利用其电阻、材料表面声波传播速度以及频率、材料重量等物理性能会随所遇到的特定气体而发生变化的特点来实现气体的检测。根据所用材料的气敏特性不同，这类传感器可分为高分子电阻式气体传感器、浓差电池式气体传感器、声表面波气体传感器和石英振子式气体传感器。高分子电阻式气体传感器(如 L-B 膜气体传感器)主要通过测量高分子气敏材料的输出电阻值来实现对气体的浓度检测，主要使用 L-B 膜、欧菁聚合物、聚毗咯等材料制成；浓差电池式气体传感器是利用高分子气敏材料吸附气体时会形成浓差电池，通过测量传感器的输出电压就可获取气体浓度信息，主要使用的材料有聚乙烯醇-磷酸等；声表面波气体传感器是根据声波在材料表面传播速度或频率会随着气敏材料吸收气体而发生变化，通过测量声波的速度或频率就可检测气体的浓度。石英振子式气体传感器的原理是利用气敏材料吸附气体后，会使涂敷在石英振子上的材料重量的增加，从而引起石英振子的共振频率变低，通过测量石英振子的共振频率变化来检测气体浓度。由于高分子式气体传感器具有工艺简单、操作容易、对特定气体的灵敏度高、选择性好，而且可以在常温下使用等特点，目前在有毒气体和食品新鲜度检测中取得了很好的应用。

第三节 有毒有害气体检测仪选择

一、确定检测气体的种类和浓度范围

在生产过程中，每一个生产部门所遇到的气体种类是不同的，这就要求在选择气体检测仪时要根据具体情况而定。在选择气体检测仪时要考虑到所有可能发生的情况：如果甲烷和其他毒性较小的烷烃类居多，选择可燃气体检测仪无疑是最为合适的。这不仅是因为LEL检测仪原理简单，应用较广，同时它还具有维修、校准方便的特点。如果存在一氧化碳、硫化氢等有毒气体，就要优先选择一个特定气体检测仪才能保证工作人员的安全；如果更多的是有机可燃气体和有毒气体，考虑到其可能引起人员中毒的浓度较低，如芳香烃、卤代烃、氨(胺)、醚、醇、酯等，就应当选择光离子化检测仪，而绝对不要使用可燃气体检测仪应付，因为这可能会导致人员伤亡；如果气体种类覆盖了以上几类气体，选择一个复合式气体检测仪可能会达到事半功倍的效果。

二、确定使用场合

对于各类不同的生产场合和检测要求，怎样选择合适的气体检测报警仪及在使用过程中应注意哪些问题，是每一个从事安全和卫生工作的人员都必须十分注意的问题。工业环境的不同，选择气体检测仪类也不同。

1. 固定式气体检测仪

固定式气体检测仪在工业装置上和生产过程中使用较多的检测仪。它可以安装在特定的检测点上对特定的气体泄漏进行检测。固定式检测器一般为两种：有传感器和变送组成的检测头为一体安装在检测现场；有电路、电源和显示报警装置组成的二次仪表为一体安装在安全场所，便于监视。它同样要根据现场气体的种类和浓度加以选择，同时还要注意将它们安装在特定气体最可能泄漏的部位，比如要根据气体的比例选择传感器安装的有效高度等。

2. 便携式气体检测仪

由于便携式仪器操作方便，体积小巧，可以携带至不同的生产部位，电化学检测仪采用碱性电池供电，可连续使用1 000 h；新型可燃气体检测仪、PID和复合式仪器采用可充电电池(有些已采用无记忆的镍氢或锂离子电池)，使得它们一般可以连续工作近12 h，作为这类仪器在各类工厂和卫生部门的应用越来越广。

(1) 密闭空间。如果是密闭空间，比如反应罐、储料罐或容器、下水道或其他地下管道、地下设施、农业密闭粮仓、铁路罐车、船运货舱、隧道等工作场合，在人员进入之前，就必须进行检测，而且要在密闭空间外进行检测。此时，必须选择带有内置采样泵的多气体检测仪。因为密闭空间中不同部位(上、中、下)的气体分布和气体种类有很大的不同，一个完整的密闭空间气体检测仪应当是一个具有内置泵吸功能——以检测非接触分部位，具有多气体检测功能——以检测不同空间分布的可燃气体和有毒气体，包括无机气体和有机气体；具有氧检测功能——防止缺氧或富氧；体积小巧，不影响人工作的便携式仪器。只有这样才能保证

进入密闭空间的工作人员的绝对安全。目前，随着制造技术的发展，便携式多气体（复合式）检测仪也是一个新的选择。由于这种检测仪可以在一台主机上配备所需的多个气体（无机有机）检测传感器，所以它具有体积小、质量轻、响应快、同时多气体浓度显示的特点。另外，进入密闭空间后，还要对其中的气体成分进行连续性检测，避免由于人员进入、突发泄漏、温度等变化引起挥发性有机物或其他可燃气体和有毒气体的浓度变化。

(2) 开放的场合。如果是在开放的场合，比如敞开的工作车间使用这类仪器作为安全报警，可以使用随身佩戴的扩散式气体检测仪，因为它可以连续、实时、准确地显示现场的可燃气体和有毒气体的浓度。这类新型仪器有的还配有振动警报附件，以避免在嘈杂环境中听不到声音报警，并安装计算机芯片来记录峰值、STEL（15 min 短期暴露水平）和 TWA（8 h 统计权重平均值），为工人健康和安全提供具体的指导。

(3) 应急事故、检漏和巡视。如果用于应急事故、检漏和巡视，那么应当使用泵吸式、响应时间短、灵敏度和分辨率较高的仪器，这样可以很容易判断泄漏点的方位。在进行工业卫生检测和健康调查时，具有数据记录和统计计算以及可以连接计算机等功能的仪器应用起来就非常方便。随着制造技术的发展，便携式多气体（复合式）检测报警仪也是一个新的选择。由于这种检测仪可以在一台主机上配备所需的多个气体（无机/有机）检测传感器，所以它具有体积小、质量轻、相应快、同时多气体浓度显示的特点。

(4) 防爆场所的选择。如果进入具有爆炸危险的区域检测，那么应选用防爆等级为 Ex(ia) ⅡCT_4的仪器。其中，ia 本安电路要求正常工作状况下及存在两起故障时，元器件不引发燃爆；Ⅱ类指除煤矿、井下之外的所有其他爆炸性气体环境用电气设备；C 标志是较高的防爆等级；T4 是用电气设备的最最高表面温度不超过 135 ℃。

三、使用气体检测报警仪时需要注意的问题

1. 注意经常性的校准和检测

可燃气体和有毒气体检测仪也同其他的分析检测仪器一样，都是用相对比较的方法进行测定的：用一个零气体和一个标准浓度的气体对仪器进行标定，得到标准曲线储存于仪器之中，测定时仪器将待测气体浓度产生的电信号同标准浓度的电信号进行比较，计算得到准确的气体浓度值。因此，随时对仪器进行校零，经常性对仪器进行校准，这些都是保证仪器测量准确的必不可少的工作。需要说明的是，目前很多气体检测报警仪都是可以更换检测传感器的，但这并不意味着一个检测仪可以随时配用不同的检测仪探头。不论何时，在更换探头时，除了需要一定的传感器活化时间外，还必须对仪器进行重新校准。另外，建议在各类仪器在使用之前，对仪器用标准气体进行响应检测，以保证仪器真正起到保护的作用。

2. 注意各种不同传感器间的检测干扰

化学探测技术灵敏度相当高，但是互相干扰交叉也比较普遍，且相对湿度对很多探测器也有影响。个别交叉系数可达到 30%。一般而言，每种传感器都对应一个特定的检测气体，但任何一种气体检测仪也不可能是绝对特效的。在选择一种气体传感器时，应当尽可能了解其他气体对该传感器的检测干扰，如果干扰气体浓度变化大于 3 倍于测试气体，则可能

误差100%。任何气体分析技术都存在同样的问题，所以复杂气体分析最好选用交叉补偿综合分析仪，或者选择高级气体分析仪。

3. 注意各类传感器的寿命

各类气体传感器都具有一定的使用年限。一般来讲，在便携式仪器中LEL传感器的寿命较长，一般可以使用3 a左右；光离子化检测仪的寿命为4 a或更长一些，电化学探头一般寿命2 a，每年的飘移一般低于10%，个别会大一些，每年进行一次标定，这样完全可以保证很高的准确性。氧气传感器的寿命最短大概在1 a左右。电化学传感器的寿命取决于其中电解液的干涸，所以如果长时间不用，将其密封放在较低温度的环境中可以延长使用寿命。固定式仪器由于体积相对较大，传感器的寿命也较长一些。因此，要随时对传感器进行检测，尽可能在传感器的有效期内使用，一旦失效及时更换。

4. 注意检测仪器的浓度测量范围

各类可燃气体和有毒气体检测器都有其固定的检测范围。只有在其测定范围内完成测量，才能保证仪器准确地进行测定。而长时间超出测定范围进行测量，就可能对传感器造成永久性的破坏，如可燃气体检测仪，如果不慎在超过100%LEL（最低爆炸限）的环境中使用，就有可能彻底烧毁传感器。而其他可燃气体和有毒气体检测报警器，长时间工作在较高浓度下使用也会造成损坏。例如，可燃气体检测仪不慎在超过100%LEL的环境中使用，则有可能烧毁传感器。有毒气体检测仪也存在类似情况，常见的一氧化碳传感器量程为$0\sim500\times10^{-6}$，硫化氢传感器量程为$0\sim100\times10^{-6}$，二氧化硫传感器量程为$0\sim250\times10^{-6}$，长时间工作在较高浓度下使用会造成传感器损坏。

第四节 比色法

要确定有毒有害物质是否存在，只要通过观察比色管或检测纸与有毒有害物质接触时的颜色变化情况即可。使用的方法是：当从其他报警器材得知可能有有毒有害物质存在时，此时再用比色管或检测纸进行检测。

一、检气管法

检气管法指根据现场气体与指示剂发生化学反应而呈现的颜色来定性鉴定气体的种类，时根据指示剂颜色的深浅或变色柱的长短来确定气体的水平。此类方法具有操作简单、快速、费用低的优点，但容易受到其他物质的干扰，准确度和灵敏度不高，无法提供报警，且检气管容易过期，废弃后易产生化学污染，目前主要用于空气样品中有毒气体短时测量（瞬间的实际水平），如氨气（NH_3）、氯气（Cl_2）、硫化氢（H_2S）、砷化氢（AsH_3）、一氧化碳（CO）、二氧化碳（CO_2）、苯（C_6H_6）及苯系物等。

气体检测管是一种快速测定空气中有害气体浓度的工具，在一个固定长度和内径的玻璃管内，装填一定量的检测剂，加以固定，再将玻璃管两端熔封。使用时将管子两端割断，让被测气体定量地通过管子，被测物质立即与管中检测剂发生定量化学反应，部分检测剂被染色，其染色长度与被测物浓度成正比，从检测管上已印制好的刻度即得知被测气体的浓度。具有简单迅速的特点，但是精度较低。

有毒气体检测管是一种内部充填化学试剂显色指示粉的小玻璃管。指示粉为吸附有化学试剂的多孔固体细颗粒，每种化学试剂通常只对一种化合物或一组化合物有特效。当被测空气通过检测管、空气中含有待测的有毒气体时，就会与管内的指示粉迅速发生化学反应，并显示出颜色。管壁上标有刻度（通常为 mg/m^3），根据变色环（柱）部位所示的刻度位置就可以定量或半定量地读出污染物的浓度值。气体检气管法适用于空气中气态或蒸气态物质，不适合测定形成气溶胶的物质。

快速检测管法是一种根据化学显色反应产生颜色的深浅或变色柱的长度进行定性和半定量的现场快速简便检测手段，具有体积小、携带轻便、操作简单快速、方法的灵敏度较高和费用低的优点，但其检测的准确度和精密度较差。目前应用较广的有气体检测管和急性食物中毒物质的快速检测管两类，使用时最好要先根据化学品备案等线索估计事故现场可能存在的化学危险物质和可能存在的干扰物质，在已知有毒气体化学物品名类别的情况下，采用相应种类的检测管检测该有毒气体在空气中的浓度范围，或用多种检测管进行测试。目前，国内外检测管的产品很多，气体可检测一氧化碳、氨气、氯气、光气、二氧化氮、二氧化硫、硫化氢、苯等，食物中毒物质可检测毒鼠强、亚硝酸盐、硝酸盐、有机磷农药等。

二、试纸法

使被测空气通过用试剂浸泡过的滤纸，有害物质与试剂在纸上发生化学反应，产生颜色变化；或者先将被测空气通过未浸泡试剂的滤纸，使有害物质吸附或阻留在滤纸上，然后向纸上滴加试剂，产生颜色变化；根据产生的颜色深度与标准比色板比较，进行定量。前者多适合于能与试剂迅速起反应的气体或蒸气态有害物质；后者适用于气溶胶的测定，允许有一定的反应时间。试纸比色法的特点是操作简便、快速，测定范围广，适用于工矿、农村、山区的广大群众使用；但它的测定误差较大，是一种半定量的方法。

第五节　检气管法

一、检气管法的原理

用某种化学试剂溶液浸泡过的粉状颗粒载体装入玻璃管中，被测空气以一定的流速经过此管，被测物质与试剂发生显色或变色反应，根据颜色的深浅或变色部分的长短，可以确定有毒有害气体的浓度。如果反应为特征反应，还可以定性。定性和定量的依据是事先制成的标准比色板或变色长度，所以检气管又分为比色型检气管和比长度检气管。

被检测空气进入检气管的方式有两种：一种是用手动抽气筒或抽气泵把空气抽过检气管；另一种是把检气管放在被检测空气中，让空气中被测气体在浓度差的作用下，扩散进入检气管，这种检气管称为被动式检气管。

气体定性检气管是在一根玻璃管内装入浸渍不同指示剂的颗粒载体，形成不同的色段。将气体引入玻璃管内，通过不同色段颜色的变化确定被测气体的性质(种类)，当一种气体通过玻璃管内的指示粉后，其中一个色段变成某种颜色，而其他各色段均不变化，即可确定该种气体为何种气体；同理，还可以确认使其他色段变色的气体的种类。例如，北川式 131 型无机气体定性检测管由 A、B、C、D、E 五个色段构成，色段间用白色硅胶隔开，如图 6-1 所示。当含有有毒气体的空气通过检气管时，依次与各色段指示剂发生变色反应，呈现不同的颜色变化，根据变化的组合可确认气体的种类。

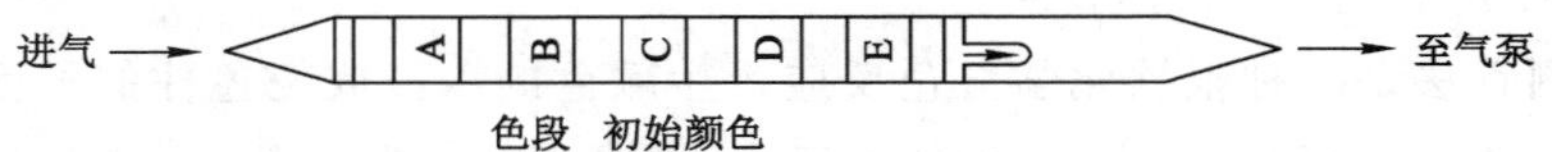

A—浅黄色；B—浅红紫色；C—白色；D—白色；E—黄色。

图 6-1 131 型检测管示意图

除无机气体检气管外，还有有机气体检气管，同样是针对几种常见有毒气体设计的，有时需要有机、无机气体检气管联合使用。

应用实例：

某热力公司检修工进入检查井检修时、突然晕倒，疑为气体中毒。事故发生后，检测人员迅速起到现场，用抽气泵抽出井内气体，使用北川式 131 型无机气体定性检测管和 186B 有机气体定性检测管测定。

检气管的操作步骤简单、容易掌握；气管可以在几分钟之内测出工作环境中有害物质的浓度，最高灵敏度可达 0.01 mg/m^3，一般采样体积在数十毫升，可用于评价作业场所空气的急性中毒可能性，也可以用于空气污染研究，能够测定无机和有机的物质。

二、一氧化碳检气管

一氧化碳检气管有两种：一种是比色型，硫酸钯—钼酸铵检气管；另一种是比长度型，发烟硫酸—五氧化二碘检气管。此处介绍硫酸钯—钼酸铵比色型检气管。

(一) 原理

硅胶吸附硫酸铵和钼酸铵后呈黄色，钼酸铵与硅胶生成硅钼络合物。遇到一氧化碳气体，钯离子使一氧化碳氧化成二氧化碳，本身还原成钯。新生态钯将硅钼络合物还原成钼蓝，钼蓝使显色粉变色。以变色色度与标准色板比较，确定一氧化碳的浓度。

(二) 类型

按照使用场所和消除干扰的能力不同，一氧化碳检气管有 3 种类型。

1. 甲型

管内装有两段白色保护剂。一段黄色指示粉，适用于空气中不含乙烯、二氢化氮等干扰气体的场所。

2. 乙型

管内装有三段白色保护剂，一段黄色指示粉，一段黄色乙烯去除剂(用指示粉消除乙烯)，适用于焦化工厂或利用焦炉煤气的场所等。

3. 丙型

管内装有四段白色保护剂，一段黄色指示粉氧化氮去除剂，适用于进行爆破作业的场所。

复习思考题

1. 工业生产过程中有毒有害气体是怎么泄漏的?
2. 快速检定的意义、特点是什么?
3. 空气中可燃气体和有毒气体快速测定法有哪些?
4. 空气中可燃气体和有毒气体仪器测定法有哪几种? 主要应用在哪些方面?
5. 简述红外线气体检测仪、光离子化法检测仪、火焰离子化检测器、传感器气体检测仪的工作原理;其应用的场所有哪些?
6. 试纸法的检测原理是什么?
7. 检气管的原理是什么? 它有什么样的优点?

第七章

工作场所噪声检测

长期暴露于强工业噪声中，可能导致工作人员耳聋，这是人们对噪声危害的初期认识。随着现代科学技术和工业的发展，人们已经对噪声的危害有了更深入的认识，它不只是引起人体的生理改变及听力损害，还会导致工作人员心理以及工作效率降低等不良影响。因此，开展工业噪声危害及其控制对策的研究，对保证劳动者职业安全，提高工作效率都是十分重要的课题，噪声检测是开展研究的基础性工作，同时也是为安全管理提供决策依据的工作。

第一节　概　　述

一、噪声的定义和特征

（一）噪声的定义

在不同的学科领域，人们给噪声所下的定义是不同的。从环境声学宏观角度来定义，凡是不需要的、使人厌烦并对人类的生产和生活活动有妨碍的声音称为噪声。工业噪声是由正在运行的工业设备（机器）产生的噪声。

（二）噪声的特征

1. 噪声污染是感觉公害

对噪声的判断与个人所处的环境和主观愿望有关。例如，优美的音乐对正乐于欣赏音乐的人来说，是愉快的享受，但对正在学习思考或睡眠休息的人来说，却会成为噪声。因此，噪声评价要结合受害人的生理及心理因素，噪声标准也要依据不同的时间、地点和人的行为状态等分别制定。

2. 噪声污染是局部的和多发性的

噪声污染源发出的噪声向四周辐射时，会随距离的增加而迅速衰减、消失。无论多强的噪声都只能波及局部的范围，而不像大气污染和水污染那样可能大范围地扩散。

3. 噪声污染是暂时性污染

噪声污染不是由别的物质加给的，而是由空气中的物理变化所引起。因此，在声音过去之后，没有残留物质留下，噪声污染在环境中不持久、不积累。换言之，噪声污染一边产生，一边消失，不会像别的污染物那样在环境中积累起来对环境形成持久的危害。

二、噪声的产生与分类

按噪声源的物理特性可将噪声分为机械振动性噪声和气体动力噪声。机械振动性噪声是由机械运转中部件摩擦、撞击以及因机械动力、磁力不平衡产生振动而辐射的噪声，如机床、电动机运转的噪声；气体动力噪声是由物体高速运动、气流喷射以及化学爆炸等引起周围压力突变而产生的噪声，如超声速喷气飞机的轰鸣声、内燃机的排气声均属此类。表 7-1 列出了部分噪声的强度与频率特征。我国《工业企业设计卫生标准》(GBZ 1—2015)中规定，日接触噪声时间 8 h 的卫生限值是 85 dB(A)。从表 7-1 中可知，部分工作场所的噪声强度超过职业卫生标准限值 10～25 dB(A)，而且是多种类型噪声叠加而成的。

表 7-1　工作场所噪声强度及频率特性

噪声源	噪声强度/dB(A)	频率特征
通风机	95～108	中频，高频
空气压缩机	92～105	中频，高频
吊截圆锯	96～105	中频，高频
砂轮机	94～103	中频，高频
汽轮机	110～120	中频，高频
织布机	95～110	中频，高频
发电机	105～115	中频，高频
振动剪床	105～120	低频，中频
气锤	103～110	低频，中频
球磨机	105～110	低频，中频
剪板机	98～108	低频，中频
立车	105～110	低频，中频
爆破	110～120	低频，中频

按噪声时间变化的属性又可将噪声分为稳态噪声、非稳态噪声、起伏噪声、间歇噪声以及脉冲噪声等类型。稳态噪声是指在观察时间内幅值和频带变化都很小的可听噪声，如电动机、排气扇所产生的噪声。反之，幅值和频带变化大的噪声为非稳态噪声；在观察过程中声级连续在一个相当大的范围内变化的可听噪声称为起伏噪声，如交通噪声；声级保持在背景之上的时间超过 1 s，并多次下降到背景噪声的可听噪声称为间歇噪声；脉冲噪声是指由一个或多个持续时间小于 1 s 的不规则脉冲或噪声尖峰组成的可听噪声。

三、噪声的危害

噪声污染是一种物理污染，对人、动物和建筑物都能造成危害，其危害程度取决于噪声的强度和暴露时间的长短。通常将 40 dB 作为环境噪声的卫生标准，超过则会给人类带来危害。

(一) 损伤听力

一般来说，85 dB 以下的噪声不至于损伤听力，而超过 85 dB 的噪声则可能给人造成暂时性或永久性的听力损伤。表 7-2 列出了在不同噪声级下长期工作时，耳聋发病率调查统计资料。可以看出，当噪声级超过 90 dB 之后，耳聋的发病率明显增加。然而，即使是高于 90 dB 的噪声，也只能给人造成暂时性的听力损害，一般休息一段时间后可逐渐恢复。因此，噪声的危害关键在于它的长期作用。

表 7-2　工作 40 a 噪声性耳聋发病率

噪声级/dB(A)	发病率/%	
	国际统计	美国统计
80	0	0
85	10	8
90	21	18
95	29	28
100	41	40

（二）干扰睡眠

在较强噪声存在的情况下，睡眠的数量和质量都会受到影响。如果长期处于强噪声环境中，会引起失眠、多梦、疲乏、注意力不集中和记忆力衰退等一系列神经衰弱症状。

（三）扰乱人体正常的生理功能

噪声会引起人的紧张反应，刺激肾上腺素的分泌，从而引起心律失调和血压升高，甚至会增加心脏病的发病率。噪声还会使人的唾液、胃液分泌减少，胃酸降低，从而诱发胃溃疡和十二指肠溃疡。研究表明，吵闹环境下的溃疡发病率比安静环境中高出许多。

（四）影响儿童和胎儿的正常发育

在噪声环境下，儿童的智力发育比较缓慢。某些调查资料指出，吵闹环境下儿童的智力发育水平比安静环境中低 20%。

噪声会使母体产生紧张反应，引起子宫血管收缩，以至于影响胎儿所必需的养料和氧气的正常供给，从而使胎儿的正常发育受到影响，甚至使产生畸胎的可能性增大。

值得注意的是，除非特强的噪声，一般噪声给人的危害是一个十分缓慢的过程，短时间内并无明显的表现。

第二节　声学基础

一、声音的发生、频率、波长和声速

声音可认为是通过物理介质传播的搅动。当物体在空气中振动，使周围空气发生疏、密交替变化并向外传递，且这种振动频率在 20～20 000 Hz，人耳听到的声音是叠加在听者周围大气压力上的一种压力波。因此，声音是周围大气压力的附加变化量。频率低于 20 Hz 的称为次声，高于 20 000 Hz 的称为超声，它们作用到人的听觉器官时不引起声音的感觉，所以不能听到，人感觉最灵敏的频率在 3 000 Hz 左右。

声是一种纵波，可以用频率、波长、声速、周期等反映波特征的参数来描述。声源在 1 s 内振动的次数称频率，记作 f，单位为 Hz。振动一次所经历的时间称周期，记作 T，单位为 s。显然，频率和周期互为倒数，即 $T=1/f$。

声波在一个周期内沿传播方向所传播的距离，或在波形上相位相同的相邻两点间的距

离称作波长，记为 λ，通常单位为 m。

1 s 内声波传播的距离叫作声速，记作 C，单位为 m/s。频率、波长和声速三者的关系为：

$$C = f\lambda \tag{7-1}$$

声速与传播声音的媒质和温度有关。在空气中，声速(C)和摄氏温度(t)的关系为：

$$C = 331.4 + 0.607t \tag{7-2}$$

与绝对温度 T 的关系为：

$$C = 20.05\sqrt{T} \tag{7-3}$$

在常温状态下，声速约为 345 m/s。声波在硬质材料中的传播速度远大于在软质材料中，如下列材料在室温下(21.1 ℃)的传播速度分别为：空气 344 m/s、水 1 372 m/s、混凝土 3 048 m/s、玻璃 3 658 m/s、钢铁 5 182 m/s、软木 3 353 m/s、硬木 4 267 m/s。

二、声功率、声强和声压

声功率(W)是指单位时间内，声波通过垂直于传播方向某指定面积的声能量。在噪声检测中，声功率是指声源总声功率，单位为 W。

声强(J)是指单位时间内，声波通过垂直于声波传播方向某指定面积的声能量，单位为 W/s^2。

声压(P)是由于声波的存在而引起的压力增值，单位为 Pa。声波是空气分子有指向、有节律的运动，其在空气传播时形成压缩和稀疏交替变化，所以压力增值是正负交替的。但通常讲的声压是取均方根值，称为有效声压，故实际上总是正值。对于球面波和平面波，声压与声强的关系为：

$$I = \frac{P^2}{\rho C} \tag{7-4}$$

式中：ρ 为空气密度。

三、分贝、声功率级、声强级和声压级

(一) 分贝

若以声压值表示声音大小，由于变化范围非常大，可以达六个数量级以上。用分贝表示就是不用线性比例关系，而用对数比例关系，从而避免了大数字的计算。另外，人体听觉对声信号强弱刺激反应也不是线性的，而是成对数比例关系。所以采用分贝来表达声学量值。

所谓分贝，是指被量度量的物理量(A_1)与一个相同的参考物理量(基准，A_0)的比值取以 10 为底的对数并乘以 10。由于对数值是无量纲量，因此分贝表示的量是与选定的参考量有关的数量级，它代表被量度量比基准量高出多少“级”。其数学表达式为：

$$N = 10 \cdot \lg\frac{A_1}{A_2} \tag{7-5}$$

(二) 声功率级

声功率级是描述一个给定声源发射的功率对应于国际参考声功率 10^{-12} W 的分贝值，即：

$$L_W = 10 \cdot \lg \frac{W}{W_0} \tag{7-6}$$

式中：L_W 为声功率级，dB；W 为声功率，W；W_0 为基准声功率，$W_0=10^{-12}$ W。

例如，某一小汽笛发出 0.1 W 的声功率，其声功率级为：

$$L_W = 10 \cdot \lg \frac{W}{W_0} = 10 \cdot \lg \frac{0.1}{10^{-12}} \text{ dB} = 110 \text{ dB}$$

由此可见，在人耳的灵敏度范围内，即使像 0.1 W 这样小的声功率，也是一个很大的声源。

（三）声强级

声强级的定义式为：

$$L_I = 10 \cdot \lg \frac{I}{I_0} \tag{7-7}$$

式中：L_I 为声强级，dB；I 为声强，W/m²；I_0 为基准声强，为 10⁻12 W/m²。

（四）声压级

声压级的定义式为：

$$L_P = 10 \cdot \lg \frac{P^2}{P_0^2} = 20 \cdot \lg \frac{P}{P_0} \tag{7-8}$$

式中：L_P 为声压级，dB；P 为被量度声音的声压，Pa；P_0 为基准声压，为 2×10^{-5} Pa，该值是一般青年人的人耳对 1 000 Hz 声音刚能听到的最低声压。

声压级与声压平方比值的对数成正比，这是有意义的。因声压平方也与声功率成正比，这样声功率级与声压级都与声功率联系起来。

四、噪声的叠加和相减

工业噪声问题的求解，通常需要利用分贝的加法和减法来计算声压和声功率。

（一）噪声的叠加

在工作位置仅受单一噪声源影响的情况比较少，起码本底或环境噪声总是存在的。两个以上独立声源作用于某一点，就产生噪声的叠加。

声能量是可以代数相加的，设两个声源的声功率分别为 W_1 和 W_2，那么$W_{总}=W_1+W_2$。而两个声源在某点的声强为 I_1 和 I_2 时，叠加后的总声强，$I_{总}=I_1+I_2$，但声压不能直接相加。总声压的平方等于两个声源在某点各自声压的平方和，即：

$$P_{总}^2 = P_1^2 + P_2^2 \tag{7-9}$$

又因为：

$$(P_1/P_0)^2 = 10^{L_{P1}}/10$$
$$(P_2/P_0)^2 = 10^{L_{P2}}/10$$

故总声压级为：

$$L_P = 10 \cdot \lg \frac{P_{总}^2}{P_0^2} = 10 \cdot \lg \frac{P_1^2 + P_2^2}{P_0^2} = 10 \cdot \lg(10^{L_{P1}}/10 + 10^{L_{P2}}/10) \tag{7-10}$$

（二）噪声的相减

噪声测量中经常碰到如何扣除背景噪声问题，这就是噪声相减的问题。通常噪声源的声级比背景噪声高，但由于后者的存在使测量读数增高，需要减去背景噪声。扣除背景的方法有两种：计算法和修正曲线法。

计算法的公式为：

$$L_P = 10 \cdot \lg(10^{L_{P1}}/10 - 10^{L_{PB}}/10) \tag{7-11}$$

式中：L_{PB}为所研究的噪声源停止发声时环境噪声的声压级，即背景噪声级。

第三节　噪声的物理量和主观听觉的关系

人们感觉到的噪声强度不仅与噪声的客观物理量有关，还与人的主观感觉有关。所以研究噪声的物理量与主观听觉的关系十分重要，但主观感觉牵涉复杂的生理机能和心理效应，且每个人的个体感觉也不相同，所以这种关系相当复杂。

一、响度和响度级

（一）响度（N）

人耳有很高的灵敏度和极大的动态响应范围，在此范围内人耳能正常地起作用，但人耳对不同频率的声波具有不同的响应灵敏度。换言之，两个声压相等而频率不相等的纯音听起来是不一样响的；同理，人耳感觉一样响的两个不同频率的声波其声压并不相同。例如，具有正常听力的人能够刚刚听到 0 dB 级的 2 000 Hz 纯音，但 200 Hz 的纯音只有达到 15 dB声压级才能够刚刚听到。响度是人耳判别声音由轻到响的强度等级概念，它不仅取决于声音的强度（如声压级），还与它的频率及波形有关。响度的单位宋（sone），1 sone 的定义为声压级为 40 dB，频率为 1 000 Hz，且来自听者正前方的平面波形的强度。

（二）响度级（L_N）

所研究声音的响度级是由该声音的响度与一个 1 000 Hz 纯音的响度凭主观感觉比较而定。响度级的计量单位为方（phon），其定义 1 000 Hz 纯音声压级的分贝值为响度级的数值，任何其他频率的声音，当调节 1 000 Hz 纯音的强度使之与这声音一样响时，则这 1 000 Hz纯音的声压级分贝值，就定为这一声音的响度级值。

利用与基准声音比较的方法，可以得到人耳听觉频率范围内一系列响度相等的声压级与频率的关系曲线，即等响曲线。该曲线为国际标准化组织所采用，所以又称为 ISO 等响曲线。

等响曲线图中同一曲线上下不同频率的声音，听起来感觉一样响，而声压级是不同的。从曲线形状可知，人耳对 1 000～4 000 Hz 的声音最敏感。对低于或高于这一频率范围的声音，灵敏度随频率的降低或升高而下降。例如，一个声压级为 80 dB 的 20 Hz 纯音，它的响度级只有 20 方，因为它与 20 dB 的 1 000 Hz 纯音位于同一条曲线上；同理，与它们一样响的 10 000 Hz 纯音声压级为 30 dB。

（三）响度与响度级的关系

根据大量实验数据得到，响度级每改变 10 phon，响度加倍或减半。例如，响度级 30 phon时响度为 0.5 sone；响度级为 40 phon 时响度为 1 sone；响度级为 50 phon 时响度为 2 sone，依次类推。它们的关系可用下列数学式表示：

$$\begin{cases} N = 2^{\frac{L_N - 40}{10}} \\ L_N = 40 + 33\lg N \end{cases} \tag{7-12}$$

响度级的合成不能直接相加，而响度可以相加。例如，两个不同频率而都具有 60 phon 的声音，合成后的响度级不是 60＋60＝120(phon)，而是先将响度级换算成响度进行合成，

然后再换算成响度级。本例中 60 phon 相当于响度 4 sone，所以两个响度合成为 4＋4＝8(sone)；而 8 sone 由数学换算为 70 phon，因此两个响度级为 60 phon 的声音合成后的总响度级为 70 phon。

二、计权声级

从等响曲线可以看出，人耳对不同频率的声波响应灵敏度有很大区别。由于实际声源所发射的声音包含着很广的频率范围，所以以上所讨论纯音（狭频带信号）的声压级与主观听觉之间的关系只适用于纯音的情况，然而实际噪声的测定就必须综合考虑混合噪声。

为了能用仪器直接反映人的主观响度的评价量，有关人员在噪声测量仪器——声级计中设计了一种特殊滤波器，称为计权网络。通过计权网络测得的声压级，已不再是客观物理量的声压级，而称计权声压级或计权声级，简称声级。通用的有 A、B、C 和 D 计权声级。

A 计权声级是模拟人耳对 55 dB 以下低强度噪声的频率特性；B 计权声级是模拟 55～85 dB 的中等强度噪声的频率特性；C 计权声级是模拟高强度噪声的频率特性；D 计权声级是对噪声参量的模拟，专用于飞机噪声的测量。计权网络是一种特殊滤波器，当含有各种频率的声波通过时，它对不同频率成分的衰减是不一样。A、B、C 计权网络的主要差别是在于对低频成分衰减程度，A 衰减最多，B 其次，C 最少。A、B、C、D 计权的特性曲线，其中 A、B、C 三条曲线分别近似于 40 phon、70 phon 和 100 phon 三条等响曲线的倒转。由于计权曲线的频率特性是以 1 000 Hz 为参考计算衰减的，因此以上曲线都重合于 1 000 Hz。实践证明，A 计权声级表征人耳主观听觉较好，故近年来 B、C 计权声级较少应用。A 计权声级以 L_{ns} 或 L_a 表示，单位为 dB(A)。

三、等效连续声级、噪声污染级和昼夜等效声级

(一) 等效连续声级

用 A 计权声级评价噪声是 1967 年以后逐渐发展起来的评价噪声的方法，它能够较好地反映人耳对噪声的强度与频率的主观感觉，因此对一个连续的稳态噪声，它是一种较好的评价方法，但对一个起伏的或不连续噪声，A 计权声级就显得不合适了。例如，交通噪声随车辆流量和种类而变化；又如，一台机器工作时其声级是稳定的，但由于它是间歇的工作，与另一台声级相同但连续工作的机器对人的影响就不一样。因此，人们提出了一个用噪声能量按时间平均方法来评价噪声对人影响的问题，即等效连续声级。它是用一个相同时间内声能与之相等的连续稳定的 A 声级来表示该段时间内的噪声的大小。例如，有两台声级为 85 dB 的机器，第一台连续工作 8 h，第二台间歇工作，其有效工作时间之和为 4 h。显然作用于操作工人的平均能量是前者比后者大 1 倍，即大了 3 dB。因此，等效连续声级反映在声级不稳定的情况下，人实际所接受的噪声能量的大小，它是一个用来表达随时间变化的噪声的等效量。

$$L_{eq} = 10\lg \frac{1}{T}\int_0^T 10^{0.1L_A(t)}\,dt \tag{7-13}$$

式中：L_{eq}为等效连续 A 声级，dB(A)；T 为噪声暴露时间；L_A 为在 T 时间内，A 声级变化的瞬时值，dB(A)。

如果数据符合正态分布，其积累分布在正态概率纸上为一直线，则可用下面近似公式计算：

$$L_{eq}=L_{50}+\frac{(L_{10}-L_{90})^2}{60} \tag{7-14}$$

式中：L_{10}为测量时间内，10％的时间超过的噪声级，相当于噪声的平均峰值；L_{50}为测量时间内，50％的时间超过的噪声级，相当于噪声的平均值；L_{90}为测量时间内，90％的时间超过的噪声级，相当于噪声的背景值。

累积百分声级 L_{10}、L_{50}和 L_{90}的计算方法有两种：其一是在正态概率纸上画出累积分布曲线，然后从图中求得；另一种简便方法是将测定的一组数据（如 100 个），从大到小排列，第 10 个数据即为 L_{10}，第 50 个数据即为 L'_{50}第 90 个数据即为 L_{90}。

（二）噪声污染级

许多非稳态噪声的实践表明，涨落的噪声所引起人的烦恼程度比等能量的稳态噪声要大，并且与噪声暴露的变化率和平均强度有关。经实验证明，在等效连续声级的基础上加上一项表示噪声变化幅度的量，更能反映实际污染程度。用这种噪声污染级评价航空或道路的交通噪声比较恰当，故噪声污染级公式为：

$$L_{NP}=L_{eq}+k\sigma \tag{7-15}$$

式中：k 为常数，对交通和飞机噪声取 2.56；σ 为测定过程中瞬时声级的标准偏差。

（三）昼夜等效声级

考虑到夜间噪声具有更大的烦扰程度，故提出一个新的评价指标——昼夜等效声级（也称日夜平均声级），符号为 L_{dn}。它是表达社会噪声——昼夜间的变化情况，表达式为：

$$L_{dn}=10\cdot\lg\left(\frac{16}{24}10^{0.1L_d}+\frac{8}{24}10^{0.1(L_n+10)}\right) \tag{7-16}$$

式中：L_d 为白天的等效声级，时间为 6：00—22：00，共 16 h；L_n 为夜间的等效声级，时间为 22：00 至次日 6：00，共 8 h。

昼间和夜间的时间，可依地区和季节不同而稍有变更。

为了表明夜间噪声对人的烦扰更大，故计算夜间等效声级这一项时加上 10 dB 的计权。

为了表征噪声的物理量和主观听觉的关系，除了上述评价指标外，还有语言干扰级（SIL），感觉噪声级（PNL），交通噪声指数（TN1）和噪声次数指数（NN1）等。

四、噪声的频谱分析

一般声源所发出的声音，不会是单一频率的纯音，而是由许许多多不同频率，不同强度的纯音组合而成。将噪声的强度（声压级）按频率顺序展开，使噪声的强度成为频率的函数，并考察其波形，叫作噪声的频谱分析（频率分析）。研究噪声的频谱分析很重要，它能深入了解噪声声源的特性，帮助寻找主要的噪声污染源，并为噪声控制提供依据。

频谱分析的方法是使噪声信号通过一定带宽的滤波器，通带越窄，频率展开越详细；反之通带越宽，展开越粗略。以频率为横坐标，以相应的强度（声压级）为纵坐标作图。通过滤波后各通带对应的声压级的包络线（轮廓）称为噪声谱。

滤波器有等带宽滤波器、等百分比带宽滤波器和等比带宽滤波器。等带宽滤波器是指任何频段上的滤波，通带都是固定的频率间隔，即含有相等的频率数；等百分比带宽滤波器具有固定的中心频率百分数间隔，故它所含的频率数随滤波通带的频率升高而增加。

例如，等百分比为3%的滤波器，100 Hz的通带为100 Hz±3 Hz；1 000 Hz的通带为1 000 Hz±30 Hz，而10 000 Hz的通带为10 000 Hz±300 Hz。噪声监测中所用的滤波器是等比带宽滤波器，它是指滤波器的上、下截止频率（f_2 和 f_1）之比以2为底的对数为某一常数，常用的有倍频程滤波器和1/3倍频程滤波器等。它们的具体定义如下：

1倍频程常简称为倍频程，在音乐上称为一个八度，是最常用的。

第四节 噪声测量仪器

通常用噪声测量仪器测量的噪声强度主要是声场中的声压，以及测量噪声的特征，即声压的各种频率组成成分，由于声强、声功率的直接测量较麻烦，所以较少直接测量。

测量噪声的仪器主要有：声级计、声频频谱仪、记录仪、录音机和实时分析仪器等。

一、声级计

声级计是最常用的噪声测量仪器，但与平时用的电位计、万用表等客观电子测量仪表又不同。它在把声信号转换成电信号时，可以模拟人耳对声波反应速度的时间特性；对高低频有不同灵敏度的频率特性以及不同响度时改变频率特性的强度特性。因此，声级计是一种主观性的电子仪器。按精密度可将声级计分为精密声级计和普通声级计两种，普通声级计的测量误差为±3 dB，精密声级计为±1 dB。

（一）声级计的工作原理

传声器膜片接受声压后，将声压信号转换成电信号，经前置放大器作阻抗变换，使电容式传声器与衰减器匹配，再由放大器将信号送入计权网络，对信号进行频率计权。由于表头指示范围一般只有20 dB，而声音范围变化范围可高达140 dB，甚至更高，所以必须使用衰减器来衰减较强的信号，再由输入放大器进行放大。放大后的信号由计权网络进行计权，它的设计是模拟人耳对不同频率有不同灵敏度的听觉响应。在计权网络处可外接滤波器，这样可做频谱分析。输出的信号由输出衰减器减到额定值，随即送到输出放大器放大。使信号达到相应的功率输出，输出信号经RMS检波后（均方根检波电路）送出有效值电压，推动电表，显示所测的声压级分贝值。

（二）声级计的分类

声级计整机灵敏度是指标准条件下测量1 000 Hz纯音所表现出的精度。根据该精度声级计可分为两类：一类是普通声级计，它对传声器要求不太高。动态范围和频响平直范围较窄，一般不与带通滤波器联合使用；另一类是精密声级计，其传声器要求频响宽，灵敏度高，长期稳定性好，且能与各种带通滤波器配合使用，放大器输出可直接和记录器、录音机相连接，可将噪声信号显示或储存起来。

如将精密声级计的传声器换成输入转换器，然上连接加速度计，就变成振动计了，这样可进行振动测量。

近年来，有学者将声级计分为4类，即0型、1型、2型和3型。它们的精度分别为

±0.4 dB、±0.7 dB、±1.0 dB 和±1.5 dB,仪器上有阻尼开关能反映人耳听觉动态特性,“F”挡用于测量起伏不大的稳定噪声。如果噪声起伏超过 4 dB,可用“S”挡,有的仪器还有读取脉冲噪声的“脉冲”挡。

声级计的示值表头刻度方式,通常采用由－5(－10)～0,以及 0～10,跨度共 15(20)dB。

二、其他噪声测量仪器

(一) 声级频谱仪

噪声测量中如需进行频谱分析,通常在精密声级配用倍频程滤波器。根据规定需要使用 10 个挡位,即中心频率为 31.5、63、125、250、500、1 000、2 000、4 000、8 000、16 000。

(二) 录音机

有些噪声现场,由于某些原因不能当场进行分析,需要储备噪声信号,然后带回实验室分析,这就需要录音机。供测量用的录音机不同家用录音机,其性能要求高得多。它要求频率范围宽(一般为 20～15 000 Hz),失真小(小于 3%),信噪比大(35 dB 以上);此外,还要求频响特性尽可能平直,动态范围大等。

(三) 记录仪

记录仪是将测量的噪声声频信号随时间变化记录下来,从而对环境噪声作出准确评价,记录仪能将交变的声谱电信号进行对数转换,整流后将噪声的峰值,均方根值(有效值)和平均值表示出来。

(四) 实时分析仪

实时分析仪是一种数字式谱线显示仪,能把测量范围的输入信号在短时间内同时反映在一系列信号通道示屏上,通常用于较高要求的研究、测量。

第五节 噪声标准

噪声对人的影响与声源的物理特性、暴露时间和个体差异等因素有关。所以噪声标准的制订是在大量实验基础上进行统计分析的,主要考虑因素是保护听力、噪声对人体健康的影响、人们对噪声的主观烦恼度和目前的经济、技术条件等方面。对不同的场所和时间分别加以限制,即同时考虑标准的科学性、先进性和现实性。

从保护听力出发,认为每天 8 h 长期工作在 80 dB 以下听力不会损失。根据国际标准化组织(ISO)的调查,在声级分别为85 dB和 90 dB 环境中工作 30 a,耳聋的可能性分别为 8%和 18%。在声级 70 dB 环境中,谈话就感到困难。而干扰睡眠和休息的噪声级阈值白天为 50 dB,夜间为 45 dB。

环境噪声标准制定的依据是环境基本噪声。各国大都参考 ISO 推荐的基数(如睡眠为 30 dB),我国把安静住宅区夜间的噪声标准规定为 35 dB(A),同时考虑区域和时间因素,制定了《声环境质量标准》(GB 3096—2008)。

标准中“特殊住宅区”是指特别需要安静的住宅区;“居民、文教区”是指纯居民区和文教、机关区;“一类混合区”是指一般商业与居民混合区;“二类混合区”是指工业、商业、少量交通与居民混合区;“商业中心区”是指商业集中的繁华地区;“工业集中区”是指在一个城市或区域内规划明确确定的工业区;“交通干线道路两侧”是指车辆流量 100 辆/h 以上的道路两侧。

上述标准值是指户外允许噪声级，测量点选在受影响的居住或工作建筑物以外 1 m、传声器高于地面 1.2 m 以上的噪声影响敏感处(如窗外 1 m 处)。如果必须在室外测量，则标准值应低于所在区域 10 dB(A)。夜间频繁出现的噪声(如通风机等)，其峰值不准超过标准值 10 dB(A)；夜间偶尔出现的噪声(如短促鸣笛声)，其峰值不准超过标准值 15 dB(A)。

由于接触噪声时间与允许声级相联系，故而定义实际噪声暴露时间(T 实)除以容许暴露时间(T)之比为噪声剂量(D)。如果噪声剂量大于 1，则现场工作人员所接受的噪声已超过安全标准。

第六节 噪声测量

于噪声的测量方法，目前国际标准化组织和各国都有测量规范，除了一般方法外，对许多机械设备，车辆、船舶和城市环境等均有相应的测量方法。

基本测量仪器为精密声级计或普通声级计。仪器使用前应按规定进行校准，检查电池电压，测量后要求复查一次，前后灵敏度不大于 2 dB，如有条件也可使用录音机记录器等。

一、城市区域环境噪声监测

将要普查测量的城市划分成等距离网格(500 m×500 m)，测量点设在每个网格中心，若中心点的位置不宜测量(如房顶、污沟、禁区等)，可移到旁边能够测量的位置。网格数不应少于 100 个，如果市区面积较小，可以按 250 m×250 m 划分网格。

测量时一般应选在无雨、无雪时(特殊情况例外)，声级计应加风罩以避免风噪声干扰，同时也要保持传声器清洁。四级以上大风天气应停止测量。

声级计可以手持或固定在三脚架上，传声器离地面高 1.2 m。如果仪器放在车内，则要求传声器伸出车外一定距离，尽量避免车体反射的影响，与地面距离仍保持 1.2 m 左右。如固定在车顶上要加以注明，手持声级计应使人体与传声器距离 0.5 m 以上。

测量的量是一定时间间隔(通常为 5 s)的 A 声级瞬时值，动态特性选择慢响应。

测量时间分为白天(6:00—22:00)和夜间(22:00—6:00)两部分。白天测量一般选在 8:00—12:00 或 14:00—18:00，夜间一般选在 22:00—5:00。随着地区和季节不同，上述时间可以稍做更动。

按上述规定在每一个测点，连续读取 100(当噪声起伏较大时，应读取 200 个数据)代表该点的噪声分布，昼、夜间分别测量，测量的同时要判断和记录周围的声学环境，如主要的噪声来源等。

由于环境噪声多是随时间起伏变化的无规噪声，所以测量结果要用统计值或等效声级表示，即将测定数据按 7.3 节有关公式计算 L_{10}、L_{50}、L_{90}、$L_{。}$的算术平均值(L)和最大值及标准偏差(a)，把全市网点值列表，以使各城市之间比较，测量结果也可以用区域噪声污染图来表示。以 $L_{。}$值每 5 dB 为一等级，白天和夜间可分别绘制，也可以绘制昼夜等效声级图。

二、工业企业噪声检测

测量工业企业噪声时，传声器的位置应在操作人员的耳朵位置，但人必须离开。

测点选的原则是：若车间内各处 A 声级波动小于 3 dB，则只需在车间内选择 1～3 个测点;若车间内各处声级波动大于 3 dB,则应按声级大小,将车间分成若干区域,任意两区域的声级应大于或等于 3 dB,而每个区域内的声级波动必须小于 3 dB,每个区域取 1～3 个测点。这些区域必须包括所有工人为观察或管理生产过程而经常工作、活动的地点和范围。

如为稳态噪声则测量 A 声级,记为 dB(A),如为不稳态噪声,测量等效连续 A 声级或测量不同 A 声级下的暴露时间,计算等效连续 A 声级。测量时使用"S"挡,取平均读数。

测量时要注意减少环境因素对测量结果的影响,如应注意避免或减少气流、电磁场、温度和湿度等因素对测量结果的影响。

测量的 A 声级的暴露时间必须填入对应的中心声级下面,以便计算。如78～82 dB(A)的暴露时间填在中心声级 80 dB(A)以下,83～87 dB(A)的暴露时间填在中心声级 85 dB(A)以下。

三、城市交通噪声监测

在每两个路口之间的交通线上选择一个测点,测点选在马路边人行道上,离马路 20 cm,与路口的距离一般要求大于 50 m,同时注意避开明显的非交通噪声污染源。此测点的监测结果即可代表两路口之间该段道路的交通噪声。

在规定时间内于选取的测点上每隔 5 s 读一次瞬时 A 计权声级(慢响应),连续读取 200 个数据,同时记录下机动车辆的流量。将 200 个数据由大到小排列后求出积累统计声级 L_{10}、L_{50} 和 L_{90},然后计算。

复习思考题

1. 由噪声定义说明噪声具有哪些特征?

2. 声波是怎样产生和传播的?

3. 用"分贝"表示声学量有什么好处?

4. 在声压测量中,为什么不采用平均声压,而是采用有效声压?

5. 什么叫作计权声级? 它在噪声测量中有何作用?

6. 等响曲线是如何绘制的? 响度级、频率、和声压级三者之间有何关系?

7. 噪声相加和相减如何进行?

8. 三个声源作用于某一点的声压级分别为 65 dB、68 dB、和 71 dB,求同时作用这一点的总声压级为多少?

9. 某车间在 8 h 工作时间内,有 1 h 声压级为 80 dB(A),2 h 为 85 dB(A),2 h 为 90 dB(A),3 h为 95 dB(A),问这种环境是否超过 8 h 为 90 dB(A)的劳动防护卫生标准?

10. 某工人工作的条件是:每小时 4 次暴露于 102,时间为 6 min;4 次暴露于 106,时间为 0.75 min。为了保证工人安全,每天工作时间应低于几小时?(提示:按美国噪声声级——允许暴露时间表,考虑噪声剂量)

第八章 安全检测与监控系统

第一节 概 述

长期以来，工业生产事故的预防基本上依赖于企业的管理水平，包括建立健全规章制度，重视消防与安全防护设施的完善，教育工人严格遵守操作规程，提高其素质和应急处置能力等。然而，国际职业安全与事故预防理论和实践的发展历史表明：完全依赖人的警惕性来保障生产安全并非万全之策，因为人可能受到生理、心理以及社会等诸多因素的干扰而出现失误；还有一些事故致因属于人的智力和能力难以感知和有效抑制的范畴。纵观近年来发生的多起重大事故，虽然在调查事故原因时主要归咎于违章、渎职等人为责任，但分析后可知，都与缺乏先进、可靠、全方位的安全监控预警技术设施不无关系。对"安全状态信息"中的可观测参数的检测，借助于物理的或化学的方法将其转换为物理量（模拟的或数字的），其中信息转换任务的器件称为传感器或检测器。传感器及信号处理单元集于一体固定安装于现场，由传感器或检测器将各种"安全状态信息"转化为电信号，而显示、报警等单元安装在控制室内，供操作人员监视现场状态，称为安全检测与监控系统。

一、安全检测与监控系统组成

工艺过程各种工艺参数及环境参数监测仪表及其有关的特性。测量仪表是实现生产过程自动化和安全监测的重要技术工具，但生产过程控制系统由测量仪表、调节器、执行仪表和被控对象组成。实现安全监控必须借助测量仪表及安全联动执行装置。因此，调节器、执行器或执行装置以及被控调节对象等，在生产过程控制和安全监控系统中占有重要地位。不同类型的检测与监控系统之间存在较大的差异，但都具有相似的结构和许多共同特征如图 8-1 所示。

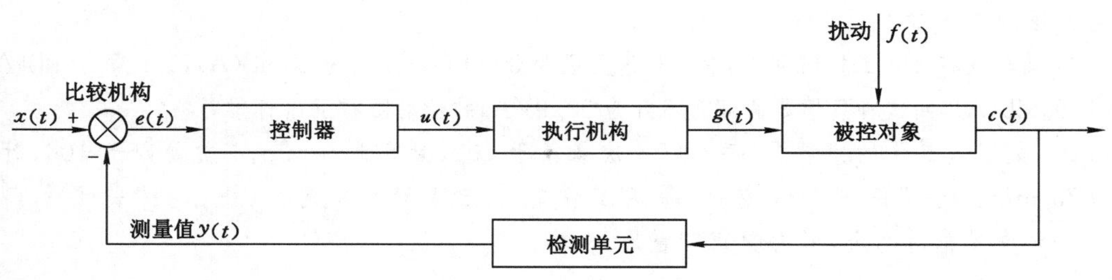

图 8-1 检测与监控系统原理结构图

(一) 安全检测与监控系统的组成

简单的安全检测与监控系统由以下 4 个基本单元组成。

1. 被控对象

被控对象是指被控制的装置或设备。被控变量(被控参数)$c(t)$则是影响系统安全性、经济性、稳定性的变量(参数)。

2. 检测单元

检测单元的功能是感受并测出被控变量的大小,变换成控制器所需要的信号形式 $y(t)$。一般检测单元是由敏感元件、转换元件及信号处理电路组成的传感器,若检测单元输出的是标准信号,则称检测单元为变送器。

3. 控制器

将检测单元的输出信号 $y(f)$ 与被控变量的设定值信号 $x(t)$ 进行比较得出偏差信号 $e(t)$,根据这个偏差信号的大小按一定的运算规律计算出控制信号 $u(t)$,然后将控制信号传送给执行机构。

4. 执行机构

执行机构接受控制器发出的控制信号 $u(t)$,直接改变控制变量 $g(t)$,使被控变量 $c(t)$ 回复至设定数值。

在一个检测和监控系统中除了上述最基本的 n 个部分之外,还有一些辅助装置,如给定装置、转换装置、显示、报警单元等。

(二) 安全检测与监控系统的分类

检测和监控系统的不同组成部分有着不同的功能,根据功能的不同,检测和监控系统可以分为检测系统、控制系统和监测系统。

1. 检测系统

单纯以"检测"为目的的系统,一般用来对被测对象中的一些物理量进行测量并获得相应的测量数据。图 8-2 为检测系统原理结构图。

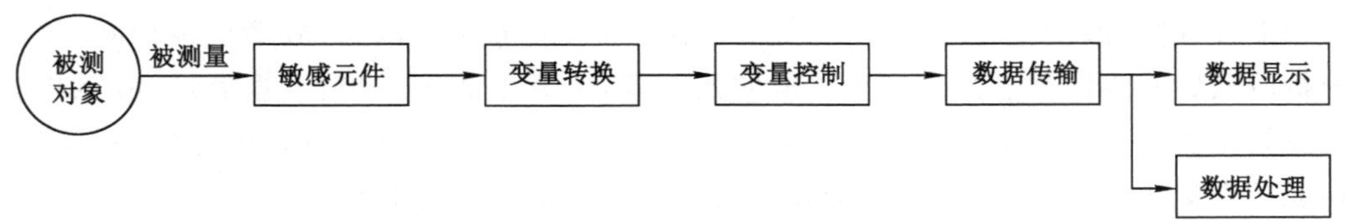

图 8-2　检测系统原理结构图

(1) 敏感元件环节:从被测对象感受信号,同时产生一个与被测物理量成某种函数关系的输出量。

(2) 变量转换环节:将敏感元件的输出变量做进一步变换,即变换成更适于处理的变量,并且要求它应当保存原始信号中所包含的全部信息。

(3) 变量控制环节:为了完成对检测系统提出的任务,要求用某种方式去控制以某种物理量表示的信号。这里所说的控制是指在保持变量物理性质不变的条件下,根据某种固定的规律,仅改变变量的数值。

(4) 数据传输环节：当检测系统的几个功能环节被分隔开时，必须从一个地方向另一个地方传输数据。

(5) 数据显示环节：有关被测量的信息要想传给人以完成监视、控制或分析的目的，则必须将信息变成人的感官能接受的形式。完成这种转换机能的环节称为数据显示环节，如数字显示和打印记录。

(6) 数据处理环节：检测系统要对测量所得数据进行数据处理。数据处理工作由机器自动完成，不需要人工进行烦琐的运算。

若系统仅用于生产过程的监测，当安全参数达到极限值时，将产生显示及声、光报警等输出，同时还参与一些简单的开关量控制，如断电、闭锁等，此种系统一般称为监测系统。

2. 控制系统

单纯以程序控制为目的的系统，如图 8-3 所示。这是一种开环控制系统，固定的程序的基本思想是将被校对象的动作次序和各类参数输入控制器，去指挥执行机构按照固定的程序一步一步地控制被校对象的动作，但其控制精度不高。

图 8-3　控制系统原理结构图

3. 测控系统

这是一种既“测”又“控”的系统，依据被控对象的被控参数的检测结果，按照人们预期的目标对被控对象实施控制。

二、安全检测与监控系统一般步骤

安全检测与监控是一项复杂的系统工程，主要研究检测与监控过程中异常变化或动态系统功能性故障，涉及过程故障检测、故障幅度辨识、故障时间推断、故障机理诊断、故障影响分析以及针对不同类型故障应该采取的处理等，主要由数据采集、数据处理、故障检测与安全决策以及安全措施 4 个阶段组成，如图 8-4 所示。其中，数据处理、故障检测与安全决策构成一个集成的整体，其相关理论和方法称为过程安全监控技术。

1. 数据采集

采集数据的主要工具是传感器(敏感器)，对动态系统运行过程而言，传感器或测量设备输出信息通常是以等间隔或不等间隔的采样时间序列的形式给出的。在监控系统中，监控分站的主要工作任务之一就是采集它所连接传感器送来的模拟量和开关量信息转换为数字信号，再收集到计算机并进一步予以显示、处理、传输与记录，用于数据采集的成套设备称为数据采集系统。

监控过程的数据采集必须同时兼顾采集过程的工程可实现性和采样数据有效性。此处所谓数据有效性，主要是指采样的测量数据与过程系统故隐之间必须有内在关联性。

2. 信号处理

一般地，在对过程进行故障检测与诊断之前，必须借助滤波、估计或其他形式的数据

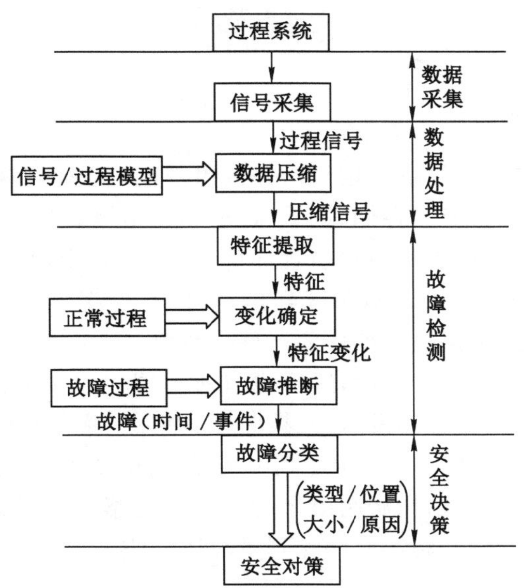

图 8-4　安全检测与监控技术的系统方案

处理与特征信息技术对过程系统采样时间序列进行信息压缩，使之更适合于故障检测与诊断。

3. 故障检测

变化检测就是判断并指明系统是否发生了异常变化以及异常变化发生的时间。例如，对于正在运行的系统或按规定标准进行生产的设备，辨别其是否超出预先设定或技术规范规定的无故障工作门限。

监控过程的故障检测的首要任务是依据压缩之后的过程信息或借助直接从测量数据中提取的反映过程异常变化或系统故障特征的信息，判断系统运行过程是否发生了异常变化，并确定异常变化或系统故障发生的时间。

4. 安全决策

所谓安全决策，是指通过足够数量测量设备（如传感器）观测到的数据信息、过程系统动力学模型、系统结构知识，以及过程异常变化的征兆与过程系统故障之间的内在联系，对系统的运行状态进行分析和判断，查明故障发生的时间、位置、幅度和故障模式。

依据安全决策时所凭借的冗余信息类型的不同，安全决策分为基于硬件冗余、解析冗余和知识冗余以及基于多种冗余信息融合等不同方式。

5. 安全对策

对具体工程活动而言，分析出故障产生的原因及部位后，下一步必须考虑故障的处理方法。较典型的故障处理方法有顺应处理、容错处理、故障修复 3 大类。

在实施过程监控时，必须根据系统具体情况，综合考虑研究对象、故障特点及影响程度等多方面的因素，针对不同故障制定不同的处理对策。

第二节　安全检测与监控用传感器

一、传感器的基本概念

传感器能感受规定的被测量(输入信号),并按照一定的规律转换成可用输出信号(以电量为主),以满足信息的传输、处理、存储、记录、显示和控制等要求。国际电工委员会对传感器的定义为:传感器是测量系统中的一种前置部件,它将输入变量转换成可供测量的信号。《传感器通用术语》(GB 7665—2005)对传感器的定义为:传感器是能够感受规定的被测量并按一定规律和精度转换成可用输出信号的器件或装置。

传感器由于应用场合(领域)的不同,称呼也有所不同。如在过程控制中传感器被称为变送器,在射线检测中传感器被称为发送器、接收器、探头。在有些场合它又被称为换能器、检测器、一次仪表、探测器一次仪表等。传感器一般是利用物理、化学和生物等学科的某些效应或机理,按照一定的工艺和结构研制出来的,因此,传感器组成的细节有较大差异。总的来说,传感器一般由敏感元件、转换元件和测量转换电路 3 部分组成。

1. 敏感元件

敏感元件是指传感器能直接感受被测量的变化,并输出与被测量有确定关系的某一物理量的元件。敏感元件是传感器的核心,也是研究、设计和制作传感器的关键。

2. 转换元件

敏感元件的输出就是转换元件的输入,转换元件将敏感元件的输入转换成电参量输出。

3. 测量转换电路

测量转换电路的作用是将转换元件输出的电参量进行转换和处理,如放大、滤波、线性化和补偿等,以获得更好的品质,便于后续电路实现显示、记录、处理及控制等功能。测量转换电路的类型由传感器的工作原理和转换元件的类型而定,一般有电桥电路、阻抗变换电路和振荡电路等。

不是所有的传感器都由以上 3 部分组成。最简单的传感器由一个敏感元件(兼作转换元件)组成,它感受被测量的变化时直接输出电量,如热电偶传感器。合成传感器由敏感元件和转换元件组成,而没有测量转换电路,如压电式加速度传感器,其中质量块是敏感元件,压电片(块)是转换元件。有些传感器的转换元件不止一个,要经过若干次转换。一般情况下,测量转换电路的后续电路,如信号放大、处理、显示等电路就不包括在传感器的组成范围之内。

二、传感器分类

按照传感器不同的技术特点,传感器共有 7 种分类方法。

1. 电传送、气传送及光传送

输出信号为电量的传感器使用方便,很多输出响应为非电量的敏感元件往往借助各种物理效应转变为电量而构成传感器。气传送方式多用于有压缩空气源而且周围环境有易燃易爆气体或粉尘少的场所。光传送常常和电路配合,充分利用光的抗干扰和绝缘隔离能力以及电信号易于放大和处理特点。二者结合可精确快速地实现传感和变送目的。

2. 位式作用和连续作用

位式作用也称开关作用,即传感器在输入变量的整个变化范围内其输出响应只有两种状态，这两种状态可以是电路的“通”和“断”，可以是电压的“高”和“低”，也可以是空气的“高”和“低”。位式作用的传感器多用于被测变量的越限报警、联锁保护、顺序控制及仪式调节领域。

3. 有触点及无触点

仪式作用传感器可分为有触点及无触点的两类。凡是由敏感元件直接带动电路的触点或是靠继电器上的触点（电接点）发出通断信号的传感器.都是有触点的传感器。若是利用晶体管或晶闸管的导通和截止发出通断信号的传感器，则为无触点的传感器。

有触点的传感器不仅工作寿命较短.不适于操作频繁的场合，而且触点上的电火花容易形成电磁干扰。还能引爆易燃气体。无触点的传感器就没有这些缺点。

4. 模拟式及数字式

连续作用的传感器又可分为模拟式及数字式。目前绝大多数传感器是模拟式的，用计算机与其配合采集数据时。必须经过模/数（A/D）转换器件，也有一些传感器的输出是数字量的。光电式转速传感器则可把被测转速变为脉冲频率，以串行方式输出。随着计算机技术的应用日益普及.数字式传感器也将逐渐增多。

5. 常规式及灵巧式

传感器可以靠模拟电路或普通数字电路实现，可通过以微处理器为核心的单片机系统实现。后者内容和功能丰富、使用灵活，故有灵巧之称，但其输出仍为模拟直流电流 4～20 mA，不过内部电路是数字式的。其主要特点是：可以利用编程器，通过输出信号线对测量范围及线性化规律等进行改变，从而使其应用更加灵活方便。

6. 接触式及非接触式

按照敏感元件的工作原理，传感器可分为接触式和非接触式。前者的敏感元件必须和被测介质或物体接触才能感受被测变量。例如，用热电偶测温便是接触式，而用红外辐射测量仪为非接触式，用浮子测液位是接触式，而用超声波测液位则是非接触式。

一般来说，非接触式传感器不会破坏被测量空间的分布状况，有利于密封和防腐蚀，比接触式更受欢迎。

7. 普通型、隔爆型及本安型

根据传感器的安装场所有无易燃易爆气体及危险程度，应选用符合防爆要求的仪表和电器，传感器也不例外，具体要求按国家标准执行。根据防爆等级的不同分类，主要有 3 种类型：普通型、隔爆型和本安型。

普通型不考虑防爆措施，只能用在非易燃易爆场所；隔爆型在内部电路和周围易燃气体之间采取隔离措施，允许使用在一定危险性的环境里；本安型是本质安全型的简称，依靠特殊的电路设计，保证在正常工作从故障（意外短路或断路）状态下都不会引起燃爆事故，可用于易燃易爆场所。

三、常用的传感器

在工业生产及安全监测中，为了对各种工业参数（如温度、压力、流量、物体和气体成分等）进行监测与控制，首先把这些参数转换成便于传送的信息，这就要用到各种传感器。然后把传感器与变送器和其他装置组合起来、组成一个监测系统或控制系统，完成对工作参数的安全监测。安全检测常用的传感器包括：温度传感器、压力传感器、流量传感器、物位传感器和气体成分传感器。

1. 温度传感器

温度传感器用于对液体、气体、固体或热辐射进行温度测量，最简单的温度传感器是输出点开关信号的温度开关，它的工作原理同压力开关类似。典型的温度传感器有热电阻型、热电偶型及半导体型，热电阻型温度传感器有 Pt10、Pt100、Pt1000、Cu50、Cu100、NTC 等，热电阻型温度传感器一般用于测量温度不高的情况。热电偶型温度传感器有 K、S、E、B、J、N、T、R、WRE 等不同分度，用于测量不同的温度范围。温度传感器能输出标准信号 0～10 mA、4～20 mA、0～5 V、1～5 V 的叫作温度变送器。温度变送器的主要参数为测量范围、输出信号类型、信号精度、线性度、二线制还是四线制、防护方式及防爆与否等。温度传感器如图 8-5 所示。

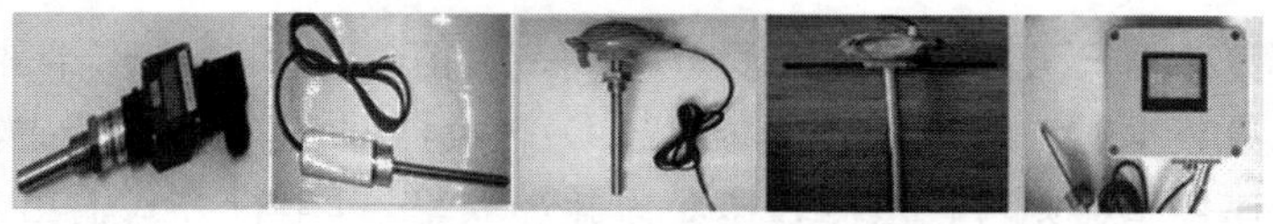

图 8-5　温度传感器

(1) 电阻温度传感器。电阻温度传感器以电阻作为温度敏感元件。根据敏感材料不同又可分成热电阻式和热敏电阻式。热电阻式一般用金属材料制成，如铂、铜、镍等。热敏电阻是以半导体材料制成的陶瓷器件，如锰、镍、钴等金属的氧化物与其他化合物按不同配比烧结而成。

热电阻传感器。热电阻的温度系数一般为正值。以铂电阻为例，其阻值 R_t 与温度 t 间的关系为：

$$\begin{cases} R_t = R_0(1 + At + Bt^2), 0\ ℃ \leqslant t \leqslant 650\ ℃; \\ R_t = R_0[1 + At + Bt^2 + Ct^3(t - 100)], -200\ ℃ \leqslant t \leqslant 0\ ℃ \end{cases} \tag{8-1}$$

式中：$A = 3.968\ 4 \times 10^{-8}\ ℃^{-1}$，$B = -5.847\ 0 \times 10^{-7}\ ℃^{-1}$，$C = -4.220\ 0 \times 10^{-12}\ ℃^{-1}$，$R_0$ 为 0 ℃时的值。

由此可见，在一定温度范围内，阻值与温度近似呈线性关系。由于铂电阻测温范围宽，精度高，制作误差小，结构简单且已有统一的国际标准，铂电阻温度传感器已广泛应用于许多场合的温度测量与控制。

(2) 热敏电阻传感器。用作温度敏感元件的热敏电阻具有负温度系数，其值为 -0.03～0.05 $℃^{-1}$，在常温范围内(0～200 ℃)其阻值 R_t 与温度 t 的关系(图 8-6)：

$$R_t = R_0 e^{B(1/t - 1/t_0)} \tag{8-2}$$

式中：R_0 为 t_0 对应的阻值；B 为与热敏电阻材料有关的常数。

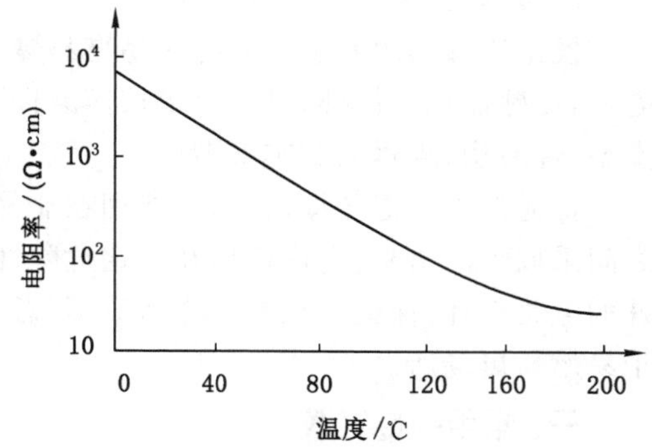

图 8-6　典型的热敏电阻特征

热敏电阻是一种电阻值随温度变化的半导体传感器。它的温度系数很大，比温差电偶和线绕电阻测温元器件的灵敏度高几十倍，适用于测量微小的温度变化。热敏电阻体积小、热容量小、响应速度快，能在空隙和狭缝中测量。它的阻值高，测量结果受引线的影响小，可用于远距离测量。它的过载能力强，成本低廉，但热敏电阻的阻值与温度呈非线性关系，所以它只能在较窄的范围内用于精确测量。热敏电阻在一些精度要求不高的测量和控制装置中得到广泛应用。

(3) 热电偶温度传感器。热敏电阻是一种电阻值随温度变化的半导体传感器，利用半导体电阻值随温度变化特性制成的敏感元件。热电偶测温是基于"热电动势效应"。所谓热电动势效应，是指 A、B 两种不同的导体组成闭合回路，若两节点温度不同则在回路中产生电动势，形成热电流。若 A、B 两导体的节点(热端)温度为 t。另一端(冷端)温度为 t_0，则热电动势为：

$$E(t,t_0)=(t-t_0)\cdot\ln\frac{N_A}{N_b}\cdot\frac{k}{e} \tag{8-3}$$

式中：k 为玻尔兹曼常数；e 为电子电荷；N_A、N_b 分别为与材料有关的常数。

因此，测量 $E(t,t_0)$的大小便能确定被测温度 t。

适合制作热电偶的材料很多，如钨铼丝热电偶，可测温度高达 2 450 ℃；而铜-铜锡热电偶可测量－271～－243 ℃的低温，镍铬-铁金热电偶在－269～0 ℃时具有 13.7～20 LV/℃的灵敏度。热电偶具有结构简单、制作方便、测量范围宽、精度高、热惯性小等特点，已广泛用作温度传感器的敏感元件。

热电偶的温度系数很大，比温差电偶和线绕电阻测温元器件的灵敏度高几十倍，适用于测量微小的温度变化。热敏电阻体积小、热容量小、响应速度快，能在空隙和狭缝中测量。它的阻值高，测量结果受引线的影响小，可用于远距离测量。它的过载能力强，成本低廉，但热敏电阻的阻值与温度呈非线性关系，所以它只能在较窄的范围内用于精确测量。热敏电阻在一些精度要求不高的测量和控制装置中得到广泛应用。

2. 压力传感器

压力传感器用于对管道和容器的压力进行测量，压力传感器一般由弹性敏感元件和位移敏感元件(应变计)组成。弹性敏感元件可使作用在某个面积上的被测压力转换为位移或应变，然后由位移敏感元件或应变计转换为与压力成一定关系的电信号。有时把这两种元件的功能集于一体。压力传感器广泛应用于各种工业自控环境，涉及水利水电、铁路交通、智能建筑、生产自控、航空航天、军工、石化、油井、电力、船舶、机床、管道等众多行业。

压力传感器的种类繁多，但常用的压力传感器有电阻应变片压力传感器、半导体应变片压力传感器、压阻式压力传感器、电感式压力传感器、电容式压力传感器、谐振式压力传感器及电容式加速度传感器等。应用最为广泛的是压阻式压力传感器、电容式和压电式。常见的压力传感器见图 8-7。

图 8-7　常见的压力传感器

(1) 压阻式。1856 年,英国物理学家汤姆森(W.Thomson)首先发现金属的电阻应变效应,并由布里奇门(B.W.Bridgemen)于 1923 年用实验验证。电阻应变效应为:随着机械变形变化,金属电阻阻值也发生变化。基于电阻应变效应的传感器为压阻传感器。对于 MEMS,电阻应变包括金属应变和半导体应变两部分。

① 金属应变。图 8-8 中截面面积为 S,长为 l 的金属片,其变形前电阻为:

$$R=\rho\frac{1}{S} \tag{8-4}$$

式中:R 为电阻率。

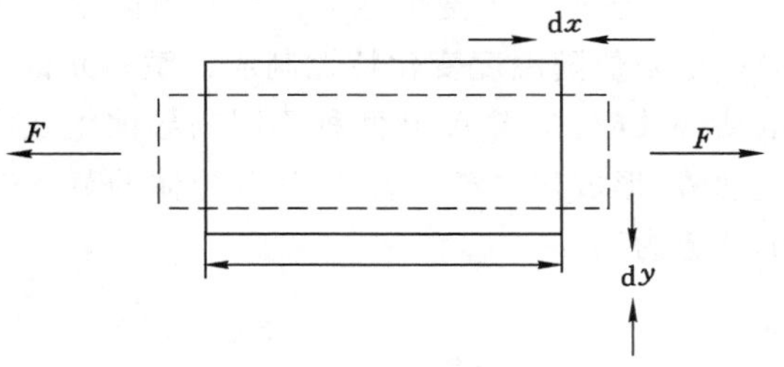

图 8-8 金属片受轴向力作用变形

② 半导体应变。半导体也存在压阻效应,而且其压阻系数通常要比金属的大得多。对于单晶半导体,应变为半导体材料的电阻率相对变化率。实验证明,半导体材料电阻率相对变化率与所受应力(应变)之比为常数,ε 为半导体材料的压阻系数,其同半导体材料种类和应力方向及晶轴夹角有关。

$$\frac{\mathrm{d}R}{R}=(1+2\mu+\pi E)\varepsilon \tag{8-5}$$

式中:E 为弹性模量;$1+2\mu$ 为材料几何形状变化引起的电阻变化;πE 为压阻效应引起的电阻变化。

综合考虑半导体材料和金属应变效应,总的电阻变化率为:

$$\frac{\mathrm{d}R}{R}=\pi E\cdot\varepsilon \tag{8-6}$$

电阻变化率为半导体材料电阻值的变化,主要是电阻率变化引起的。电阻率变化则主要是应变引起的。半导体材料电阻率随应变变化的效应为压阻效应。

人们发现了半导体压阻效应以来,通过检测变化的输出电信号来完成外界压力改变量的检测,此类压力传感器被称为压阻式压力传感器。

压阻式压力传感器采用扩散或离子注入形成敏感电阻,制造工艺简单,线性度好,直接输出电压信号,简化了传感器的接口问题,因此目前占据了压力传感器的主要市场。但是,压阻式压力传感器也存在温度敏感性大、漂移大、灵敏度低的缺点。

(2) 电容式压力传感器。电容式压力传感器是利用电容原理,将被测物理量转换成电容的变化来进行测量。电容式压力传感器在结构上有单端式和差动式两种形式,因为差动式的灵敏度高,非线性误差较小,从而得到广泛应用。

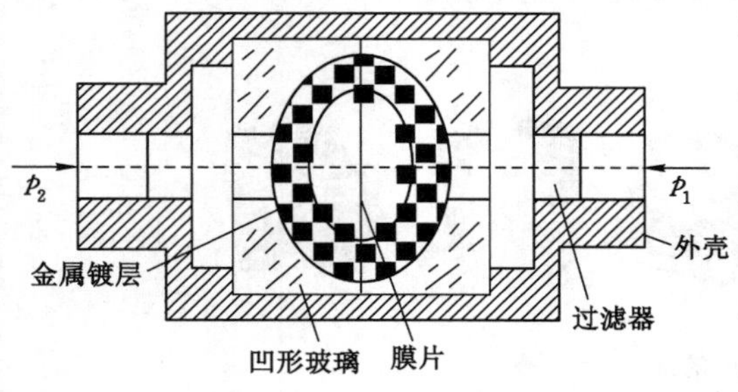

图 8-9 电容式压力传感器

图 8-9 为一种小型差动式压力传感器。金属弹性膜片为动极板,镀金凹形玻璃圆片为定极板。当被测压力通过过滤器进入空腔时,如果弹性膜片两侧存在压力差,即 $p_1\neq p_2$,则弹性膜片受到压力差而向一侧产生位移,该位移使两个电容一增一减。电容

量的变化经测量电路转换成与压力或压力差相对应的电流或电压的变化输出。

这种传感器的灵敏度取决于初始间隙 d_0，该值越小，灵敏度越高，$K=1/d_0$ 或 $K'=2/d_0$，实验证明，该传感器可测量 0～0.75 Pa 的微小压差，其动态响应主要取决于弹性膜片的固有频率。这种传感器常配以脉宽调制电路。

(3) 压电式。压电式压力传感器的工作原理是压电效应。图 8-10 为压电式压力传感器的工作原理图。可以看出，敏感质量块与压电晶体连接，当外界输入压力时，质量块产生的惯性力作用在压电晶体上。由于压电效应，输出的电信号同外界压力成比例变化。

3. 流量传感器

流量传感器主要用于测量管道或明渠中液体或气体的流量，常见的流量传感器有涡轮式、涡街式、电磁式、超声波式、转子式、孔板式、阿牛巴式、文丘里式等。最简单的流量传感器为流量开关，流量开关的作用是当流量大于某一设定值，触点开关发生动作。常见的流量传感器见图 8-11。

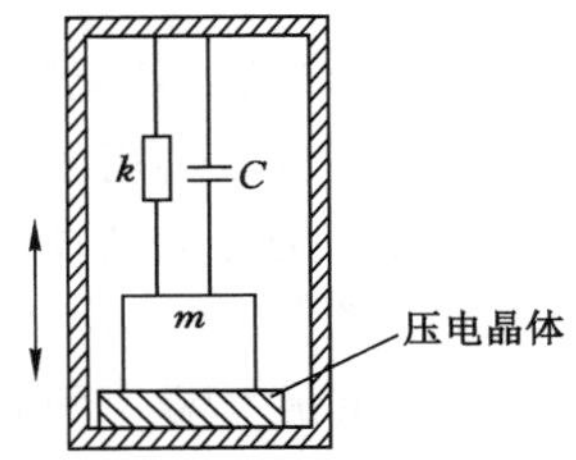

图 8-10　电压式压力传感器工作原理

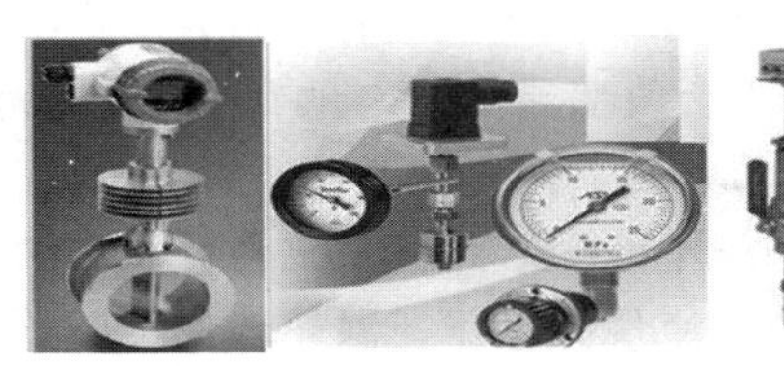

图 8-11　常见的流量传感器

(1) 差压式传感器。差压式流量传感器生产历史较长，应用十分广泛，生产已标准化，种类也很多。例如，孔板、音速喷嘴、均速管、文丘里管等流量传感器。差压式流量传感器工作原理是利用当流体流过内置于管道中的节流件时，其前后会出现一个与流量有关的压力差值，通过测量压差值就可获得流量值。差压式流量传感器主要由节流装置和差压计(差压变送器)组成，如图 8-12 所示。节流装置的作用是把被测流体的流量转换成压差信号，差压计则对压力差进行测量并显示测量值，差压变送器能把差压信号转换为与流量对应的标准电信号或气信号，以供显示、记录或控制。

其特点是节流件的机加工精度高，安装要求严格，前后必须有足够长的直管道，保证流体流态稳定，流体压力损失大；对于低流速流体，产生的差压小，误差增大，不适用于脉动的流体测量。

(2) 电磁流量传感器。电磁流量传感器是随着电子技术的应用而发展起来的新型流量仪表，现已广泛应用于各种导电液体的流量测量领域。根据法拉第电磁感应定律，导电的液体通过量仪表流动，相当于导体通过磁场作切割磁力线的运动，由此感应出电动势 E，这个电动势与平均流速成正比。如图 8-13 所示，在磁场中安置一段不导磁、不导电的管道，管道外面安装一对磁极，当有一定电导率的流体在管道中流动时就切割磁力线。与金属导体在磁场中的运动一样，在导体(流动介质)的两端也会产生感应电动势，由设置在管道上的电极导出。感应电动势的大小为：

$$E_x = BDv \cdot 10^{-8} \tag{8-7}$$

式中：E_x 为感应电势，V；B 磁感应强度，Gs；D 为管道内径，即垂直切割磁力线的导体长度，

cm；v 为垂直于磁力线方向的速度，cm/s。

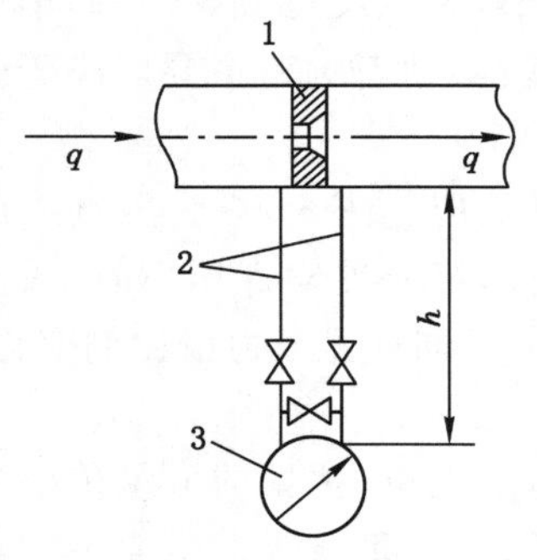

1—孔板；2—引压管；3—差压计。

图 8-12 差压式流量传感器

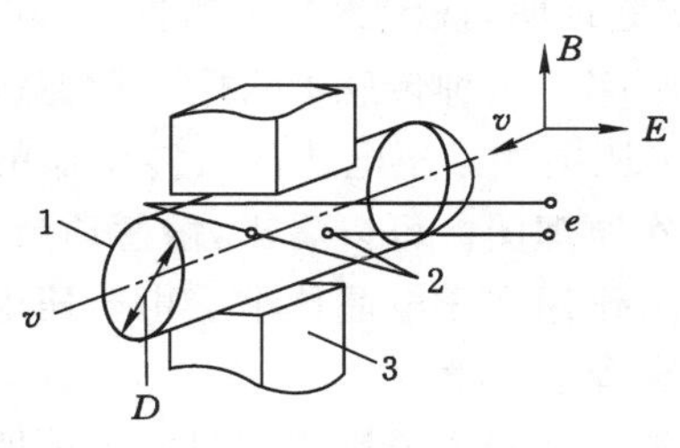

1—管道；2—电极；3—磁极。

图 8-13 电磁感应原理

电磁流量计原则上不受流体的温度、压力、密度和黏度等影响，且管道内部无阻挡部件和活动部件，不会改变流体原来的状态，流速范围在 0～10 m/s 均可应用，适用于易燃、易爆、腐蚀性强的介质。但它在某些方面也有以下局限性：被测介质必须是导电液体，电导率大于 10^{-3} S/m；不能用来测量铁磁性介质的流量；信号易受外磁场干扰。

(3) 涡轮式流量传感器。涡轮流量传感器的工作原理如下：将涡轮置于被测流体中，液体流动冲击涡轮叶片转动，涡轮的转速与流体的流量成正比；通过磁电转换装置将涡轮的转速转换为相应的电信号输出。

叶轮转速的测量一般采用如图 8-14 所示的方法，叶轮的叶片可以用导磁材料制作，然后由永久磁铁、铁芯及线圈与叶片形成磁路。当叶片旋转时，磁阻将发生周期性的变化，从而使线圈中感应出脉冲电压。该信号经放大、整形后，便可输出可供检测转速的脉冲。

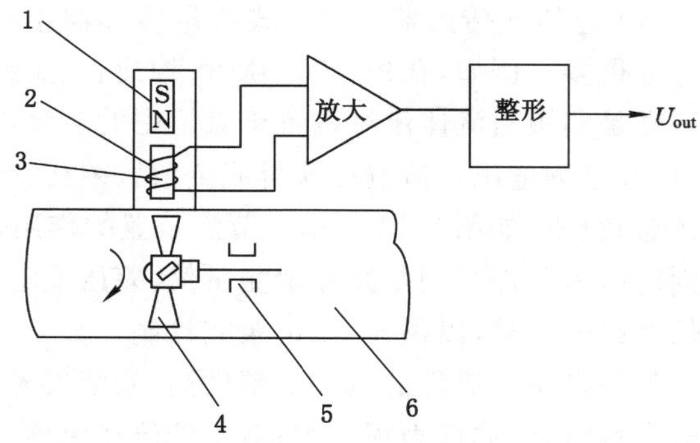

1—永久磁铁；2—线圈；3—铁芯；4—叶轮；5—轴承；6—管道。

图 8-14 涡轮流量传感器结构原理图

涡轮流量传感器具有测量精度高、测量范围广等优点；但由于涡轮必须安装在管道内，对被测流体的清洁度要求较高；流体的温度、黏度、密度对测量精度影响较大；转动部件会带来轴承的磨损，影响传感器的使用寿命。

4. 物位传感器

物位传感器是能感受物位（液位、界位、料位）并转换成可用输出信号的传感器。物位传感器可以分为两类：一类是连续测量物位变化的连续式物位传感器；另一类是以点测为目的的开关式物位传感器（物位开关）。目前，开关式物位传感器比连续式物位传感器应用更为广泛。开关式物位传感器主要应用于过程自动控制的门限、溢流和防止空转等。连续式物位传感器主要应用于连续控制和仓库管理等方面，有时也可以应用于多点报警系统中。

(1) 电容式物位传感器。电容式物位传感器主要有两个导体电极(通常将容器的外壁壳体作为一个电极),由于电极之间是气体、液体或固体,从而导致静电容的变化,因此可以敏感地测出物位的变化,被测物料不仅是液体,还可以是粉状物料或块状物料。

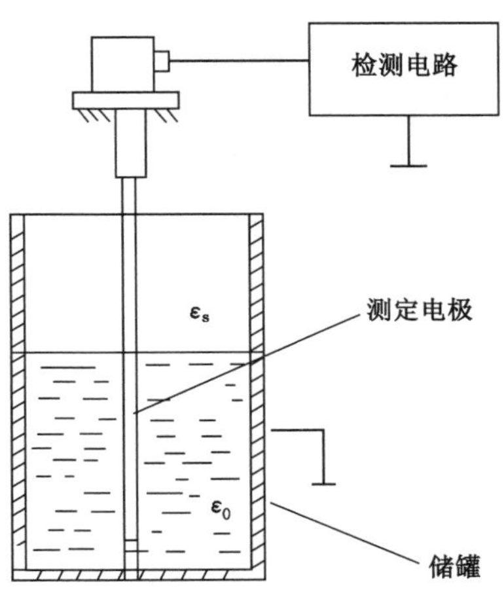

图 8-15 电容式物位传感器

电容式物位传感器的敏感元器件主要有棒状、线状和板状 3 种形式,其工作温度、工作压力主要受绝缘材料的限制与影响。如图 8-15 所示,测定电极安装在罐的顶部,这样在罐壁和测定电极之间就形成了一个电容器。当罐内放入被测物料时,由于被测物料介电常数的影响,传感器的电容量将发生变化,电容量变化的大小与被测物料放入罐内的高度有关,且呈线性变化。检测出这种容量的变化就可测定物料在罐内的高度。

电容式物位传感器可以采用微计算机控制,实现自动调整灵敏度,并且具有自我诊断的功能;同时,还能够检测敏感元器件的破损、绝缘性的降低、电缆以及电路的故障等,并可以自动报警,实现具有较高可靠性的信息传递。由于电容式物位传感器没有可以运动的机械部件,而且敏感元器件的形状和结构比较自由、简单,操作方便,因此电容式物位传感器是应用最广泛的一种物位传感器。

(2) 激光式物位传感器。激光式物位传感器是一种性能优良的非接触式高物位传感器。这种物位传感器的工作原理与超声波物位传感器的原理基本相同,只是将超声波改换成激光波。而激光式物位传感器的激光束很细,即使物位的表面极其粗糙,其激光反射波束也不过加宽到 20 mm,但这仍然是在激光式物位传感器可以接收的范围之内。激光式物位传感器一般采用近红外光,它是把光流发射出来的激光通过半透射反射镜进行处理。其中,一部分作为基准参考信号输入到时间变送器,另一部分通过半透射反射镜的激光束则经过光学系统的处理,从而成为一定宽度的平行光束照射到物体表面,经反射后激光束的反射波到达传感器的接收部分再转换为电信号。

由于激光束从照射到接收的时间极其短暂,为了便于信号的处理,因而要采用取样放大电路将微弱信号扩大为毫微秒数量级进行时间的测量,然后利用微型计算机进行数据处理,使物位值微弱的电信号变换成数字显示的模拟输出信号,再通过软件来检测信号的可靠性,如果测量系统出现故障则自动报警。这种激光式物位传感器可以应用于钢铁工业连续铸造装置的砂型铁水液位高度的测量,并且这种激光式物位传感器还可以应用于狭窄开口容器以及高温和高精度的液面测量。此外,随着高科技、微型计算机的快速发展,近年来出现了数字式智能化的物位传感器,这种物位传感器将其测量部件的技术与微型计算机处理器的计算功能结为一体,从而使物位测量仪的测量仪表直至控制仪表全部成为数字化的系统——数字式物位测量系统。数字式智能化物位传感器的综合性能指标以及实际测量准确度都要比传统的模拟式物位传感器提高 3~5 倍。

(3) 浮球法物位传感器。浮球法通过检测平衡浮子浮力的变化来进行液位的测量，又称为浮球自动平衡式物位传感器。该方法利用杠杆原理工作，浮球跟随液位变化而绕转轴旋转，带动转轴上的指针转动，并与杠杆另一端的平衡重平衡，同时在刻度盘上指示出液位数值。浮球法有内浮球式和外浮球式两种，如图 8-16 所示。浮球法主要用于测量温度高、黏度大的液位，但量程较小。

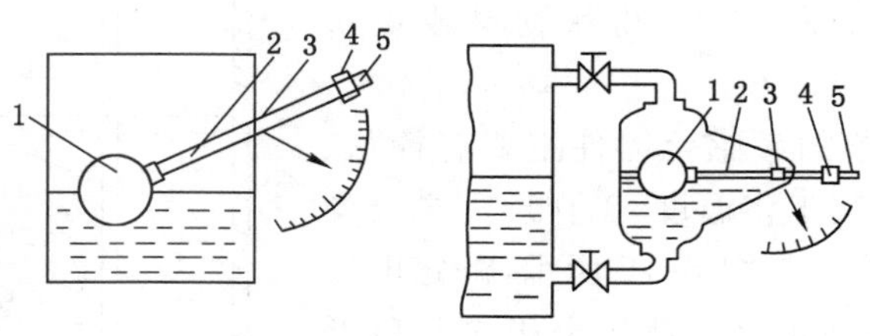

1—浮球；2—连杆；3—转轴；4—平衡重；5—杠杆。

图 8-16 内、外浮球法原理图

(4) 微波法物位传感器。微波法物位传感器是一种不通过接触被测物体就能进行精确测量的物位传感器，因而应用领域也非常广泛。微波通过天线辐射出去，经液面反射后被天线接收，然后由二次电路计算发射信号与接收信号的时间差得液位，如图 8-17 所示。

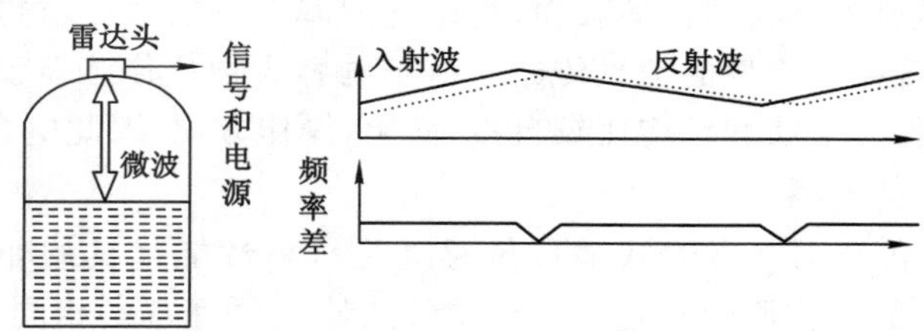

图 8-17 微波雷达液位仪原理图

该液位仪采用三角波频率调制形式，并通过对发射信号与接收信号混频后得到的差额信号的分析，得到微波传输时间，从而计算出液位。微波速度受传播介质、温度、压力、液体介电常数的影响很小，但液体界面的波动、液体表面的泡沫、液体介质的介电常数对微波反射信号强弱有很大影响。当压力超过规定数值时，压力对液位测量精度将产生显著影响。对于介电常数小于规定数值的液体，大部分雷达液位仪都需要采用波导管，但波导管的锈蚀、弯曲和倾斜都会影响测量精度。例如：当空高 h 为 20 m 时，导波管与垂直方向倾斜角度 A 只要超过 0.573 0 ℃，则引起的液位误差 Δh 将超过 1 mm。由此证明，当倾斜角度 A 较小时，则：

$$\Delta h=\frac{h\pi^2}{64\ 800}\alpha^2 \tag{8-8}$$

(5) 压力式物位传感器。压力式物位传感器是利用压力或差压变送器测量物位且输出标准电流信号的仪器。以下主要介绍该变送器的测量原理。

对于上端与大气相通的敞口容器，利用压力传感器(压力表)直接测量底部某点压力，如图 8-18 所示。通过引压导管连接容器底部静压与测压仪表，当压力表与容器底部处在同一水平线时，由压力表的压力指示值可直接显示出液位的高度。压力与液位的关系为：

$$H=\frac{p}{\rho g} \tag{8-9}$$

式中：H 为液位高度，m；ρ 为液体的密度，kg/m^3；g 为重力加速度，m/s^2；p 为容器底部的压强，Pa。

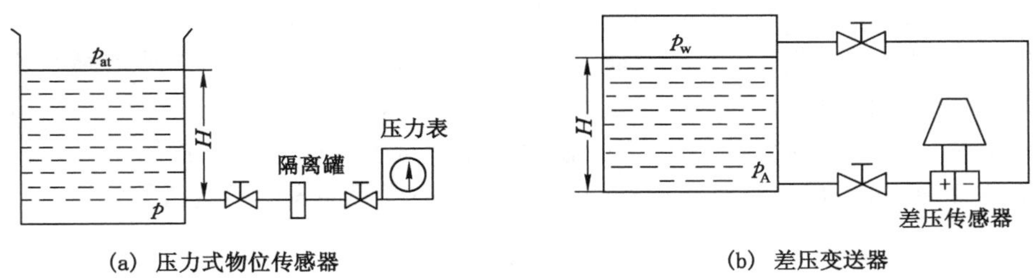

图 8-18　压力传感器

如果压力传感器或压力变送器与容器底部不在相同高度处，导压管内的液位压力必须用零点迁移方法解决。对于上端与大气隔绝的闭口容器，容器上部空间与大气压力大多不相等，所以在工业生产中普遍采用差压仪表或差压变送器测量液位。

由于压力式物位传感器性能的提高以及微型计算机处理技术的不断发展，压力式物位传感器的应用前景越来越广泛。近年来，科研人员已经研制出体积小、温度范围宽、可靠性好、准确度高的压力式物位传感器，并且它的应用范围也在不断地拓宽。

5. 气体成分传感器

气体成分传感器又称为嗅觉感受器，主要利用气体的物理与化学性质，通过变换系统实现传感器检测目的。气体成分传感是气味传感的科学，随着科学技术的进一步发展，气味测定正在被人们所重视，一个新兴的气味测定学正在形成之中。气体成分传感器是气体含量仪器的关键部件，它决定着仪器性能的好坏。虽然人们对气体浓度的检测方法做了广泛的探索，但有的效果不十分理想，有的还处于发展之中，尚有许多未被掌握的领域需要人们进一步认识。目前，被广为使用的气体传感器主要有以下几种：

(1) 半导体气体传感器。半导体气体成分传感器是利用半导体材料吸附气体后，其电导率显著改变的特点，检测气体含量的传感器件。

半导体材料经过在空气中加热而处于稳定状态的金属氧化物，例如，N 型半导体、SnO_2、ZnO 等烧结体。这些半导体材料暴露在空气中时，半导体表面就会吸附空气中的氧，内部的电子则会在表面被浮获，使半导体材料阻抗提高。但是，当空气中混有还原性气体时，由于这些气体也被半导体表面所吸附，因此导致自由电子数增加，使得半导体阻抗下降，这些都是半导体气体传感器的基本特性。

如图 8-19 所示，对气体敏感的这种烧结体是在内部装有加热器的磁性管而形成的一层厦膜。为了使 SnO_2 烧结体具有对气体敏感而响应速度又快的特性，必须保持相当高的温度，但在高温下会促进半导体 SnO_2 结晶粒的成长，随着时间的变化，灵敏度也发生变化，成为一种没有实用价值的传感器。因此，

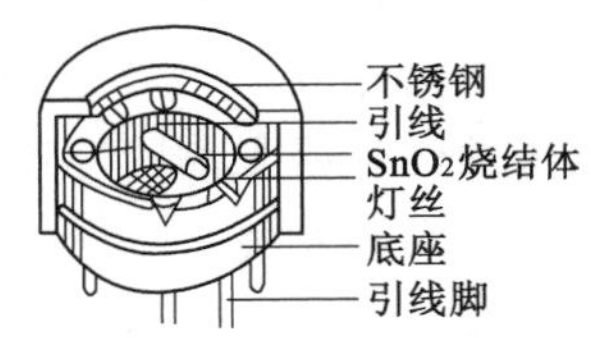

图 8-19　半导体气体传感器

在烧结体上添加 Pt、Pd 等贵金属催化剂，目的是降低工作温度，提高响应速度，增加灵敏度。

(2) 接触燃烧式气体传感器。这是一种检测燃烧热的气体传感器，燃烧热是由于催化接触燃挠而产生的，现已得到广泛使用。

这种传感器的原理是可燃性气体一旦与预先加热了的传感器相接触，传感器表面发生燃烧现象，使传感器温度上升，通过白金线圈的阻值变化可检测温度变化。

如图 8-20 所示，将线圈状的白金细丝故在用氧化馅等载流子材料制成的球状体内进行烧制密封，由于载流子材料内添加了 Pt、Pd 等贵金属系列的氧化物催化剂，所以白金丝线圈既起到加热的作用，又起到检测电阻变化的作用。这种结构的传感器用于气体泄漏检测报警器等方面时，再增加一个补偿用检测元件，这个补偿元件表面不具活性物质。

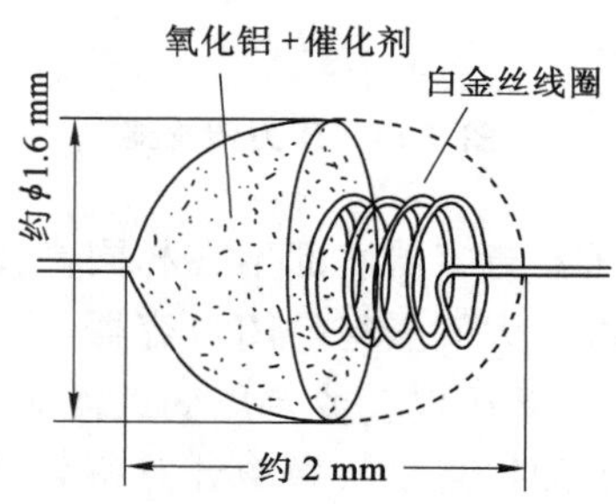

图 8-20　接触燃烧式气体传感器的结构

(3) 热传导型气体传感器。热传导型气体分析方法是一种古老的物理分析技术。由于热传导型气体传感器不用催化剂，所以不存在像接触燃绕型气体传感器中受催化剂的影响而使特使变坏的问题。它除了可检测可燃性气体外，还可检测无机气体。

热传导型气体传感器是基于气体种类不同其导热系数也不同这一性质来实现气体检捌的。热量的传递一般以 3 种方式进行：导热换热、对流换热和辐射换热。固体、液体和气体都有导热和换热的能力，热传导是由分子振动的传递引起的，物体密度不同，导热和换热的能力也不同。金属强于非金屑，固体强于液体和气体，气体导热能力最弱。热力学中用导热系数来描述物质热传导的速率，传热快的物质导热系数也大。使用热传导型气体传感器主要用来检测一个混合气体中 H_2 的含量，此外也可以用来检测 CO_2、SO_2 等气体的含量或上述气体中杂质的含量。

(4) 红外线气体传感器。红外线气体传感器对气体的检测，具有选择性特点，常用于测量 CO、CH_4、CO 等气体，其电信号的获得过去主要利用电容微音器，由于测量气体用的气室比较长，所以其构造显得比较大，近年由于半导体技术的发展和系统的改进，红外线气体传感器的体积已大为缩小。

除惰性气体、氧、氮、氢等单原子气体外，大多数多原子气体和蒸气，都有吸收一定波长范围的红外线光谱的性质。当气室长度一定，入射光的强度一定时，则透过光的强度与气体浓度的大小有关。

将按测定的气体成分封入检测器中，利用被测定气体对其吸收光谱的波长范围的选择性吸收而检测气体的方式，称为正滤光型。如图 8-21 所示，红外光从光源发射出之后，一组经比较室进入电容微音器的一侧，一组经过测量室进入电容微昔器的另一侧，而红外光在发出时都经过干扰气体的过滤，使干扰光谱波段被吸收，只剩下被测气体相应的光谱波长，比较室内封装的是空气。通过该室的光强保持不变，而通过测量室的光线，因为其中有待测组分气体，所以光强度被吸收了一部分，弱于从比较室中通过的光。两光到达电容微音器之两侧后，通人光强一侧的气压比另一侧的气压高，因而电容薄膜的一个级向低压侧移动，使两电容极板间的距离增大，电容量发生了变化。电容大小与极扳间距的平方成反比，所以电容变化很大，将电容变化量转换成可计量的电信号，借以测出气体浓度。

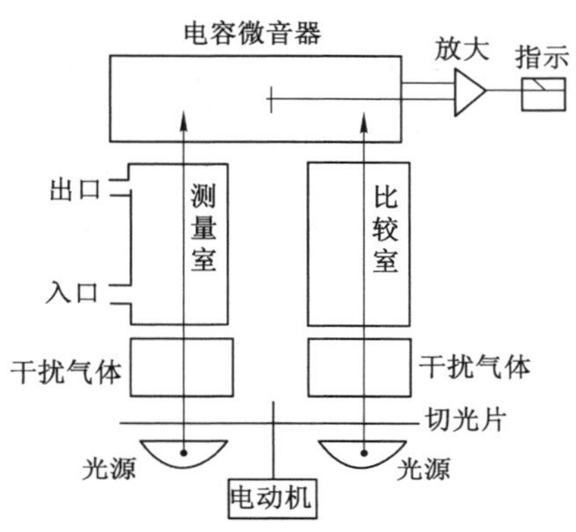

图 8-21　正滤光型红外线气体分析器原理

第三节　数据采集和信号处理

传感器将检测系统或检测过程中需要检测的信息转化为人们熟悉的各种信号，在实际的智能化检测和过程控制中，被测量和被控制量主要是各种模拟信号。为了实现计算机对被测信号的分析与数据处理，首先就要解决模拟测量信号的数据采集问题，然后经计算机处理后的测量结果也大多用于控制模拟元件或执行机构。

1. 信号处理系统

信号的处理指各种信号之间的转换，从信息形态变化的观点来讲，将各种转换分为自然界物理量到电量的转换、电量之间的转换、电量到物理量的转换。

用传感器将各种物理量信号（如位移、颜色、亮度等）转变为电信号（电压或电流），经由诸如放大、滤波、干扰抑制、多路转换等信号检测及预处理电路，将模拟量的电压或电流送入 A/D 转换装置，变成数字量供计算机处理。传感器输出的一般都是小信号，都存在小信号放大、处理、整形以及抗干扰等问题，如图 8-22 所示。

一般来说，信号处理大致可以分为：电平调整、线性化、信号形式转变、滤波器阻抗匹配及调制和解调。

电平调整电路是最简单的信号调理，最常见的是对电压信号进行放大（衰减），还包括传感器零位电压的调整。

线性化是针对传感器的非线性特性的信号调理。虽然传感器的种类繁多，但面对具体

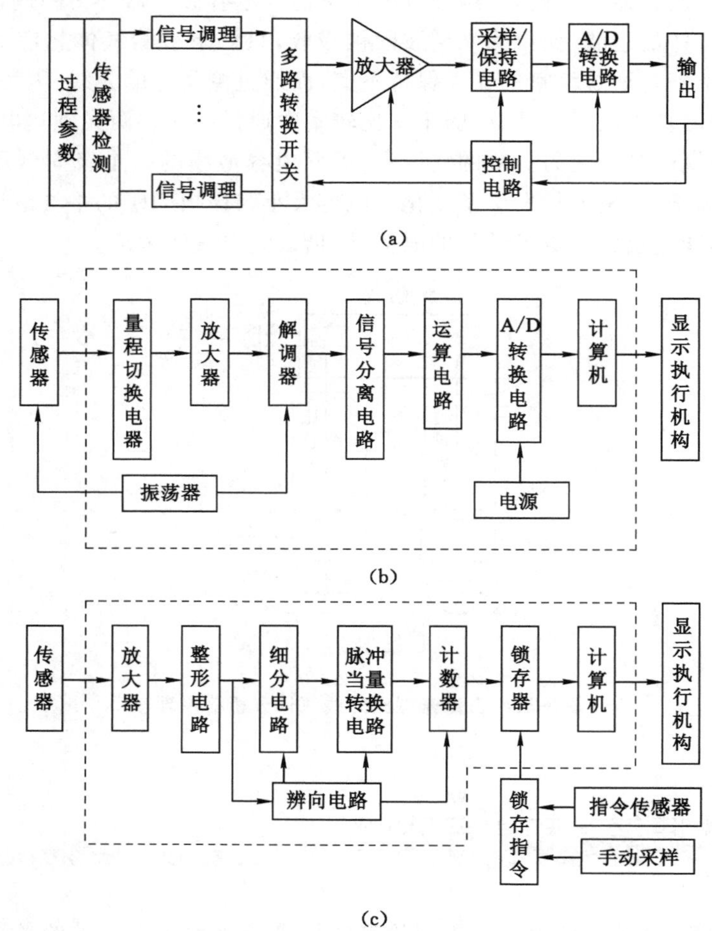

图 8-22　传感器信号处理的原理图

的测控问题时，实际上可供选择的传感器很少，且大部分传感器的输入/输出特性呈非线性。这种非线性特性对于动态策略的场合尤其不利，因为非线性特性将导致动态信号波形产生畸变。实际上，通过信号调理不可能将非线性特性调整为理想的线性。需要指出的是，线性他的作用在于尽可能扩大传感器响应特性的线性范围。

信号形式变换是指将传感器输出信号从一种形式变换为另一种形式，如电压-电流变换或电流-电压变换。此外，将敏感元件的电阻抗转换为电压或电流输出的电阻抗测量电路有时也被归结为这一类。

所有的测控系统在设计实现过程中必须重点考虑滤波及阻抗匹配问题。滤波器可以使用电阻、电容和电感等元件组成的简单源电路，也可以使用以运算放大器为中心的复杂的多级有源滤波电路。若传感器的内部阻抗或电缆的阻抗会给测量系统带来重大误差时，阻抗匹配就必须予以认真考虑。

当传感器输出微弱的直流信号或缓变信号时，可能会受到低频干扰和放大器漂移的影响，而将测量信号从含有噪声的信号中分离出来通常比较麻烦。因此，在实际测量中，往往将这种缓变信号调制成高频的交流信号，然后经放大处理，再通过解调电路从高频信号中将缓变信号提取出来。

所谓调制，是指利用某种信号来控制或改变高频振荡信号的某个参数(如幅值、频率或相位)的过程。当被控制的量是高频振荡信号的阈值、频率和相位时，则分别称为幅值调制或调幅、频率调制或调频、相位调制或调相。解调，又称为反调制，它是从已调制波信号中恢复出原来的低频调制信号的过程。调制与解调是一对信号变换过程，包括正弦余弦信号、一般周期信号、瞬态信号、随机信号等。经过调制过程得到的高频振荡波称为已调制波，载送低频信号的高频振荡信号称为载波，如正弦信号、方波信号等。常用的信号处理器如下：

(1) 阻抗匹配器。传感器输出阻抗都比较高，为防止信号的衰减，为传感器输入到测量系统的前置电路。常采用高输入阻抗的阻抗匹配器作半导体管阻抗匹配器，实际上是一个半导体管共集电极电路，又称为射极输出器。场效应管是一种电压驱动元件，栅、漏极间电流很小，其输入阻抗高达 10^{12} Ω 以上，可作为阻抗匹配器、运算放大器阻抗匹配器。

(2) 电桥电路。电桥电路是传感器检测电路中经常使用的电路，主要用来把传感器的电阻、电容、电感的变化转换为电压或电流的变化(A/D 转换)。

① 直流电桥。直流电桥的基本电路如图 8-23 所示。它是由直流电源供电的电桥构成桥式电路的桥臂，桥路的一条对角线是输出端，一般接有高输入阻抗的放大器，桥的另一条对角线接点上加有直流电压。

如果 $R_1=R_2=R_3=R_4$，则电桥电路被称为四等臂电桥。此时，输出灵敏度最高，而非线性误差最小。因此，在传感器的实际应用中多采用四等臂电桥。

② 交流电桥。如图 8-24 所示，其中 Z_1 和 Z_2 为阻抗元件，它们同时可以为电感或电容，电桥两臂为差动方式，又称为差动交流电桥。在初始状态时，$Z_1=Z_2=Z$，电桥平衡，输出电压 $U_o=0$。

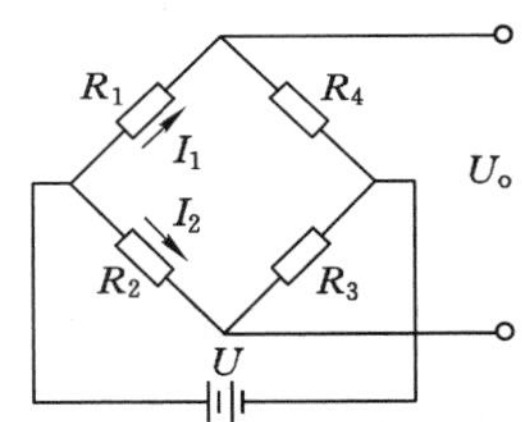

图 8-23　直流电桥的基本电路

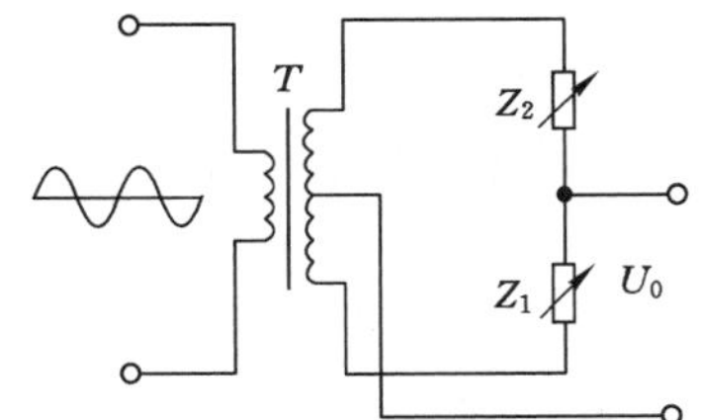

图 8-24　电感式传感器配用的交流电桥

测量时一个元件的阻抗增加，另一个元件的阻抗减小，假定 $Z_1=Z_0+\Delta Z$，$Z_2=Z_0-Z$，则电桥的输出电压为：

$$U_0=\left(\frac{Z_0+\Delta Z}{2Z_0}-\frac{1}{2}\right)U=\frac{\Delta Z}{2Z_0}U \tag{8-10}$$

传感器的输出信号一般比较微弱，因而在大多数情况下都需要放大电路。目前检测系统中的放大电路，除特殊情况外，一般都采用运算放大器构成。

图 8-25 为反向放大器、同相放大器和差动放大器。

4. 电荷放大器

传感器敏感元件所感测到的信号一般都非常微弱，而且敏感元件输出的信号往往被深

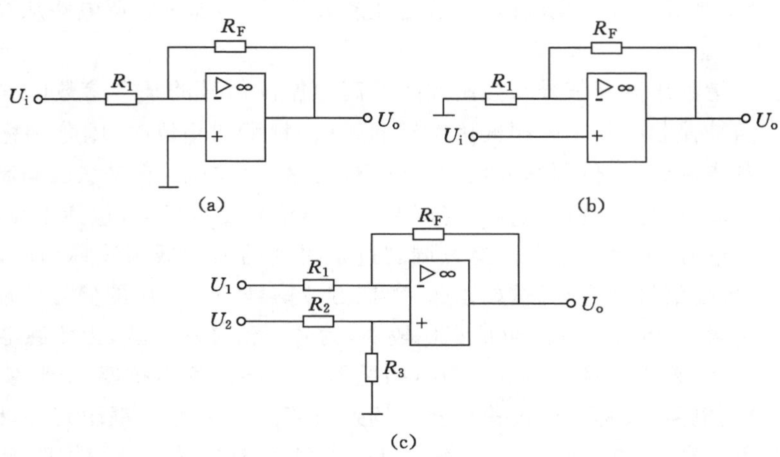

图 8-25　放大电路

埋在噪声之中。因此，要对这样的微弱信号进行处理，一般都要先进行预处理，以将大部分噪声除掉，并将微弱信号放大到后续处理器所要求的电压幅度。

五、抗干扰

在现场正常运行的检测系统的点信号上也会夹杂着一些无用而有害的、有序的或无序的其他信号，称为噪声。通常所说的干扰是指噪声造成的不良效应。由于检测系统通常在环境条件较差的工业现场在线运行，所以受各种各样的影响较大，即所受的干扰较严重。实践和经验证明，检测系统的抗干扰能力是关系到系统能否可靠工作和保证应有精度的重要技术指标。因此，如何统筹兼顾，设计出既能实现所有功能，达到规定的各项技术指标，又能有效地排除和抑制各种干扰，性价比高的硬件和软件，已成为检测系统设计师必须仔细了解和认真解决的重要问题。

（一）检测系统常见的干扰类型

检测系统干扰的分类方法较多，根据产生干扰因素的位置分两大类。

外部干扰是指与检测系统本身无关、由外部环境和使用条件所引起的干扰。主要包括：来自闪电、雷击、宇宙辐射、太阳黑子等自然界干扰；间流晶体管、继电器、接触器、电磁阀的通断和电火花、电焊、高频加热及大功率电动机、电气设备等强电设备的干扰；输电线路等产生的外部电磁干扰。

内部干扰是指检测系统自身各部分电路之间、各元件之间引起的干扰，包括固定干扰和电路动态运行时出现的过渡干扰。例如，来自传输线的反射干扰，不同线路和器件因相互感应造成的差模干扰；接地不妥造成的地电势差干扰，绝缘不良造成的漏电干扰，因寄生电容、电感及漏电阻造成的寄生反馈干扰；功率大、发热多的器件所造成噪声干扰等。

（二）检测系统常用的抗干扰措施

噪声对检测仪表及检测系统形成干扰，需要同时具备：具有一定强度的噪声源；存在着噪声源到检测系统的耦合通道；检测系统本身存在着对噪声敏感的电路，如图 8-26 所示。

检测系统的抗干扰设计是针对上述三项因素采取措施。具体包括：尽可能抑制好消除各种噪声源；阻截和消除噪声的耦合通道；设计对噪声不敏感的电路。

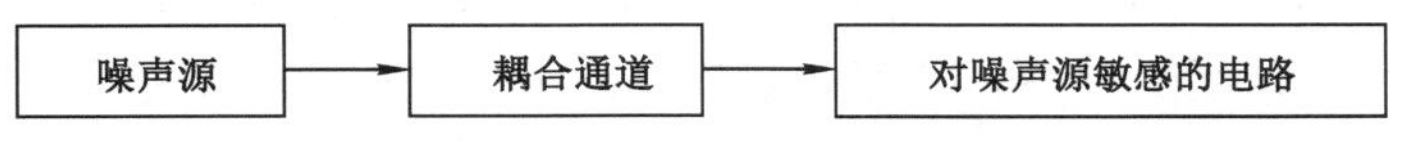

图 8-26　噪声对检测系统的干扰

一般情况下，自然界及外部噪声源难以消除或消除抑制这些噪声源的难度很大，实施成本过高，所以检测系统主要采用后两类抗干扰措施。

1. 检测系统的接地措施

接地技术起源于强电，它是指将电网的零线及各种设备的外壳接大地，以起到保障人身和设备的安全的目的。在电子电路系统中，一般是指输入信号与输出信号的公共零电位，它本身可能与大地相隔离。

通过正确的接地，可以消除各电路电流流经公共地线阻抗时所产生的噪声电压和地电势差的影响，不使其形成地环路，避免噪声耦合的影响。

(1) 一点接地和多点接地。一般来说，系统内部印刷电路板接地的基本原则是高频电路应就近多点接地，低频电路应一点接地。在低频电路中，布线和元件间的电感并不是大问题，而公共阻抗耦合干扰的影响较大，因此常以一点接地。高频电路中各地线电路形成环路会产生电感耦合，增加了地线阻抗，同时各地线之间也会产生电感耦合。在高频时，尤其是当地线长度等于 1/4 波长的奇数倍时，地线阻抗会变得很高，这时地线就变成了天线，可以向外辐射噪声信号，这时的地线长度应小于 1/2 信号波长，才能防止辐射干扰，并降低阻抗。

(2) 交流地与信号地。在一段电源地线的两点间可能会有数毫伏，甚至几伏的电压。这对低电平的信号电路来说是一个非常严重的干扰，必须加以隔离和防止。因此，交流地与信号地不能共用。

(3) 浮地与接地。多数的系统应接大地，但有些场合(如飞行器或舰船上)使用的仪器仪表不可能接大地，这时应采用浮地方式。在浮地的方式下，系统的各个部分全部与大地浮置起来，即浮空，目的是为了阻断干扰电流的通路。浮地后，检测电路的公共线与大地(机壳)之间的阻抗很大，所以浮地与接地相比，能更强地抑制共模干扰电流。浮地方法简单，但全系统与地的绝缘电阻不能小于 50 MΩ。

(4) 数字地。数字地又称为逻辑地，主要是逻辑开关网络，如 TTL、CMOS 印刷电路板数字地的零电位。印刷电路板中的地线应呈网状，而且其他布线不要形成环路，特别是环绕外周的环路。印刷电路板中的条状线不要长距离平行，不得已时应加隔离电极和跨接线，或者做屏蔽处理。

(5) 模拟地。在进行数据采集时，利用 A/D 转换，其中模拟量接地的问题必须重视，为了提高抗干扰能力，可采用二线采样双层屏蔽浮地技术。所谓三线采样，就是将地线和信号线一起来样，这样的双层屏蔽技术是抗共模干扰最有效的方法。

2. 抑制空间感应的屏蔽技术

自然界及外部噪声进入检测系统的主要途径有 3 种，即空间电磁感成、系统本身的传输通道、与系统电源相连的配电系统。通常情况下，抑制空间电磁感应造成的干扰的最有效方法是利用钢、铝或镀银钢板等良导体及高磁导率铁磁材料制成屏蔽罩、屏蔽盒，把所要保护的电路置于其中。这样，外部噪声源产生的高频磁场将在屏蔽层中产生电涡流，并被涡流产生的反磁场相抵消；而对外部低频干扰磁场所产生的磁力线，因有磁阻很小的屏蔽盒引导构成闭合回路，不再进入被保护电路，从而有效地达到了抑制空间电磁感应干扰的目的。

基于高频集肤效应原理，高频涡流仅流过屏蔽层最外面的一层，因而，对高频磁场的屏蔽层仅考虑加工方便及具有所需机械强度即可。因为涡流是一圈圈同心圆，所以应尽量避免在屏蔽层上开孔、开槽，以免切断涡流路径，影响屏蔽效果。对低频干扰磁场的屏蔽层，要保证一定厚度以减少磁阻。以上两种屏蔽罩若能良好接地，则能同时起到静电屏蔽的作用，防止电场耦合干扰。

3. 差模干扰及其抑制措施

一般情况下，空间电磁感应对检测系统造成的强度和概率都远小于传输通道和配电系统所窜入的干扰，所以必须着重研究和尽可能采取切断和抑制这两种干扰的措施。根据噪声进入检测系统的方式及与被测信号的关系，可将噪声干扰分为差模干扰和共模干扰两大类。

（1）差模干扰。差模干扰是指与被测信号源以串联形式叠加在一起的干扰。例如，作用于检测系统输入通道的干扰电压，往往和有用信号一起被放大和采样，所以对检测系统的精度有直接的严重影响。

产生差模干扰的原因很多，通常有电磁耦合对输入信号线产生的感应电动势；因元器件及传输通道存在分布电容和互感造成的干扰电动势；由于稳压电路存在工频纹波及 A/D 的采样时间短而造成 50 Hz 工频干扰电压等。

（2）抑制差模干扰。抑制差模干扰常采用滤波器和双积分型 A/D 转换器。

① 采用滤波器。如果差模干扰频率高于被测信号，则采用低通滤波器来抑制和削弱高频率的差模干扰。如果差模干扰频率低于信号频率，则采用高通滤波器抑制低频差模干扰；若差模干扰频带较宽，被测信号落入干扰频带内，则应对被测信号进行锁相放大，以便大幅度地提高信噪比，从而抑制差模干扰的影响。滤波可采用 RC、LC、X 形、双 T 形及有源滤波器等硬件手段，也可采用各种软件数字滤波的方法。

② 采用双积分型 A/D 转换器。采用抗工频干扰性能优良的双积分型 A/D 转换器，并采用 50 Hz 的倍频作为 A/D 转换器的时钟，以便有效地克服工频造成的干扰。

尽可能缩短传感器与检测系统之间的距离，采用带金属屏蔽层的屏蔽电缆或双绞线做传感器与前置放大之间的连线。对远距离测量，可在靠近传感器的地方进行电压－电流转换，把传感器输出的电压信号转换成不易受干扰的标准 4～20 mA(0～10 mA)电流信号后，在远距离传送到检测系统输入端。

4. 共模干扰及其抑制

（1）共模干扰。共模干扰是指相对于公共地电位为基准，在系统的两个输入端都同时出现的干扰，即在检测仪表、检测系统的两个输入端和地之间共同存在的一个干扰电压。这种干扰使两个输入端的电位同时相对于基准点位涨落，通常不直接影响测量精度。但是，当输入电路参数不对称时，将会转化成差模干扰，从而引起测量误差。

形成共模干扰的原因很多，一方面，因检测系统从传感器到执行器整个信号通道比较长，系统所有电路和功率器件均需接地，往往为图方便而习惯采用就近接“地”（接到具有一定电阻率的基准地线）方式，没有真正实现“一点接地”。另一方面，因地线具有一定的分布电阻，并有许多支电流通过它流向电源，这样在基准地线的不同位置就会产生电势差。

共模干扰可以是直流电，这时共模干扰电压的幅值一般较大，可达几伏、几十伏，甚至高达 100 多伏。除接地不妥造成共模干扰外，漏电阻、寄生电容的存在是造成共模干扰的主要原因。例如，用热电偶测量 1 000 多摄氏度炉温时，由于炉内壁耐火材料的绝缘电阻在高温下迅速变低，使通有 220/380 V 交流电压的电炉丝，通过在高温下基本成为导体的耐火材料（漏电阻）向热电偶两端漏电，造成热电偶两端相对 220/380 V 交流电压附加了一个共有干扰电压，从而使测温仪表输出产生幅度很大的共模干扰电压。

(2) 共模干扰的抑制。共模干扰对检测仪表、检测系统的影响程度取决于该仪表系统对共模干扰的抑制（抑制共模干扰电压转换为直接影响其测量精度的差模干扰电压）能力，称为共模抑制比。

常用的共模干扰的抑制措施有以下几种：

① 从根本上消除和抑制共模干扰源。例如，采取加粗地线，严格实现一点接地原则；设法阻断外部高电压源与输入端的通路；对外部干扰源实行电磁屏蔽等措施。

② 采用共模抑制比高的双端输入形式的差动放大器或使用其作为前级放大器。

③ 采用隔离放大器，使信号端与测量端没有地线联系，从而消除了共模干扰影响。

④ 采用浮地技术，把检测系统的前置放大器接到机壳和大地（公共地线），让其浮置（浮空），这样共模电压不能经前置放大器与大地构成回路。

六、交流供电系统的干扰及其抑制

目前，绝大多数检测系统使用 220 V、50 Hz 市电。然而市电电网，特别是工业现场的交流电网往往本身就是一个很大的噪声源，电网中大负荷设备的开与停，大功率移相式闸流晶体管的导通、截止，都将在电源线和地线上产生强烈的脉冲干扰，这种脉冲干扰的峰值有时可达上百伏。

抑制交流电网干扰的主要方法如下：

(1) 在交流电网输入线上采用 LC 低通滤波来抑制高频干扰，让 50 Hz 基波顺利通过。

(2) 在电源变压器一次侧与二次侧之间加一绝缘隔离层，一、二次侧的零线经一个电容接地。这种隔离电源变压器对抑制电网瞬间强脉冲干扰很有效。

(3) 用交流变压器作电网过滤器。这种商品化交流稳压器通常采取了一系列隔离和滤波、稳压等抗电网干扰措施；高性能交流稳压器对净化干扰研制的现场电网作用很大。

(4) 对现场电网干扰特别严重、系统测量精度要求有非常高的应用场合，可考虑用蓄电池以直流方式供电，以便从根本解决电网干扰问题。

另外，为避免检测系统内部模拟电路、数字电路及输出（执行）电路三者互相干扰，数字信号线均通过光电耦合器与模拟电路和输出部分相联系，并为上述 3 部分电路分别配置稳压电源，从而切断它们之间的电气联系，这对减少系统内部交叉干扰是十分有效的。

第四节　安全检测与监控系统设计

实际的计算机检测系统，其中的复杂程度和各环节的设计参数应根据检测任务和对系统的性能指标等要求具体确定。此外，还要充分运用实际工程知识和时间经验，使设计的系统达到最佳的性价比指标。

尽管传感器检测系统种类繁多，检测对象所用的检测方法多种多样，系统的复杂程度、功能和技术指标也会有很大的差异，但进行传感器检测系统设计的基本步骤大体相同。具体可以分为以下几个步骤：

(一) 调研

(1) 通过专利检索、查阅专业杂志、有关国际、国内会议论文集及产品目录等，了解该检测系统在国内外目前的概况，特别是近几年的进展情况及发展趋势等。

(2) 也深入进行国内情况调研，了解国内哪些单位有这种检测项目，其检测原理是什么，采用什么测试设备，该设备有哪些缺陷，是属于专门为该检测项目设计研制的，还是由通用仪表构成的；这些单位对新的专用检测系统有哪些要求，国内有没有单位已经或即将研制结构合理、性能优良、价格适中、完全满足该检测课题的新的检测系统等。

(3) 对检测现场条件、被检测的设备、工作过程、工艺特点深入调查和分析研究，而后由课题提出方写成研制该检测系统的设计任务书，确定整个检测系统应具备的所有功能和技术指标及双方的权利与义务等。

(二) 方案论证

完成调研后，接下来是根据课题提出单位所确定的总体要求、主要技术指标及综合调研所获得的信息资料进行原理性方案设计。原理性方案设计的第一步是确定采用什么检测方法进行该项检测，以及选用什么传感器才能进行该项检测；接下来设计人员从系统应具备的功能从技术指标、可靠性、可维护性、输入/输出(I/O)要求、系统成本等方面设计出检测系统的功能性原理框图。

为了设计出性价比高、操作维护方便的检测系统，在方案论证时多考虑几种可行方案，经综合分析、互为补充，最后择优实施方案。

(三) 系统总体设计

(1) 确定所需的信息及需要测量系统的物理参数。在检测系统的设计中，应防止信息过多和信息不足两种情况的发生。第一种情况是不断提高系统的测量水平和不断扩大测量范围所致，从而形成了一种以过分的高精度和高分辨率要求采集所有可以得到的信息的趋势，其结果是有用的数据混在大量无关的信息中，给系统的数据处理带来沉重的负担。第二种情况是对测量在整个系统中的功能和目的考虑不周所致，不能提供所需要的全部信息，这将会导致系统整体功能的显著下降。

(2) 测试方法的选择。检测系统采用的测试方法取决于系统的性能指标，如非线性度、精度、分辨率、误差、零漂、温漂和可靠性等。

(四) 系统详细设计

总体设计完成后，即可进行详细设计。详细设计宜采用模块化设计方法：

(1) 根据性能要求选择相应的测量方法。

(2) 选择适当的传感器和转换器。

(3) 考虑系统所处现场需要的处理功能。

(4) 与传感器、转换器相匹配的硬件和机电装置的规格。

(5) 有关的应用软件的选择及软件的编制。

（五）系统实验与调试以及专用器材的制造

在进行了系统详细设计后，需要进行实验系统的制备以及实验平台的搭建等工作，并进行相关的实验与调试。这些工作包括信号调理、数据采集、微机及接门电路、微机外围设备以及机械固定装置等各部分的调试，并根据实验的结果进行分析；同时，对系统的设计进行相比的改进。

（六）系统试运行

在实验室装配调试通过并试验运行一段时间后，送到检测现场进行安装，并与被测对象连接起来进行联机调试。在该检测系统能实验设计计划任务书规定的所有功能后，则对计划任务书中规定的各项工作指标逐项进行考核。若某一项或几项达不到规定的指标时，应首先设法改进软件。改进后仍达不到要求时，再对个别的硬件做尽可能小的改动，这样不断改进、调试、测量、修改，直到全部指标达到设计要求为止。

（七）整理资料，形成完整的技术文档

系统在现场试运行正常后，便可着手整理所有硬件和软件设计资料并加上必要的说明，汇编成册；同时，请试用该检测系统的操作人员及时记录各种检查结果，并请质检或计量部门复核。整理出验收或鉴定所需的最后文件。一般来说，若检测系统通过技术鉴定委员会或双方认可的验收组的验收，便可认为该检测系统的设计、研制工作已全面完成。

复习思考题

1. 什么是安全检测与监控系统？它包含的内容有哪些？
2. 安全检测和监控系统的组成有哪些？
3. 安全检测与监控系统的分析过程有哪些？
4. 当工业生产发生故障时，怎样结合研究对象和安全监控系统制定合理的对策措施？
5. 传感器的由哪些部分组成？
6. 根据技术特点的不同，传感器有哪些分类方法？
7. 安全检测常用的 5 种传感器是什么？
8. 简述常用的温度传感器，并说明其工作的原理。
9. 常用压力传感器有哪些？使用的场所有什么不同？
10. 传感器将检测系统或检测过程中需要检测的信息转换成电信号后怎样进行信号的处理？
11. 安全检测与监控系统如何排除噪声造成的信号干扰？

附　录

附录 1

表 1　工作场所空气中有害物质个体采样记录表

(职业卫生技术服务机构名称)

第　　页　　共　　页

用人单位		项目编号	
检测类型	(评价　　日常　　监督)	待 测 物	
采样仪器		采样方法	

样品编号	仪器编号	采样地点	生产情况以及工人个体防护措施	采样流量/(L·min^{-1})		采样时间		温度气压
				采样前	采样后	开始时间	结束时间	

采样人：　　　　年　月　日　　　　　　　　校核：　　　　年　月　日

附录 2

表 2　工作场所空气中化学物质容许浓度(一)

序号	中文名	英文名	最高容许浓度/(mg·m^{-3})	时间加权平均容许浓度/(mg·m^{-3})	*短时间接触容许浓度/(mg·m^{-3})
1	安妥	Antu	—	0.3	0.9*
2	氨	Ammonia	—	20	30
3	2-氨基吡啶(皮)	2-Aminopyridine(skin)	—	2	5*
4	氨基磺酸铵	Ammonium sulfamate	—	6	15*
5	氨基氰	Cyanamide	—	2	5*
6	奥克托今	Octogen	—	2	4
7	巴豆醛	Crotonaldehyde	12	—	—
8	百菌清	Chlorothalonile	1	—	—
9	倍硫磷(皮)	Fenthion(skin)	—	0.2	0.3
10	苯(皮)	Benzene(skin)	—	6	10
11	苯胺(皮)	Aniline(skin)	—	3	7.5*
12	苯基醚(二苯醚)	Phenyl ether	—	7	14
13	苯硫磷(皮)	EPN(skin)	—	0.5	1.5*
14	苯乙烯(皮)	Styene(skin)	—	50	100
15	吡啶	Pyridine	—	4	10*
16	苄基氯	Benzyl chloride	5	—	—
17	丙醇	Propyl alcohol	—	200	300
18	丙酸	Propionic acid	—	30	60*
19	丙酮	Acetone	—	300	450
20	丙酮氰醇(按 CN 计)(皮)	Acetone cyanohydrin(skin) as CN	3	—	—
21	丙烯醇(皮)	Allyl alcohol(skin)	—	2	3
22	丙烯腈(皮)	Acrylonitrile(skin)	—	1	2
23	丙烯醛	Acrolein	0.3	—	—
24	丙烯酸(皮)	Acrylic acid(skin)	—	6	15*
25	丙烯酸甲酯(皮)	Methyl acrylate(skin)	—	20	40*
26	丙烯酸正丁酯	*n*-Butyl acrylate	—	25	50*
27	丙烯酰胺(皮)	Acrylamide(skin)	—	0.3	0.9*
28	草酸	Oxalic acid	—	1	2
29	抽余油 60～220 ℃	Raffinate(60～220 ℃)	—	300	450*
30	臭氧	Ozone	0.3	—	—

表 2(续)

序号	中文名	英文名	最高容许浓度 /(mg·m^{-3})	时间加权平均容许浓度 /(mg·m^{-3})	*短时间接触容许浓度 /(mg·m^{-3})
31	滴滴涕(DDT)	Dichlorodiphenyltrichloroethane (DDT)	—	0.2	0.6*
32	敌百虫	Trichlorfon	—	0.5	1
33	敌草隆	Diuron	—	10	25*
34	碲化铋(按 Bi_2Te_3 计)	Bismuth telluride, as Bi_2Te_3	—	5	12.5*
35	碘	Iodine	1	—	—
36	碘仿	Iodoform	—	10	25*
37	碘甲烷(皮)	Methyl iodide(skin)	—	10	25*
38	叠氮酸和叠氮化钠	Hydrazoic acid and sodium azide Hydrazoic acid vapor sodium azide	0.2 0.3	— —	— —
39	丁醇	Butyl alcohol	—	100	200*
40	1,3-丁二烯	1,3-Butadiene	—	5	12.5*
41	丁醛	Butyladehyde	—	5	10
42	丁酮	Methyl ethyl ketone	—	300	600
43	丁烯	Butylene	—	100	200*
44	对苯二甲酸	Terephthalic acid	—	8	15
45	对硫磷(皮)	Parathion(skin)	—	0.05	0.1
46	对特丁基甲苯	*p*-Tert-butyltoluene	—	6	15*
47	对硝基苯胺(皮)	*p*-Nitroaniline(skin)	—	3	7.5*
48	对硝基氯苯/二硝基氯苯(皮)	*p*-Nitrochlorobenzene/Dinitrochlorobenzene(skin)	—	0.6	1.8*
49	多次甲基多苯基多异氰酸酯	Polymetyhlene polyphenyl isocyanate(PMPPI)	—	0.3	0.5
50	二苯胺	Diphenylamine	—	10	25*
51	二苯基甲烷二异氰酸酯	Diphenylmethane diisocyanate	—	0.05	0.1
52	二丙二醇甲醚(皮)	Dipropylene glycolmethyl ether (skin)	—	600	900
53	2-*N*-二丁氨基乙醇(皮)	2-*N*-Dibutylaminoethanol(skin)	—	4	10*
54	二恶烷(皮)	1,1,4-Dioxane(skin)	—	70	140*
55	二氟氯甲烷	Chlorodifluoromethane	—	3 500	5 250*
56	二甲胺	Dimethylamine	—	5	10
57	二甲苯(全部异构体)	Xylene(all isomers)	—	50	100
58	二甲苯胺(皮)	Dimethylanilne(skin)	—	5	10

表 2(续)

序号	中文名	英文名	最高容许浓度/(mg·m⁻³)	时间加权平均容许浓度/(mg·m⁻³)	*短时间接触容许浓度/(mg·m⁻³)
59	1,3-二甲基丁基醋酸(仲-乙酸己酯)	1,3-Dimethylbutyl acetate (sec-hexylacetate)	—	300	450*
60	二甲基二氯硅烷	Dimethyl dichlorosilane	2	—	—
61	二甲基甲酰胺(皮)	Dimethylformamide(DMF)(skin)	—	20	40*
62	3,3-二甲基联苯胺(皮)	3,3-Dimethylbenzidine(skin)	0.02	—	—
63	二甲基乙酰胺(皮)	Dimethyl acetamide(skin)	—	20	40*
64	二聚环戊二烯	Dicyclopentadiene	—	25	50*
65	二硫化碳(皮)	Carbon disulfide(skin)	—	5	10
66	1,1-二氯-1-硝基乙烷	1,1-Dichloro-1-nitroethane	—	12	24*
67	二氯苯	Dichlorobenzene			
	对二氯苯	*p*-Dichlorobenzene	—	30	60
	邻二氯苯)	*o*-Dichlorobenzene	—	50	100
68	1,3-二氯丙醇(皮)	1,3-Dichloropropanol(skin)	—	5	12.5*
69	1,2-二氯丙烷	1,2-Dichloropropane	—	350	500
70	1,3-二氯丙烯(皮)	1,3-Dichloropropene(skin)	—	4	10*
71	二氯代乙炔	Dichloroacetylene	0.4	—	—
72	二氯二氟甲烷	Dichlorodifluoromethane	—	5 000	7 500*
73	二氯甲烷	Dichloromethane	—	200	300*
74	1,2-二氯乙烷	1,2-Dichloroethane	—	7	15
75	1,2-二氯乙烯	1,2-Dichloroethylene	—	800	1 200*
76	二缩水甘油醚	Diglycidyl ether	—	0.5	1.5*
77	二硝基苯(全部异构体)(皮)	Dinitrobenzene(all isomers)(skin)	—	1	2.5*
78	二硝基甲苯(皮)	Dinitrotoluene(skin)	—	0.2	0.6*
79	4,6-二硝基邻苯甲酚(皮)	4,6-Dinitro-o-cresol(skin)	—	0.2	0.6*
80	二氧化氮	Nitrogen dioxide	—	5	10
81	二氧化硫	Sulfur dioxide	—	5	10
82	二氧化氯	Chlorine dioxide	—	0.3	0.8
83	二氧化碳	Carbon dioxide	—	9 000	18 000
84	二氧化锡(按 Sn 计)	Tin difuoride,as Sn	—	2	5*
85	2-二乙氨基乙醇(皮)	2-Diethylaminoethanol(skin)	—	50	100*
86	二乙撑三胺(皮)	Diethylene triamine(skin)	—	4	10*
87	二乙基甲酮	Diethyl ketone	—	700	900
88	二乙烯基苯	Divinyl benzene	—	50	100*

表 2(续)

序号	中文名	英文名	最高容许浓度 /(mg·m^{-3})	时间加权平均容许浓度 /(mg·m^{-3})	*短时间接触容许浓度 /(mg·m^{-3})
89	二异丁基甲酮	Diisobutyl ketone	—	145	218*
90	二异氰酸甲苯酯(TDI)	Toluene-2,4-diisocyanate(TDI)	—	0.1	0.2
91	二月桂酸二丁基锡(皮)	Dibutyltin dilaurate(skin)	—	0.1	0.2
92	钒及其化合物(按 V 计)	Vanadium and compounds,as			
	五氧化二钒烟尘	Vanadium pentoxide fume、dust	—	0.05	0.15*
	钒铁合金尘	Ferrovanadium alloy dust	—	1	2.5*
93	呋喃	Furan	—	0.5	1.5*
94	氟化氢(按 F 计)	Hydrogen fluoride,as F	2	—	—
95	氟化物(不含氟化氢)(按 F 计)	Fluorides(except HF),as F	—	2	5*
96	锆及其化合物(按 Zr 计)	Zirconium and compounds,as Zr	—	5	10
97	镉及其化合物(按 Cd 计)	Cadmium and compounds,as Cd	—	0.01	0.02
98	汞	Mercury			
	金属汞(蒸气)	Element mercury(vapor)	—	0.02	0.04
	有机汞化合物(皮)(按 Hg 计)	Mercury organic compounds(skin) as Hg	—	0.01	0.03
99	钴及其氧化物(按 Co 计)	Cobalt and oxides,as Co	—	0.05	0.1
100	光气	Phosgene	0.5	—	—
101	癸硼烷(皮)	Decaborane(skin)	—	0.25	0.75
102	过氧化苯甲酰	Benzoyl peroxide	—	5	12.5*
103	过氧化氢	Hydrogen peroxide	—	1.5	3.75*
104	环己胺	Cyclohexylamine	—	10	20
105	环己醇(皮)	Cyclohexanol(skin)	—	100	200*
106	环己酮(皮)	Cyclohexanone(skin)	—	50	100*
107	环己烷	Cyclohexane	—	250	375*
108	环氧丙烷	Propylene Oxide	—	5	12.5*
109	环氧氯丙烷(皮)	Epichlorohydrin(skin)	—	1	2
110	环氧乙烷	Ethylene oxide	—	2	5*
111	黄磷	Yellow phosphorus	—	0.05	0.1
112	茴香胺(皮)	Anisidine(skin)			
	邻茴香胺(皮)	o-Anisidine(skin)	—	0.5	1.5*
	对茴香胺(皮))	p-Anisidine(skin)		0.5	1.5*
113	己二醇	Hexylene glycol	100	—	—
114	1,6-己二异氰酸酯	Hexamethylene diisocyanate	—	0.03	0.15*

表 2(续)

序号	中文名	英文名	最高容许浓度 /(mg·m^{-3})	时间加权平均容许浓度 /(mg·m^{-3})	*短时间接触容许浓度 /(mg·m^{-3})
115	己内酰胺	Caprolactam	—	5	12.5*
116	2-己酮(皮)	2-Hexanone(skin)	—	20	40
117	甲醇(皮)	Methanol(skin)	—	25	50
118	甲拌磷(皮)	Thimet(skin)	0.01	—	—
119	甲苯(皮)	Toluene(skin)	—	50	100
120	*N*-甲苯胺(皮)	N-Methyl aniline(skin)	—	2	5*
121	甲酚(皮)	Cresol(skin)	—	10	25*
122	甲基丙烯腈(皮)	Methylacrylonitrile(skin)	—	3	7.5*
123	甲基丙烯酸	Methacrylic acid	—	70	140*
124	甲基丙烯酸甲酯	Methyl methacrylate	—	100	200*
125	甲基丙烯酸缩水甘油酯	Glycidyl methacrylate	5	—	—
126	甲基肼(皮)	Methyl hydrazine(skin)	0.08	—	—
127	甲基内吸磷(皮)	Methyl demeton(skin)	—	0.2	0.6*
128	18-炔诺孕酮	18-Methyl norgestrel	—	0.5	2
129	甲硫醇	Methyl mercaptan	—	1	2.5*
130	甲醛	Formaldehyde	0.5	—	—
131	甲酸	Formic acid	—	10	20
132	甲氧基乙醇(皮)	2-Methoxyethanol(skin)	—	15	30*
133	甲氧氯	Methoxychlor	—	10	25*
134	间苯二酚	Resorcinol	—	20	40*
135	焦炉逸散物(按苯溶物计)	Coke oven emissions, as Benzene solube matter	—	0.1	0.3*
136	肼(皮)	Hydrazine(skin)	—	0.06	0.13
137	久效磷(皮)	Monocrotophos(skin)	—	0.1	0.3*
138	糠醇	Furfuryl alcohol	—	40	60
139	糠醛(皮)	Furfural(skin)	—	5	12.5*
140	可的松	Cortisone	—	1	2.5*
141	苛性碱	Caustic alkali			
	氢氧化钠	Sodium hydroxide	2	—	—
	氢氧化钾	Potassium hydroxide	2	—	—
142	枯草杆菌蛋白酶	Subtilisins	—	15 ng/m^3	30 ng/m^3
143	苦味酸	Picric acid	—	0.1	0.3*
144	乐果(皮)	Rogor(skin)	—	1	2.5*

表 2(续)

序号	中文名	英文名	最高容许浓度/(mg·m^{-3})	时间加权平均容许浓度/(mg·m^{-3})	*短时间接触容许浓度/(mg·m^{-3})
145	联苯	Biphenyl	—	1.5	3.75*
146	邻苯二甲酸二丁酯	Dibutyl phthalate	—	2.5	6.25*
147	邻苯二甲酸酐	Phthalic anhydride	1	—	—
148	邻氯苯乙烯	*o*-Chlorostyrene	—	250	400
149	邻氯苄叉丙二腈(皮)	*o*-Chlorobenzylidene malononitrile(skin)	0.4	—	—
150	邻仲丁基苯酚(皮)	*o*-sec-Butylphenol(skin)	—	30	60*
151	磷氨(皮)	Phosphamidon(skin)	—	0.02	0.06*
152	磷化氢	Phosphine	0.3	—	—
153	磷酸	Phosphoric acid	—	1	3
154	磷酸二丁基苯酯(皮)	Dibutyl phenyl phosphate(skin)	—	3.5	8.75*
155	硫化氢	Hydrogen sulfide	10	—	—
156	硫酸钡(按 Ba 计)	Barium sulfate,as Ba	—	10	25*
157	硫酸二甲酯(皮)	Dimethyl sulfate(skin)	—	0.5	1.5*
158	硫酸及三氧化硫	Sulfuric acid and sulfur trioxide	—	1	2
159	硫酸氟	Sulfuryl fluoride	—	20	40
160	六氟丙酮(皮)	Hexafluoroacetone(skin)	—	0.5	1.5*
161	六氟丙烯	Hexafluoropropylene	—	4	10*
162	六氟化硫	Sulfur hexafluoride	—	6 000	9 000*
163	六六六	Hexachlorocyclohexane	—	0.3	0.5
164	γ-六六六	γ-Hexachlorocyclohexane	—	0.05	0.1
165	六氯丁二烯(皮)	Hexachlorobutadine(skin)	—	0.2	0.6*
166	六氯环戊二烯	Hexachlorocyclopentadiene	—	0.1	0.3*
167	六氯萘(皮)	Hexachloronaphthalene(skin)	—	0.2	0.6*
168	六氯乙烷(皮)	Hexachloroethane(skin)	—	10	25*
169	氯	Chlorine	1	—	—
170	氯苯	Chlorobenzene	—	50	100*
171	氯丙酮(皮)	Chloroacetone(skin)	4	—	—
172	氯丙烯	Allyl chloride	—	2	4
173	氯丁二烯(皮)	Chloroprene(skin)	—	4	10*
174	氯化铵烟	Ammonium chloride fume	—	10	20
175	氯化苦	Chloropicrin	1	—	—
176	氯化氢及盐酸	Hydrogen chloride and chlorhydric acid	7.5	—	—

表 2(续)

序号	中文名	英文名	最高容许浓度/(mg·m^{-3})	时间加权平均容许浓度/(mg·m^{-3})	*短时间接触容许浓度/(mg·m^{-3})
177	氯化氰	Cyanogen chloride	0.75	—	—
178	氯化锌烟	Zinc chloride fume	—	1	2
179	氯甲甲醚	Chloromethyl methyl ether	0.005	—	—
180	氯甲烷	Methyl chloride	—	60	120
181	氯联苯(54%氯)(皮)	Chlorodiphenyl (54%Cl)(skin)	—	0.5	1.5*
182	氯萘(皮)	Chloronaphthalene(skin)	—	0.5	1.5*
183	氯乙醇(皮)	Ethylene chlorohydrin(skin)	2	—	—
184	氯乙醛	Chloroacetaldehyde	3	—	—
185	氯乙烯	Vinyl chloride	—	10	25*
186	α-氯乙酰苯	α-Chloroacetophenone	—	0.3	0.9*
187	氯乙酰氯(皮)	Chloroacetyl chloride(skin)	—	0.2	
188	马拉硫磷(皮)	Malathion(skin)	—	2	
189	马来酸酐	Maleic anhydride	—	1	
190	吗啉(皮)	Morpholine(skin)	—	60	
191	煤焦油沥青挥发物(按苯溶物计)	Coal tar pitch volatiles, as Benzene soluble matters	—	0.2	
192	锰及其无机化合物(按 MnO_2 计)	Manganese and inorganic compounds, as MnO_2	—	0.15	
193	钼及其化合物(Mo 计) 钼,不溶性化合物可溶性化合物	Molybdeum and compounds, as Mo Molybdeum and insoluble compounds Soluble compounds	— —	6 4	15* 10
194	内吸磷(皮)	Demeton(skin)	—	0.05	0.15*
195	萘	Naphthalene	—	50	75
196	2-萘酚	2-Naphthol	—	0.25	0.5
197	萘烷	Decalin	—	60	120*
198	尿素	Urea	—	5	10
199	镍及其无机化合物(按 Ni 计)	Nickel and inorganic compounds, as Ni			
	金属镍与难溶性镍化合物	Nickel and isoluble compounds	—	1	2.5*
	可溶性镍化合物	Soluble compounds	—	0.5	1.5*
200	铍及其化合物(按 Be 计)	Beryllium and compounds, as Be	—	0.000 5	0.001
201	偏二甲基肼(皮)	Unsymmetric dimethylhydrazine(skin)	—	0.5	1.5*

表 2(续)

序号	中文名	英文名	最高容许浓度/(mg·m^{-3})	时间加权平均容许浓度/(mg·m^{-3})	*短时间接触容许浓度/(mg·m^{-3})
202	铅及无机化合物(按 Pb 计)	Lead and inorganic Compounds, as Pb			
	铅尘	Lead dust	—	0.05	0.15*
	铅烟	Lead fume	—	0.03	0.09*
203	氢化锂	Lithium hydride	—	0.025	0.05
204	氢醌	Hydroquinone	—	1	2
205	氢氧化铯	Cesium hydroxide	—	2	5*
206	氰氨化钙	Calcium cyanamide	—	1	3
207	氰化氢(按 CN 计)(皮)	Hydrogen cyanide, as CN(skin)	1	—	—
208	氰化物(按 CN 计)(皮)	Cyanides, as CN(skin)	1	—	—
209	氰戊菊酯(皮)	Fenvalerate(skin)	—	0.05	0.15*
210	全氟异丁烯	Perfluoroisobutylene	0.08	—	—
211	壬烷	Nonane	—	500	750*
212	溶剂汽油	Solvent gasolines	—	300	450*
213	*n*-乳酸正丁酯	*n*-Butyl lactate	—	25	50*
214	三次甲基三硝基胺(黑索今)	Cyclonite(RDX)	—	1.5	3.75*
215	三氟化氯	Chlorine trifluoride	0.4	—	—
216	三氟化硼	Boron trifluoride	3	—	—
217	三氟甲基次氟酸酯	Trifluoromethyl hypofluorite	0.2	—	—
218	三甲苯磷酸酯(皮)	Tricresyl phosphate(skin)	—	0.3	0.9*
219	1,2,3-三氯丙烷(皮)	1,2,3-Trichloropropane(skin)	—	60	120*
220	三氯化磷	Phosphorus trichloride	—	1	2
221	三氯甲烷	Trichloromethane	—	20	40*
222	三氯硫磷	Phosphorous thiochloride	0.5	—	—
223	三氯氢硅	Trichlorosilane	3	—	—
224	三氯氧磷	Phosphorus oxychloride	—	0.3	0.6
225	三氯乙醛	Trichloroacetaldehyde	3	—	—
226	1,1,1-三氯乙烷	1,1,1-trichloroethane	—	900	1 350*
227	三氯乙烯	Trichloroethylene	—	30	60*
228	三硝基甲苯(皮)	Trinitrotoluene(skin)	—	0.2	0.5
229	铬酸、铬酸盐、重铬酸盐(按 Cr 计)	Chromium trioxide、hromate、ichromate, as Cr	—	0.05	0.15*
230	三乙基氯化锡(皮)	Triethyltin chloride(skin)	—	0.05	0.1*

表 2(续)

序号	中文名	英文名	最高容许浓度 /(mg·m^{-3})	时间加权平均容许浓度 /(mg·m^{-3})	*短时间接触容许浓度 /(mg·m^{-3})
231	杀螟松(皮)	Sumithion(skin)	—	1	2
232	砷化氢(胂)	Arsine	0.03	—	—
233	砷及其无机化合物(按 As 计)	Arsenic and inoganic compounds, as As	—	0.01	0.02
234	升汞(氯化汞)	Mercuric chloride	—	0.025	0.075*
235	石蜡烟	Paraffin wax fume	—	2	4
236	石油沥青烟(按苯溶物计)	Asphalt (petroleum) fume, as benzene soluble matter	—	5	12.5*
237	双(巯基乙酸)二辛基锡	Bis(marcaptoacetate)dioctyltin	—	0.1	0.2
238	双丙酮醇	Diacetone alcohol	—	240	360*
239	双硫醒	Disulfiram	—	2	5*
240	双氯甲醚	Bis(chloromethyl)ether	0.005	—	—
241	四氯化碳(皮)	Carbon tetrachloride(skin)	—	15	25
242	四氯乙烯	Tetrachloroethylene	—	200	300*
243	四氢呋喃	Tetrahydrofuran	—	300	450*
244	四氢化锗	Germanium tetrahydride	—	0.6	
245	四溴化碳	Carbon tetrabromide	—	1.5	
246	四乙基铅(按 Pb 计)(皮)	Tetraethyl lead, as Pb(skin)	—	0.02	
247	松节油	Turpentine	—	300	
248	铊及其可溶性化合物(按 TI 计)(皮)	Thalium and soluble compounds, as TI(skin)	—	0.05	
249	钽及其氧化物(按 Ta 计)	Tantalum and oxide, as Ta	—	5	
250	碳酸钠(纯碱)	Sodium carbonate	—	3	
251	羰基氟	Carbonyl fluoride	—	5	
252	羰基镍(按 Ni 计)	Nickel carbonyl, as Ni	0.002	—	
253	锑及其化合物(按 Sb 计)	Antimony and compounds, as Sb	—	0.5	
254	铜(按 Cu 计)	Copper, as Cu			
	铜尘	Copper dust	—	1	2.5*
	铜烟	Copper fume	—	0.2	0.6*
255	钨及其不溶性化合物(按 W 计)	Tungsten and insoluble compounds, as W	5	10	
256	五氟氯乙烷	Chloropentafluoroethane	—	5 000	7 500*
257	五硫化二磷	Phosphorus pentasulfide	—	1	3

表 2(续)

序号	中文名	英文名	最高容许浓度 /(mg·m⁻³)	时间加权平均容许浓度 /(mg·m⁻³)	*短时间接触容许浓度 /(mg·m⁻³)
258	五氯酚及其钠盐(皮)	Pentachlorophenol and sodium salts (skin)	—	0.3	0.9*
259	五羰基铁(按 Fe 计)	Iron pentacarbonyl, as Fe	—	0.25	0.5
260	五氧化二磷	Phosphorus pentoxide	1	—	—
261	戊醇	Amyl alcohol	—	100	200*
262	戊烷	Pentane	—	500	1 000
263	硒化氢(按 Se 计)	Hydrogen selenide, as Se	—	0.15	0.3
264	硒及其化合物(按 Se 计)(除外六氟化硒、硒化氢)	Selenium and compounds, as Se (except hexafluoride, hydrogen selenide)	—	0.1	0.3*
265	纤维素	Cellulose	—	10	25*
266	硝化甘油(皮)	Nitroglycerine(skin)	1	—	—
267	硝基苯(皮)	Nitrobenzene(skin)	—	2	5*
268	1-硝基丙烷	1-Nitropropane	—	90	180*
269	2-硝基丙烷	2-Nitropropane	—	30	60*
270	硝基甲苯(全部异构体)(皮)	Nitrotoluene, (all isomers)(skin)	—	10	25*
271	硝基甲烷	Nitromethane	—	50	100*
272	硝基乙烷	Nitroethane	—	300	450*
273	辛烷	Octane	—	500	750*
274	溴	Bromine	—	0.6	2
275	溴化氢	Hydrogen bromide	10	—	—
276	溴甲烷(皮)	Methyl bromide(skin)	—	2	5*
277	溴氰菊酯	Deltamethrin	—	0.03	0.09*
278	氧化钙	Calcium oxide	—	2	5*
279	氧化乐果(皮)	Omethoate(skin)	—	0.15	0.45*
280	氧化镁烟	Magnesium oxide fume	—	10	25*
281	氧化锌	Zinc oxide	—	3	5
282	液化石油气	Liqufied petroleum(L.P.G.)	—	1 000	1 500
283	一甲胺(甲胺)	Monomethylamine	—	5	10
284	一氧化氮	Nitric oxide(Nitrogen monooxide)	—	15	30*

表 2(续)

序号	中文名	英文名	最高容许浓度/(mg·m^{-3})	时间加权平均容许浓度/(mg·m^{-3})	*短时间接触容许浓度/(mg·m^{-3})
285	一氧化碳	Carbon monoxide	—	20	30
	非高原	not in high altitude area	20	—	—
	高原海拔	in high altitude area 2 000～3 000 m	15	—	—
286	乙胺	Ethylamine	—	9	18
287	乙苯	Ethyl benzene	—	100	150
288	乙醇胺	Ethanolamine	—	8	15
289	乙二胺(皮)	Ethylenediamine(skin)	—	4	10
290	乙二醇	Ethylene glycol	—	20	40
291	乙二醇二硝酸酯(皮)	Ethylene glycol dinitrate(skin)	—	0.3	0.9*
292	乙酐	Acetic anhydride	—	16	32*
293	*N*-乙基吗啉(皮)	*N*-Ethylmorpholine(skin)	—	25	50*
294	乙基戊基甲酮	Ethyl amyl ketone	—	130	195*
295	乙腈	Acetonitrile	—	10	25*
296	乙硫醇	Ethyl mercaptan	—	1	2.5*
297	乙醚	Ethyl ether	—	300	500
298	乙硼烷	Diborane	—	0.1	0.3*
299	乙醛	Acetaldehyde	45	—	—
300	乙酸乙酸(2-甲氧基乙基酯)	Acetic acid	—	10	20
301	乙酸乙酸(2-甲氧基乙基酯)(皮)	2-Methoxyethyl acetate(skin)	—	20	40*
302	乙酸丙酯	Propyl acetate	—	200	300
303	乙酸丁酯	Butyl acetate	—	200	300
304	乙酸甲酯	Methyl acetate	—	100	200
305	乙酸戊酯(全部异构体)	Amyl acetate(all isomers)	—	100	200
306	乙酸乙烯酯	Vinyl acetate	—	10	15
307	乙酸乙酯	Ethyl acetate	—	200	300
308	乙烯酮	Ketene	—	0.8	2.5
309	乙酰甲胺磷(皮)	Acephate(skin)	—	0.3	0.9*
310	阿司匹林	Aspirin	—	5	12.5*
311	3-乙氧基乙醇(皮)	2-Ethoxyethanol(skin)	—	18	36
312	2-乙氧基乙基乙酸酯(皮)	2-Ethoxyethyl acetate(skin)	—	30	60*
313	钇及其化合物(按 Y 计)	Yttrium and compounds(as Y)	—	1	2.5*
314	异丙铵	Isopropylamine	—	12	24

表 2(续)

序号	中文名	英文名	最高容许浓度 /(mg·m^{-3})	时间加权平均容许浓度 /(mg·m^{-3})	* 短时间接触容许浓度 /(mg·m^{-3})
315	异丙醇	Isopropyl alcohol(IPA)	—	350	700
316	*N*-异丙基苯胺(皮)	*N*-Isopropylaniline(skin)	—	10	25*
317	异稻瘟净(皮)	Kitazine o-p(skin)	—	2	5
318	异佛尔酮	Isophorone	30	—	—
319	异佛尔酮二异氰酸酯	Isophorone diisocyante(IPDI)	—	0.05	0.1
320	异氰酸甲酯(皮)	Methyl isocyanate(skin)	—	0.05	0.08
321	异亚丙基丙酮	Mesityl oxide	—	60	100
322	铟及其化合物(按 In 计)	Indium and compounds,as In	—	0.1	0.3
323	茚	Indene	—	50	100*
324	正丁胺(皮)	*n*-butylamine	15	—	—
325	正丁基硫醇	*n*-butyl mercaptan	—	2	5*
326	正丁基缩水甘油醚	*n*-butyl glycidyl ether	—	60	120*
327	正庚烷	*n*-Heptane	—	500	1 000
328	正己烷(皮)	*n*-Hexane(skin)	—	100	180
329	重氮甲烷	Diazomethane	—	0.35	0.7
330	酚(皮)	Phenol(skin)	—	10	25*

表 3 工作场所空气中化学有害因素职业接触限值

序号	中文名	英文名	OELs /(mg·m³)			临界不良健康效应	备注
			MAC	PC-TWA	PC-STEL		
1	安妥	ANTU	—	0.3	—	甲状腺效应;恶心	—
2	氨	Ammonia	—	20	30	眼和上呼吸道刺激	—
3	2-氨基吡啶	2-Aminopyridine	—	2	—	中枢神经系统损伤;皮肤、黏膜刺激	皮
4	氨基磺酸铵	Ammonium sulfamate	—	6	—	呼吸道、眼及皮肤刺激	—
5	氨基氰	Cyanamide	—	2	—	眼和呼吸道刺激;皮肤刺激	—
6	奥克托今	Octogen	—	2	4	眼刺激	—
7	巴豆醛(丁烯醛)	Crotonaldehyde	12	—	—	眼和呼吸道刺激;慢性鼻炎;神经功能障碍	—
8	百草枯	Paraquat	—	0.5	—	呼吸系统损害;皮肤、黏膜刺激	—
9	百菌清	Chlorothalonil	1	—	—	皮肤刺激、致敏;眼和呼吸道刺激	G2B,敏
10	钡及其可溶性化合物(按 Ba 计)	Barium and soluble compounds, as Ba	—	0.5	1.5	消化道刺激;低血钾	—
11	倍硫磷	Fenthion	—	0.2	0.3	胆碱酯酶抑制	皮
12	苯	Benzene	—	6	10	头晕、头痛、意识障碍;全血细胞减少;再障;白血病	皮,G1
13	苯胺	Aniline	—	3	—	高铁血红蛋白血症	皮
14	苯基醚(二苯醚)	Phenyl ether	—	7	14	上呼吸道和眼刺激	—
15	苯醌	Benzoquinone	—	0.45	—	眼、皮肤刺激	—
16	苯硫磷	EPN	—	0.5	—	胆碱酯酶抑制	皮
17	苯乙烯	Styrene	—	50	100	眼、上呼吸道刺激;神经衰弱;周围神经症状	皮,G2B

表 3(续)

序号	中文名	英文名	OELs /(mg·m^{-3})			临界不良健康效应	备注
			MAC	PC-TWA	PC-STEL		
18	吡啶	Pyridine	—	4	—	眼、呼吸道、皮肤刺激;神经衰弱及植物神 经紊乱;肝、肾损害	—
19	苄基氯	Benzyl chloride	5	—	—	呼吸道炎症;皮肤、上呼吸道和眼刺激;肝 肾损害	G2A
20	丙酸	Propionic acid	—	30	—	眼、皮肤和呼吸道刺激	—
21	丙酮	Acetone	—	300	450	呼吸道和眼刺激;麻醉;中枢神经系统损害	—
22	丙酮氰醇(按 CN 计)	Acetone cyanohydrin, as CN	3	—	—	呼吸道刺激;头痛;缺氧/紫绀	皮
23	丙烯醇	Allyl alcohol	—	2	3	眼和上呼吸道刺激	皮
24	丙烯腈	Acrylonitrile	—	1	2	中枢神经系统损害;下呼吸道刺激	皮,G2B
25	丙烯菊酯	allethrin	—	5	—	皮肤刺激;神经系统损害	—
26	丙烯醛	Acrolein	0.3	—	—	眼和上呼吸道刺激;肺水肿;肺气肿	皮
27	丙烯酸	Acrylic acid	—	6	—	皮肤、眼及呼吸道刺激	皮
28	丙烯酸甲酯	Methyl acrylate	—	20	—	眼、皮肤和呼吸道刺激;皮肤损害及过敏	皮,敏
29	丙烯酸正丁酯	*n*-Butyl acrylate	—	25	—	皮肤、眼和呼吸道刺激;麻醉	敏
30	丙烯酰胺	Acrylamide	—	0.3	—	中枢神经系统损害;周围神经系统损害	皮,G2A
31	草甘膦	Glyphosate	—	5	—	肝、肾功能损伤	G2A
32	草酸	Oxalic acid	—	1	2	呼吸道、眼和皮肤刺激	—

表 3(续)

序号	中文名	英文名	OELs /(mg·m^{-3}) MAC	PC-TWA	PC-STEL	临界不良健康效应	备注
33	抽余油(60～220 ℃)	Raffinate oil(60～220 ℃)	—	300	—	麻醉;眼、皮肤和呼吸道黏膜刺激;神经系 统功能障碍;肝、肾、血液系统改变	—
34	重氮甲烷	Diazomethane	—	0.35	0.7	呼吸道刺激;中枢神经系统抑制	—
35	臭氧	Ozone	0.3	—	—	刺激	—
36	*o*,*o*-二甲基-S-(甲基氨基甲酰甲基)二硫代磷酸酯(乐果)	*o*,*o*-dimethyl methylcarbamoylmethyl phosphorodithioate (Rogor)	—	1	—	胆碱酯酶抑制	皮
37	*o*,*o*-二甲基-(2,2,2-三氯-1-羟基乙基)磷酸酯(敌百虫)	(2, 2, 2-trichloro-1-hydroxy-ethyl) dim ethylphosphonate (Trichlorfon, Metrifonate or Dipterex)	0.5	1	胆碱酯酶抑制	—	
38	*N*-3,4-二氯苯基-*N′*,*N′*-二甲基脲(敌草隆)	1, 1-Dimethyl-3-(3, 4-Dichlorophenyl)urea(Diuron)	—	10	—	呼吸道、眼、皮肤刺激;贫血	—
39	2,4-二氯苯氧基乙酸(2,4-滴)	2, 4-Dicholrophenoxyacetic acid(2,4-D)	—	10	—	甲状腺效应、肾小管损伤	皮,G2B
40	二氯二苯基三氯乙烷(滴滴涕,DDT)	Dichlorodiphenyltrichloroethane(DDT)	—	0.2	—	神经系统损害;肝肾损害;呼吸道、皮肤及眼刺 激	G2A
41	碲及其化合物(不含碲化氢)(按 Te 计)	Tellurium and Compounds (except H_2Te), as Te	—	0.1	—	中枢神经系统损伤、肝损伤	—
42	碲化铋(按 Bi_2Te_3 计)	Bismuth telluride, as Bi_2Te_3	—	5	—	呼吸道、眼、皮肤刺激;肝肾影响;贫血	—
43	碘	Iodine	1	—	—	眼、上呼吸道和皮肤刺激	—

表 3(续)

序号	中文名	英文名	OELs /(mg・m^{-3})			临界不良健康效应	备注
			MAC	PC-TWA	PC-STEL		
44	碘仿	Iodoform	—	10	—	中枢神经系统损害;眼、呼吸道刺激	—
45	碘甲烷	Methyl iodide	—	10	—	眼刺激;中枢神经系统损害	皮
46	叠氮酸蒸气	Hydrazoic acid vapor	0.2	—	—	鼻、眼刺激;低血压	—
47	叠氮化钠	Sodium azide	0.3	—	—	心脏损害;肺损伤	—
48	1,3-丁二烯	1,3-Butadiene	—	5	—	眼和呼吸道刺激;麻醉;神经衰弱;皮肤灼伤或 冻伤	G1
49	2-丁氧基乙醇	2-butoxyethanol	—	97	—	刺激	—
50	丁烯	Butylene	—	100	—	窒息、弱麻醉和弱刺激作用。液态丁烯皮肤冻伤	—
51	毒死蜱	Chlorpyrifos	—	0.2	—	胆碱酯酶抑制	皮
52	对苯二胺	*p*-phenylene diamine	—	0.1	—	皮肤致敏、呼吸系统损伤	皮,敏
53	对苯二甲酸	Terephthalic acid	—	8	15	眼、皮肤、黏膜和上呼吸道刺激	—
54	对二氯苯	*p*-Dichlorobenzene	—	30	60	眼、皮肤、上呼吸道刺激;肝损害	G2B
55	对硫磷	Parathion	—	0.05	0.1	胆碱酯酶抑制	皮,G2B
56	对特丁基甲苯	*p*-Tert-butyltoluene	—	6	—	眼、上呼吸道刺激	—
57	对硝基苯胺	*p*-Nitroaniline	—	3	—	高铁血红蛋白血症;肝损害	皮
58	对硝基氯苯	*p*-Nitrochlorobenzene	—	0.6	—	皮肤致敏、皮炎;过敏性哮喘;肝损害	皮
59	多次甲基多苯基多异氰酸酯	Polymetyhlene polyphenyl i-socyanate (PMPPI)	—	0.3	0.5	皮肤、眼、呼吸道刺激;变态反应、哮喘	敏
60	二苯胺	Diphenylamine	—	10	—	上呼吸道、皮肤刺激;高铁血红蛋白血症;肝肾 损害	—

表 3(续)

序号	中文名	英文名	OELs /(mg·m^{-3})			临界不良健康效应	备注
			MAC	PC-TWA	PC-STEL		
61	二苯基甲烷二异氰酸酯	Diphenylmethane diisocyanate	—	0.05	0.1	眼、上呼吸道刺激;哮喘	敏
62	二丙二醇甲醚(2-甲氧基甲乙氧基丙醇)	Dipropylene glycol monomethyl ether ([2-Methoxymethylethoxy]pr opano,DPGMEl)	—	600	900	轻度麻醉;中枢神经系统抑制	皮
63	二丙酮醇	Diacetone alcohol	—	240	—	眼、鼻、喉黏膜刺激;皮肤刺激	—
64	2-*N*-二丁氨基乙醇	2-*N*-Dibutylaminoethanol	—	4	—	眼和上呼吸道刺激;眼或皮肤灼伤	皮
65	二噁烷	1,4-Dioxane	—	70	—	上呼吸道和眼刺激;肝损害	皮,G2B
66	二噁英类化合物	Polychlorinated dibenzo-p-dioxins and polychlorinated dibenzofurans	—	30 pgTEQ/m^3	—	致癌	G1
67	二氟氯甲烷	Chlorodifluoromethane	—	3500	—	中枢神经系统损害;心血管系统影响	—
68	二甲胺	Dimethylamine	—	5	10	眼、上呼吸道刺激;皮肤灼伤	—
69	二甲苯(全部异构体)	Xylene(all isomers)	—	50	100	呼吸道和眼刺激;中枢神经系统损害	—
70	*N*,*N*-二甲基苯胺	*N*,*N*-Dimethylanilne	—	5	10	高铁血红蛋白血症	皮
71	1,3-二甲基丁基乙酸酯(仲-乙酸己酯)	1,3-Dimethylbutyl acetate (sec-hexyl acetate)	—	300	—	眼、上呼吸道刺激;中枢神经系统抑制	—
72	二甲基二氯硅烷	Dimethyl dichlorosilane	2	—	—	呼吸道、眼及皮肤、黏膜强刺激	—
73	*N*,*N*-二甲基甲酰胺	*N*,*N*-Dimethylformamide (DMF)	—	20	—	眼和上呼吸道刺激;肝损害	皮,G2A

表 3(续)

序号	中文名	英文名	OELs /(mg·m^{-3})			临界不良健康效应	备注
			MAC	PC-TWA	PC-STEL		
74	3,3-二甲基联苯胺	3,3-Dimethylbenzidine	0.02	—	—	眼和呼吸道刺激	皮,G2B
75	二甲基亚砜	Dimethyl sulfoxide	—	160	—	皮肤、黏膜刺激	皮
76	*N*,*N*-二甲基乙酰胺	*N*, *N*-Dimethyl acetamide, DMAC	—	20	—	致幻;呼吸道、皮肤刺激;神经衰弱	皮
77	二甲氧基甲烷	Dimethoxymethane(DMM)	—	3100	—	眼、黏膜刺激	—
78	二聚环戊二烯	Dicyclopentadiene	—	25	—	呼吸道和眼刺激;神经系统症状	—
79	二硫化碳	Carbon disulfide	—	5	10	眼及鼻黏膜刺激;周围神经系统损害	皮
80	1,1-二氯-1-硝基乙烷	1,1-Dichloro-1-nitroethane	—	12	—	上呼吸道刺激	—
81	1,3-二氯丙醇	1,3-Dichloropropanol	—	5	—	眼、黏膜、皮肤强刺激;呼吸道损害、中枢神 经系统抑制;麻醉;溶血	皮;G2B
82	1,2-二氯丙烷	1,2-Dichloropropane	—	350	500	眼、皮肤、黏膜和呼吸道刺激;中枢神经系统 抑制;肝肾损害	G1
83	1,3-二氯丙烯	1,3-Dichloropropene	—	4	—	上呼吸道、眼、皮肤刺激;肝肾损害	皮,G2B
84	二氯二氟甲烷	Dichlorodifluoromethane	—	5000	—	眼及上呼吸道刺激;心脏毒性;液体接触皮肤 灼伤	—
85	二氯甲烷	Dichloromethane	—	200	—	碳氧血红蛋白血症;周围神经系统损害	G2A
86	二氯乙炔	Dichloroacetylene	0.4	—	—	眼和上呼吸道刺激;意识障碍及肝肾损害	—
87	1,2-二氯乙烷	1,2-Dichloroethane	—	7	15	中枢神经系统抑制;眼、呼吸道刺激;肺水肿;胃肠道刺激;肝肾损害	G2B
88	1,2-二氯乙烯(全部异构体)	1, 2-Dichloroethylene (all isomers)	—	800	—	中枢神经系统损害;眼及上呼吸道刺激	—

表 3(续)

序号	中文名	英文名	OELs /(mg·m^{-3})			临界不良健康效应	备注
			MAC	PC-TWA	PC-STEL		
89	二硼烷	Diborane	—	0.1	—	上呼吸道和眼刺激;头痛	—
90	二缩水甘油醚	Diglycidyl ether	—	0.5	—	眼和呼吸道刺激;麻醉作用	—
91	二硝基苯(全部异构体)	Dinitrobenzene(all isomers)	—	1	—	高铁血红蛋白血症;眼损害	皮
92	二硝基甲苯	Dinitrotoluene	—	0.2	—	高铁血红蛋白血症;生殖毒性	G2B(2,4-;2,6-),皮
93	4,6-二硝基邻甲酚	4,6-Dinitro-o-cresol	—	0.2	—	基础代谢亢进;高热	皮
94	2,4-二硝基氯苯	2,4-Dinitrochlorobenzene	—	0.6	—	皮肤致敏;皮炎;支气管哮喘;肝损害	皮,敏
95	氮氧化物(一氧化氮和二氧化氮)	Nitrogen oxides(Nitric oxide,Nitrogen dioxide)	—	5	10	呼吸道刺激	—
96	二氧化硫	Sulfur dioxide	—	5	10	呼吸道刺激	—
97	二氧化氯	Chlorine dioxide	—	0.3	0.8	呼吸道刺激;慢性支气管炎	—
98	二氧化碳	Carbon dioxide	—	9000	18000	呼吸中枢、中枢神经系统作用;窒息	—
99	二氧化锡(按 Sn 计)	Tin dioxide,as Sn	—	2	—	金属烟热;肺锡尘沉着症;皮炎	—
100	2-二乙氨基乙醇	2-Diethylaminoethanol	—	50	—	眼、皮肤、呼吸道刺激	皮
101	二乙烯三胺	Diethylene triamine	—	4	—	眼、皮肤、呼吸道刺激;哮喘;眼灼伤	皮
102	二乙基甲酮	Diethyl ketone	—	700	900	眼、呼吸道刺激;麻醉作用	—
103	二乙烯基苯	Divinyl benzene	—	50	—	眼、呼吸道黏膜刺激;麻醉作用	—
104	二异丁基甲酮	Diisobutyl ketone	—	145	—	刺激、麻醉作用	—
105	甲苯-2,4-二异氰酸酯(TDI)	Toluene-2,4-diisocyanate; Toluene-2, 6-diisocyanate(TDI)	—	0.1	0.2	黏膜刺激和致敏作用;哮喘、皮炎	敏

表 3(续)

序号	中文名	英文名	OELs /(mg·m^{-3})			临界不良健康效应	备注
			MAC	PC-TWA	PC-STEL		
106	二月桂酸二丁基锡	Dibutyltin dilaurate	—	0.1	0.2	肝胆损害;皮肤黏膜刺激;接触性皮炎	皮
107	钒及其化合物(按 V 计): 五氧化二钒烟尘; 钒铁合金尘	Vanadium and compounds, as V: • Vanadium pentoxide fume dust; • Ferrovanadium alloy dust	 — —	 0.05 1	 — —	 呼吸系统损害 肝、肾损害;血液学毒性	 G2B —
108	酚	Phenol	—	10	—	皮肤和黏膜强刺激;肝肾损害;溶血	皮
109	呋喃	Furan	—	0.5	—	麻醉、中枢神经系统抑制;黏膜刺激、皮炎、肝、肾损害	G2B
110	氟化氢(按 F 计)	Hydrogen fluoride, as F	2	—	—	呼吸道、皮肤和眼刺激;肺水肿;皮肤灼伤;牙齿酸蚀症	—
111	氟及其化合物(不含氟化氢)(按 F 计)	Fluorides and compounds (exceptHF), as F	—	2	—	眼和上呼吸道刺激;骨损害;氟中毒	—
112	锆及其化合物(按 Zr 计)	Zirconium and compounds, as Zr	—	5	10	局部刺激;皮疹;肺肉芽肿	—
113	镉及其化合物(按 Cd 计)	Cadmium and compounds, as Cd	—	0.01	0.02	肾损害	G1
114	汞-金属汞(蒸气)	Mercury metal(vapor)	—	0.02	0.04	肾损害	皮
115	汞-有机汞化合物(按 Hg 计)	Mercury organic compounds, as Hg	—	0.01	0.03	中枢神经系统损害;肾损害	皮,G2B (甲基汞)

表 3(续)

序号	中文名	英文名	OELs /(mg·m^{-3})			临界不良健康效应	备注
			MAC	PC-TWA	PC-STEL		
116	钴及其化合物(按 Co 计)	Cobalt and compounds, as Co	—	0.05	0.1	上呼吸道刺激;皮肤黏膜损害;哮喘	G2B;敏
117	过氧化苯甲酰	Benzoyl peroxide	—	5	—	上呼吸道刺激;皮肤刺激和致敏	—
118	过氧化甲乙酮	Methyl ethyl ketone peroxide (MEKP)	1.5	—	—	上呼吸道、眼和皮肤损害	皮
119	过氧化氢	Hydrogen peroxide	—	1.5	—	上呼吸道和皮肤刺激;眼损伤	—
120	环己胺	Cyclohexylamine	—	10	20	上呼吸道和眼刺激;中枢神经系统兴奋	—
121	环己醇	Cyclohexanol	—	100	—	眼及上呼吸道刺激;中枢神经系统损害	皮
122	环己酮	Cyclohexanone	—	50	—	眼和上呼吸道刺激;中枢神经系统抑制;麻醉作用	皮
123	环己烷	Cyclohexane	—	250	—	眼、上呼吸道刺激;中枢神经系统损害;麻醉作用	—
124	环三次甲基三硝胺(黑索金)	Cyclonite (RDX)	—	1.5	—	肝损害	皮
125	环氧丙烷	Propylene oxide	—	5	—	眼和上呼吸道刺激	G2B
126	环氧氯丙烷	Epichlorohydrin	—	1	2	上呼吸道刺激;周围神经损害	皮,G2A
127	环氧乙烷	Ethylene oxide	—	2	—	皮肤、呼吸道、黏膜刺激;中枢神经系统损害	G1,皮
128	黄磷	Yellow phosphorus	—	0.05	0.1	眼及呼吸道刺激;吸入性损伤;肝损害	—
129	邻-茴香胺 对-茴香胺	*o*-Anisidine;p-Anisidine	—	0.5	—	高铁血红蛋白血症;神经衰弱和植物神经紊乱	G2B;皮(o-)

表 3(续)

序号	中文名	英文名	OELs /(mg·m^{-3})			临界不良健康效应	备注
			MAC	PC-TWA	PC-STEL		
130	己二醇	Hexylene glycol	100	—	—	眼和上呼吸道刺激;麻醉	—
131	1,6-己二异氰酸酯	1,6-Diisocyantohexane(1,6-Hexamethylene diisocyanate)	—	0.03	—	眼及上呼吸道刺激;呼吸系统致敏	敏
132	己内酰胺	Caprolactam	—	5	—	眼、皮肤、上呼吸道刺激	—
133	2-己酮(甲基正丁基甲酮)	2-Hexanone(Methyl n-butyl ketone)	—	20	40	眼、鼻刺激;麻醉;周围神经病	皮
134	一甲胺	Monomethylamine	—	5	10	眼、皮肤和上呼吸道刺激	—
135	甲拌磷	Thimet	0.01	—	—	胆碱酯酶抑制	皮
136	甲苯	Toluene	—	50	100	麻醉作用;皮肤黏膜刺激	皮
137	*N*-甲苯胺 *o*-甲苯胺	*N*-Methyl aniline; *o*-Toluidine	—	2	—	高铁血红蛋白血症;中枢神经系统及肝、肾 损害;神经衰弱	皮;G1(o—)
138	甲醇	Methanol	—	25	50	麻醉作用和眼、上呼吸道刺激;眼损害	皮
139	甲酚(全部异构体)	Cresol(all isomers)	—	10	—	眼、皮肤和上呼吸道刺激	皮
140	甲基丙烯腈	Methylacrylonitrile	—	3	—	中枢神经系统损害;眼和皮肤刺激	皮
141	甲基丙烯酸	Methacrylic acid	—	70	—	皮肤和眼刺激	—
142	甲基丙烯酸甲酯	Methyl methacrylate	—	100	—	眼、上呼吸道、皮肤刺激;肺功能改变	敏
143	甲基丙烯酸缩水甘油酯	Glycidyl methacrylate	5	—	—	上呼吸道、眼和皮肤刺激	—
144	甲基肼	Methyl hydrazine	0.08	—	—	上呼吸道刺激;眼刺激;肝损害	皮
145	甲基内吸磷	Methyl demeton	—	0.2	—	胆碱酯酶抑制	皮
146	18-甲基炔诺酮(炔诺孕 酮)	18-Methyl norgestrel	—	0.5	2	类早孕反应及不规则出血;影响泌乳	—

表 3(续)

序号	中文名	英文名	OELs /(mg·m^{-3})			临界不良健康效应	备注
			MAC	PC-TWA	PC-STEL		
147	甲基叔丁基醚	Methyl tert-butyl ether (MTBE)	—	180	270	粘膜刺激;肝、肾损害	—
148	甲硫醇	Methyl mercaptan	—	1	—	肝损害	—
149	甲醛	Formaldehyde	0.5	—	—	上呼吸道和眼刺激	敏,G1
150	甲酸	Formic acid	—	10	20	上呼吸道、眼和皮肤刺激	—
151	甲乙酮(2-丁酮)	Methyl ethyl ketone (2-Butanone)	—	300	600	眼、呼吸道刺激	—
152	2-甲氧基乙醇	2-Methoxyethanol	—	15	—	血液学效应;生殖效应	皮
153	2-甲氧基乙基乙酸酯	2-Methoxyethyl acetate	—	20	—	眼、黏膜和呼吸道刺激;血液学效应、生殖效应	皮
154	甲氧氯	Methoxychlor	—	10	—	肝损害;中枢神经系统损害	—
155	间苯二酚	Resorcinol	—	20	—	眼和皮肤刺激	—
156	焦炉逸散物(按苯溶物计)	Coke oven emissions, as benzene soluble matter	—	0.1	—	肺癌	G1
157	肼	Hydrazine	—	0.06	0.13	上呼吸道癌	皮,G2A
158	久效磷	Monocrotophos	—	0.1	-	胆碱酯酶抑制	皮
159	糠醇	Furfuryl alcohol	—	40	60	上呼吸道和眼刺激	皮
160	糠醛	Furfural	—	5	—	上呼吸道和眼刺激	皮
161	考的松	Cortisone	—	1	—	抑制炎症反应和免疫反应	—
162	苦味酸(2,4,6-三硝基苯酚)	Picric acid(2,4,6-Trinitrophenol)	—	0.1	—	皮肤致敏、皮炎;眼刺激	—

表 3(续)

序号	中文名	英文名	OELs /(mg·m^{-3})			临界不良健康效应	备注
			MAC	PC-TWA	PC-STEL		
163	癸硼烷	Decaborane	—	0.25	0.75	肺损伤;心力减退;中枢神经系统中毒;肝肾损 害;皮肤黏膜刺激	皮
164	联苯	Biphenyl	—	1.5	—	肺功能改变	—
165	邻苯二甲酸二丁酯	Dibutyl phthalate	—	2.5	—	睾丸损害;眼和上呼吸道刺激	—
166	邻苯二甲酸酐	Phthalic anhydride	1	—	—	上呼吸道、眼和皮肤刺激	敏
167	邻二氯苯	*o*-Dichlorobenzene	—	50	100	上呼吸道和眼刺激;肝损害	—
168	邻氯苯乙烯	*o*-Chlorostyrene	—	250	400	中枢神经系统损害;周围神经病	—
169	邻氯苄叉丙二腈	*o*-Chlorobenzylidene malononitrile	0.4	—	—	上呼吸道刺激;皮肤致敏	皮
170	邻仲丁基苯酚	*o*-sec-Butylphenol	—	30	—	上呼吸道、眼和皮肤刺激	皮
171	磷胺	Phosphamidon	—	0.02	—	剧毒;皮肤、眼刺激	皮
172	磷化氢	Phosphine	0.3	—	—	上呼吸道刺激;头痛;胃肠道刺激;中枢神经 系统损害	—
173	磷酸	Phosphoric acid	—	1	3	上呼吸道、眼和皮肤刺激	—
174	磷酸二丁基苯酯	Dibutyl phenyl phosphate	—	3.5	—	胆碱酯酶抑制;上呼吸道刺激	皮
175	硫化氢	Hydrogen sulfide	10	—	—	神经毒性;强烈黏膜刺激	—
176	硫酸钡(按 Ba 计)	Barium sulfate, as Ba	—	10	—	机械刺激炎症反应;肺沉着症	—
177	硫酸二甲酯	Dimethyl sulfate	—	0.5	—	眼和皮肤刺激	皮,G2A
178	硫酸及三氧化硫	Sulfuric acid and sulfur trioxide	—	1	2	肺功能改变	G1
179	硫酰氟	Sulfuryl fluoride	—	20	40	中枢神经系统损害;眼、皮肤、黏膜刺激	—

表 3(续)

序号	中文名	英文名	OELs /(mg·m^{-3})			临界不良健康效应	备注
			MAC	PC-TWA	PC-STEL		
180	六氟丙酮	Hexafluoroacetone	—	0.5	—	睾丸损害;肾损害	皮
181	六氟丙烯	Hexafluoropropylene	—	4	—	肝肾及肺损害	—
182	六氟化硫	Sulfur hexafluoride	—	6000	—	窒息	—
183	六六六(六氯环已烷)	Hexachlorocyclohexane	—	0.3	0.5	胆碱酯酶抑制;慢性中毒全身症状;黏膜、皮 肤刺激	G2B
184	γ-六六六(γ-六氯环己烷)	γ-Hexachlorocyclohexane	—	0.05	0.1	胃肠不适、接触性皮炎、神经衰弱、末梢神经 病及肝肾损害	皮,G1
185	六氯丁二烯	Hexachlorobutadiene	—	0.2	—	肾损害	皮
186	六氯环戊二烯	Hexachlorocyclopentadiene	—	0.1	—	上呼吸道刺激	—
187	六氯萘	Hexachloronaphthalene	—	0.2	—	肝损害;氯唑疮	皮
188	六氯乙烷	Hexachloroethane	—	10	—	肝、肾损害	皮,G2B
189	氯	Chlorine	1	—	—	上呼吸道和眼刺激	—
190	氯苯	Chlorobenzene	—	50	—	肝损害	—
191	氯丙酮	Chloroacetone	4	—	—	眼和上呼吸道刺激	皮
192	氯丙烯	Allyl chloride	—	2	4	眼和上呼吸道刺激;肝、肾损害	—
193	β-氯丁二烯	β-Chloroprene	—	4	—	上呼吸道和眼刺激	皮,G2B
194	氯化铵烟	Ammonium chloride fume	—	10	20	眼和上呼吸道刺激	—
195	氯化汞(升汞)	Mercuric chloride	—	0.025	-	中枢神经系统和周围神经系统损害;肾损害	—
196	氯化苦	Chloropicrin	1	—	—	眼刺激;肺水肿	—
197	氯化氢及盐酸	Hydrogen chloride and chlorhydric acid	7.5	—	—	上呼吸道刺激	—

表 3(续)

序号	中文名	英文名	OELs /(mg · m^{-3})			临界不良健康效应	备注
			MAC	PC-TWA	PC-STEL		
198	氯化氰	Cyanogen chloride	0.75	—	—	肺水肿;眼、皮肤和呼吸道刺激	—
199	氯化锌烟	Zinc chloride fume	—	1	2	呼吸道刺激	—
200	氯甲醚	Chloromethyl methyl ether	0.005	—	—	肺癌	G1
201	氯甲烷	Methyl chloride	—	60	120	中枢神经系统损害;肝、肾损害;睾丸损害; 致畸	皮
202	氯联苯(54 %氯)	Chlorodiphenyl (54%Cl)	—	0.5	—	上呼吸道刺激;肝损害;氯唑疮	皮,G2A
203	氯萘	Chloronaphthalene	—	0.5	—	氯痤疮;中毒性肝炎	皮
204	氯乙醇	Ethylene chlorohydrin	2	—	—	眼、上呼吸道刺激;中枢神经系统影响;皮肤 红斑;脑、肺水肿;慢性影响全身症状、血压 降低和消瘦等	皮
205	氯乙醛	Chloroacetaldehyde	3	—	—	上呼吸道和眼刺激	—
206	氯乙酸	Chloroacetic acid	2	—	—	上呼吸道刺激;心、肺、肝、肾及中枢神经损 害;眼刺激或角膜灼伤、皮肤灼伤	皮
207	氯乙烯	Vinyl chloride	—	10	—	肝血管肉瘤;麻醉;昏迷、抽搐;皮肤损害; 神经衰弱、肝损伤、消化功能障碍、肢端溶骨 症	G1
208	α-氯乙酰苯	α-Chloroacetophenone	—	0.3	—	眼、呼吸道和皮肤刺激	—
209	氯乙酰氯	Chloroacetyl chloride	—	0.2	0.6	上呼吸道刺激	皮
210	马拉硫磷	Malathion	—	2	—	胆碱酯酶抑制;上呼吸道刺激	皮,G2A
211	马来酸酐	Maleic anhydride	—	1	2	眼、上呼吸道和皮肤刺激	敏
212	吗啉	Morpholine	—	60	—	眼损害;上呼吸道刺激;支气管炎、肺炎、肺 水肿;皮肤灼伤	皮

表 3(续)

序号	中文名	英文名	OELs /(mg·m^{-3})			临界不良健康效应	备注
			MAC	PC-TWA	PC-STEL		
213	煤焦油沥青挥发物(按苯溶物计)	Coal tar pitch volatiles, as Benzene soluble matters	—	0.2	—	肺癌	G1
214	锰及其无机化合物(按 MnO_2 计)	Manganese and inorganic-compounds, as MnO_2	—	0.15	—	中枢神经系统损害	—
215	钼及其化合物(按 Mo 计):	Molybdenum and compounds, as Mo:					
	·钼,不溶性化合物钼;	Molybdenum and insoluble compounds;	—	6	—	—	—
	·可溶性化合物	Molybdenum and soluble compounds	—	4	—	下呼吸道刺激	—
216	内吸磷	Demeton	—	0.05	—	胆碱酯酶抑制	皮
217	萘	Naphthalene	—	50	75	溶血性贫血;肝、肾损害;上呼吸道和眼刺激	皮,G2B
218	2-萘酚	2-Naphthol	—	0.25	0.5	皮肤强刺激;血液循环和肾损害;眼角膜损伤;接触性皮炎	—
219	萘烷	Decalin	—	60	—	皮肤黏膜刺激、麻醉作用;眼刺激;周围神经 病;胃肠道影响	—
220	尿素	Urea	—	5	10	眼、皮肤和黏膜刺激	—

表 3(续)

序号	中文名	英文名	OELs /(mg·m^{-3})			临界不良健康效应	备注
			MAC	PC-TWA	PC-STEL		
221	镍及其无机化合物(按 Ni 计): ·金属镍与难溶性镍化合物; ·可溶性镍化合物	Nickel and inorganic compounds, as Ni; Nickel metal and insoluble compounds; Soluble nickel compounds	— —	1 0.5	— —	皮炎;尘肺病;肺损害;鼻癌;肺癌	G1(镍化合物),敏 G2B(金属和合金)
222	铍及其化合物(按 Be 计)	Beryllium and compounds, as Be	—	0.000 5	0.001	铍过敏、铍病、肺癌	皮;G1
223	偏二甲基肼	Unsymmetric dimethylhydrazine	—	0.5	—	上呼吸道刺激;鼻癌	皮,G2B
224	铅及其无机化合物(按 Pb 计) 铅尘 铅烟	Lead and inorganic Compounds, as Pb Lead dust Lead fum	— —	0.05 0.03	— —	中枢神经系统损害;周围神经损害;血液学效 应	G2B(铅),G2A(铅的无机化合物)
225	氢化锂	Lithium hydride	—	0.025	0.05	皮肤、眼和上呼吸道刺激	—
226	氢醌	Hydroquinone	—	1	2	眼损害、皮肤、黏膜腐蚀;中枢神经系统抑制; 肝功能损害	—
227	氢氧化钾	Potassium hydroxide	2	—	—	上呼吸道、眼和皮肤刺激	—
228	氢氧化钠	Sodium hydroxide	2	—	—	上呼吸道、眼和皮肤刺激	—
229	氢氧化铯	Cesium hydroxide	—	2	—	上呼吸道、皮肤和眼刺激	—
230	氰氨化钙	Calcium cyanamide	—	1	3	眼和上呼吸道刺激	—

表 3(续)

序号	中文名	英文名	OELs /(mg·m⁻³)			临界不良健康效应	备注
			MAC	PC-TWA	PC-STEL		
231	氰化氢(按 CN 计)	Hydrogen cyanide, as CN	1	—	—	上呼吸道刺激;头痛;恶心;甲状腺效应	皮
232	氰化物(按 CN 计)	Cyanides, as CN	1	—	—	上呼吸道刺激;头痛;恶心;甲状腺效应	皮
233	氰戊菊酯	Fenvalerate	—	0.05	—	皮肤、上呼吸道刺激;中枢神经和周围神经系 统症状;眼、皮肤刺激	皮
234	全氟异丁烯	Perfluoroisobutylene	0.08	—	—	上呼吸道刺激;血液学效应	—
235	壬烷	Nonane	—	500	—	中枢神经系统损害	—
236	溶剂汽油	Solvent gasolines	—	300	—	上呼吸道和眼刺激;中枢神经系统损害	—
237	乳酸正丁酯	n-Butyl lactate	—	25	—	头痛;上呼吸道刺激	—
238	三氟化氯	Chlorine trifluoride	0.4	—	—	眼和上呼吸道刺激;肺损害	—
239	三氟化硼	Boron trifluoride	3	—	—	下呼吸道刺激;肺炎	—
240	三氟甲基次氟化物	Trifluoromethyl hypofluorite	0.2	—	—	—	—
241	三甲苯磷酸酯(全部异构体)	Tricresyl phosphate (all isomers)	—	0.3	—	中毒性神经病	皮
242	三甲基氯化锡	Trimethyltin chloride	0.025	—	—	低血钾;中枢神经系统损伤	皮
243	1,2,3-三氯丙烷	1,2,3-Trichloropropane	—	60	—	肝、肾损害.眼和上呼吸道刺激	皮,G2A
244	三氯化磷	Phosphorus trichloride	—	1	2	上呼吸道、眼和皮肤刺激	—
245	三氯甲烷(氯仿)	Trichloromethane (chloroform)	—	20	—	肝损害;胚胎/胎儿损害;中枢神经系统损害	G2B

表 3(续)

序号	中文名	英文名	OELs /(mg·m^{-3})			临界不良健康效应	备注
			MAC	PC-TWA	PC-STEL		
246	三氯硫磷	Thiophosphoryl chloride	0.5	—	—	眼、皮肤、黏膜和呼吸道强烈刺激	—
247	三氯氢硅	Trichlorosilane	3	—	—	眼和上呼吸道刺激	—
248	三氯氧磷	Phosphorus oxychloride	—	0.3	0.6	上呼吸道刺激	—
249	三氯乙醛	Trichloroacetaldehyde	3	—	—	皮肤、黏膜强烈刺激;接触性皮炎	G2A
250	1,1,1-三氯乙烷	1,1,1-trichloroethane	—	900	—	中枢神经系统损害;心律不齐;皮肤轻度刺激	—
251	三氯乙烯	Trichloroethylene	—	30	—	中枢神经系统损伤	G1,敏
252	三硝基甲苯	Trinitrotoluene	—	0.2	0.5	高铁血红蛋白血症;肝损害;白内障	皮
253	三溴甲烷	Tribromomethane	—	5	—	上呼吸道和眼部刺激;肝肾毒性	皮
254	三氧化铬、铬酸盐、重铬酸盐(按 Cr 计)	Chromium trioxide、chromate、dichromate, as Cr	—	0.05	—	皮肤过敏和溃疡;鼻腔炎症、坏死;肺癌	G1;敏
255	三乙基氯化锡	Triethyltin chloride	—	0.05	0.1	头痛、全身症状、窦性心动过缓;皮肤、黏膜刺激;神经衰弱	皮
256	杀螟松	Sumithion	—	1	2	胆碱酯酶抑制	皮
257	杀鼠灵(3-(1-丙酮基苄基)-4-羟基香豆素;华法林)	3-(A-acetonylbenzyl) 4-hydroxycoumarin (Warfarin)	—	0.1	—	抗凝血作用	—
258	砷化氢(胂)	Arsine	0.03	—	—	强溶血作用;多发性神经炎	—
259	砷及其无机化合物(按 As 计)	Arsenic and inorganic compounds, as As	—	0.01	0.02	肺癌、皮肤癌	G1
260	石蜡烟	Paraffin wax fume	—	2	4	上呼吸道刺激;恶心	—

表 3(续)

序号	中文名	英文名	OELs /(mg・m^{-3})			临界不良健康效应	备注
			MAC	PC-TWA	PC-STEL		
261	十溴联苯醚	Decabromodiphenyl ether	—	5	—	内分泌干扰;神经、生殖、肝毒性	—
262	石油沥青烟(按苯溶物计)	Asphalt (petroleum) fume, as benzene soluble matter	—	5	—	上呼吸道刺激和眼刺激	G2B
263	双(巯基乙酸)二辛基锡	Bis (marcaptoacetate) dioctyltin	—	0.1	0.2	皮肤致敏、中枢神经系统损害	—
264	双酚 A	Bisphenol A(BPA)	—	5	—	生殖影响;内分泌损害	—
265	双硫醒	Disulfiram	—	2	—	血管舒张;恶心	—
266	双氯甲醚	Bis(chloromethyl) ether	0.005	—	—	肺癌	G1
267	四氯化碳	Carbon tetrachloride	—	15	25	肝损害	皮,G2B
268	四氯乙烯	Tetrachloroet hylene	—	200	—	中枢神经系统损害	G2A
269	四氢呋喃	Tetrahydrofuran	—	300	—	上呼吸道刺激;中枢神经系统损害;肾损害	—
270	四氢化硅	Silicon tetrahydride	—	6.6	—	眼、皮肤、呼吸道刺激	—
271	四氢化锗	Germanium tetrahydride	—	0.6	—	溶血;肾损害	—
272	四溴化碳	Carbon tetrabromide	—	1.5	4	肝损害;眼、上呼吸道和皮肤刺激	—
273	四乙基铅(按 Pb 计)	Tetraethyl lead, as Pb	—	0.02	—	中枢神经系统损害	皮
274	松节油	Turpentine	—	300	—	上呼吸道、皮肤刺激;中枢神经系统损害;肺 损害	—
275	铊及其可溶性化合物(按 Tl 计)	Thallium and soluble compounds, as Tl	—	0.05	0.1	胃肠损害;周围神经病	皮
276	钽及其氧化物(按 Ta 计)	Tantalum and oxide,as Ta	—	5	—	上呼吸道刺激	—

表 3(续)

序号	中文名	英文名	OELs /(mg·m^{-3})			临界不良健康效应	备注
			MAC	PC-TWA	PC-STEL		
277	碳酸钠	Sodium carbonate	—	3	6	上呼吸道、眼、皮肤刺激	—
278	碳酰氯(光气)	Carbonyl chloride (Phosgene)	0.5	—	—	眼和上呼吸道刺激;肺损害	—
279	羰基氟	Carbonyl fluoride	—	5	10	下呼吸道刺激;骨损害	—
280	羰基镍(按 Ni 计)	Nickel carbonyl, as Ni	0.002	—	—	化学性肺炎	G1
281	锑及其化合物(按 Sb 计)	Antimony and compounds, as Sb	—	0.5	—	皮肤和上呼吸道刺激	—
282	铜(按 Cu 计): ·铜尘; ·铜烟	Copper, as Cu: ·Copper dust; ·Copper fume	 — —	 1 0.2	 — —	呼吸道、皮肤刺激;胃肠道反应;金属烟热	 — —
283	钨及其不溶性化合物(按 W 计)	Tungsten and insoluble compounds, as W	—	5	10	下呼吸道刺激	—
284	五氟一氯乙烷	Chloropentafluoroethane	—	5000	—	心律不齐;昏迷甚至死亡;冻伤	—
285	五硫化二磷	Phosphorus pentasulfide	—	1	3	上呼吸道刺激	—
286	五氯酚及其钠盐	Pentachlorophenol and sodium salts	—	0.3	—	上呼吸道刺激;中枢神经系统损害;心脏损害;眼刺激	皮,G2B
287	五羰基铁(按 Fe 计)	Iron pentacarbonyl, as Fe	—	0.25	0.5	肺水肿;中枢神经系统损害	—
288	五氧化二磷	Phosphorus pentoxide	1	—	—	皮肤、眼及上呼吸道刺激;肺炎或肺水肿;齿、龈和下颌骨损害	—
289	戊醇	Amyl alcohol	—	100	—	眼、皮肤和上呼吸道刺激	—
290	戊烷(全部异构体)	Pentane (all isomers)	—	500	1000	周围神经病	—

表 3(续)

序号	中文名	英文名	OELs /(mg·m^{-3})			临界不良健康效应	备注
			MAC	PC-TWA	PC-STEL		
291	硒化氢(按 Se 计)	Hydrogen selenide, as Se	—	0.15	0.3	上呼吸道和眼刺激;恶心	—
292	硒及其化合物(按 Se 计)(不包括六氟化硒、硒化氢)	Selenium and compounds, as Se (except hexafluoride, hydrogen selenide)	—	0.1	—	眼和上呼吸道刺激	—
293	纤维素	Cellulose	—	10	—	上呼吸道刺激	—
294	硝化甘油	Nitroglycerine	1	—	—	舒张血管	皮
295	硝基苯	Nitrobenzene	—	2	—	高铁血红蛋白血症	皮,G2B
296	1-硝基丙烷	1-Nitropropane	—	90	—	上呼吸道刺激;肝损害;眼刺激	—
297	2-硝基丙烷	2-Nitropropane	—	30	—	肝损害;肝癌	G2B
298	硝基甲苯(全部异构体)	Nitrotoluene (all isomers)	—	10	—	高铁血红蛋白血症	皮,G2A
299	硝基甲烷	Nitromethane	—	50	—	甲状腺效应;上呼吸道刺激;肺损害	G2B
300	硝基乙烷	Nitroethane	—	300	—	上呼吸道刺激;中枢神经系统损害;肝损害	G2B
301	辛烷	Octane	—	500	—	上呼吸道刺激	—
302	溴	Bromine	—	0.6	2	呼吸道刺激、肺损害	—
303	溴化氢	Hydrogen bromide	10	—	—	上呼吸道刺激	—
304	1-溴丙烷	1-Bromopropane(1-BP)	—	21	—	肝脏和胚胎/胎儿损害;神经毒性	G2B
305	溴甲烷	Methyl bromide	—	2	—	上呼吸道和皮肤刺激	皮
306	溴氰菊酯	Deltamethrin	—	0.03	—	中枢神经和周围神经系统症状;眼、皮肤刺激	—
307	溴鼠灵	Brodifacoum	—	0.002	—	抗凝血作用;经皮毒性	—

表 3(续)

序号	中文名	英文名	OELs /(mg·m^{-3})			临界不良健康效应	备注
			MAC	PC-TWA	PC-STEL		
308	氧化钙	Calcium oxide	—	2	—	上呼吸道刺激	—
309	氧化镁烟	Magnesium oxide fume	—	10	—	黏膜刺激;金属烟热	—
310	氧化锌	Zinc oxide	—	3	5	金属烟热	—
311	氧乐果	Omethoate	—	0.15	—	胆碱酯酶抑制	皮
312	液化石油气	Liquified petroleum gas(L. P.G.)	—	1000	1500	麻醉;植物神经功能紊乱;冻伤	—
313	一氧化碳: ·非高原 ·高原 ·海拔 2 000～3 000 m ·海拔>3 000 m	Carbon monoxide: ·not in high altitude area; ·In high altitude area; ·2 000～3 000 m; ·≥3 000 m	 — — 20 15	 20 — — —	 30 — — —	碳氧血红蛋白血症	 — — — —
314	乙胺	Ethylamine	—	9	18	皮肤、眼刺激;眼损害	皮
315	乙苯	Ethyl benzene	—	100	150	上呼吸道及眼刺激;中枢神经系统损害	G2B
316	乙醇胺	Ethanolamine	—	8	15	眼和皮肤刺激	—
317	乙二胺	Ethylenediamine	—	4	10	皮肤、黏膜强刺激;肝、肾损害;皮肤和眼灼 伤;哮喘	皮;敏
318	乙二醇	Ethylene glycol	—	20	40	上呼吸道和眼刺激	—
319	乙二醇二硝酸酯	Ethylene glycol dinitrate	—	0.3	—	血管舒张;头痛	皮
320	乙酐	Acetic anhydride	—	16	—	眼和上呼吸道刺激	—
321	*N*-乙基吗啉	*N*-Ethylmorpholine	—	25	—	上呼吸道刺激;眼损害	皮
322	乙基戊基甲酮	Ethyl amyl ketone	—	130	—	上呼吸道和眼刺激;中枢神经系统损害	—

表 3(续)

序号	中文名	英文名	OELs /(mg · m^{-3})			临界不良健康效应	备注
			MAC	PC-TWA	PC-STEL		
323	乙腈	Acetonitrile	—	30	—	下呼吸道刺激	皮
324	乙硫醇	Ethyl mercaptan	—	1	—	上呼吸道刺激;中枢神经系统损害	—
325	乙醚	Ethyl ether	—	300	500	中枢神经系统损害;上呼吸道刺激	—
326	乙醛	Acetaldehyde	45	—	—	眼和上呼吸道刺激	G2B
327	乙酸	Acetic acid	—	10	20	上呼吸道和眼刺激;肺功能	—
328	乙酸丙酯	Propyl acetate	—	200	300	眼和上呼吸道刺激	—
329	乙酸丁酯	Butyl acetate	—	200	300	眼和上呼吸道刺激	—
330	乙酸甲酯	Methyl acetate	—	200	500	头痛;眼和上呼吸道刺激;眼神经损害	—
331	乙酸戊酯(全部异构体)	Amyl acetate (all isomers)	—	100	200	眼、上呼吸道及皮肤刺激;消化道症状;贫血 和嗜酸性粒细胞增多	—
332	乙酸乙烯酯	Vinyl acetate	—	10	15	上呼吸道、眼和皮肤刺激;中枢神经系统损害	G2B
333	乙酸乙酯	Ethyl acetate	—	200	300	上呼吸道和眼刺激	—
334	乙烯酮	Ketene	—	0.8	2.5	上呼吸道刺激;肺水肿	—
335	乙酰甲胺磷	Acephate	—	0.3	—	胆碱酯酶抑制	皮
336	乙酰水杨酸(阿司匹林)	Acetylsalicylic acid(aspirin)	—	5	—	皮肤和眼刺激	—
337	2-乙氧基乙醇	2-Ethoxyethanol	—	18	36	男性生殖系损害;胚胎/胎儿损害	皮
338	2-乙氧基乙基乙酸酯	2-Ethoxyethyl acetate	—	30	—	男性生殖系损害	皮
339	钇及其化合物(按 Y 计)	Yttrium and compounds (as Y)	—	1	—	肺纤维化	—
340	异丙胺	Isopropylamine	—	12	24	上呼吸道刺激;眼损害	—
341	异丙醇	Isopropyl alcohol (IPA)	—	350	700	眼和上呼吸道刺激;中枢神经系统损害	—

表 3(续)

序号	中文名	英文名	OELs /(mg·m^{-3})			临界不良健康效应	备注
			MAC	PC-TWA	PC-STEL		
342	N-异丙基苯胺	N-Isopropylaniline	—	10	—	高铁血红蛋白血症	皮
343	异稻瘟净	Iprobenfos	—	2	5	胆碱酯酶抑制	皮
344	异佛尔酮	Isophorone	30	—	—	眼、上呼吸道和皮肤刺激；中枢神经系统损害；全身不适；疲劳	—
345	异佛尔酮二异氰酸酯	Isophorone diisocyanate (IPDI)	—	0.05	0.1	呼吸系统致敏	敏
346	异氰酸甲酯	Methyl isocyanate	—	0.05	0.08	上呼吸道刺激	皮
347	异亚丙基丙酮	Mesityl oxide	—	60	100	眼和上呼吸道刺激；中枢神经系统损害	—
348	铟及其化合物(按 In 计)	Indium and compounds, as In	—	0.1	0.3	肺炎、肺水肿；牙蚀症；全身不适	—
349	茚	Indene	—	50	—	肝、肾损害；上呼吸道刺激	—
350	莠去津	Atrazine	—	2.0	—	血液、生殖和发育损害	
351	正丙醇	*n*-Propyl alcohol	—	200	300	上呼吸道和眼刺激；中枢神经系统抑制	—
352	正丁胺	*n*-Butylamine	15	—	—	头痛；上呼吸道和眼刺激	皮
353	正丁醇	*n*-Butyl alcohol	—	100	—	眼和上呼吸道刺激；中枢神经系统抑制	—
354	正丁基硫醇	*n*-Butyl mercaptan	—	2	—	上呼吸道刺激	—
355	正丁基缩水甘油醚	*n*-Butyl glycidyl ether	—	60	—	睾丸损害	—
356	正丁醛	*n*-Butylaldehyde	—	5	10	眼及呼吸道刺激；麻醉；变态反应	-
357	正庚烷	*n*-Heptane	—	500	1000	中枢神经系统损害；上呼吸道刺激	—
358	正已烷	*n*-Hexane	—	100	180	周围神经系统损害；上呼吸道和眼刺激	皮

注 1:本书附录 2 中,表 2 和表 3 的备注中有关(皮)、(敏)及(G1)、(G2A)、(G2B)的说明详见相关标准的附录。

注 2:TEQ:Toxic Equivalent Quantity,国际毒性当量。由于环境中的二噁英类物质主要以混合物的形式存在,在对二噁英类进行评价时,通常将各同类物折算成相当于 2,3,7,8-TCDD 的量来表示,称为毒性当量。

参考文献

[1] 陈海群,王凯全.安全检测与控制技术[M].北京:中国石化出版社,2008.

[2] 陈南,徐晓楠.石化消防安全监测技术[M].北京:化学工业出版社,2004.

[3] 刁尚东,何瑟风.自动化监测在建设项目安全预警管理中的应用研究[J].建筑安全,2020,35(7):8-11.

[4] 董文庚,刘庆洲,高增明.安全检测原理与技术[M].北京:海洋出版社,2004.

[5] 耿继业,邹保全,梅方方.快速检测技术在食品安全检测领域的应用[J].食品安全导刊,2020(15):166.

[6] 郭海伦.浅析安全监测资料整理与数据处理的基本方法[J].价值工程,2018,37(16):262-263.

[7] 郭晓琰.气相色谱仪在食品安全检测中的应用及其维护与维修[J].现代食品,2020(7):126-127,133.

[8] 华锡生,田林亚.安全监测原理与方法[M].南京:河海大学出版社,2007.

[9] 黄仁东,刘敦文.安全检测技术[M].北京:化学工业出版社,2006.

[10] 黄天才.煤矿安全监测监控系统的构建及管理分析[J].机电工程技术,2018,47(12):127-129.

[11] 彭成军.国际安全监测技术标准现状与发展[J].大坝与安全,2020(3):1-5,15.

[12] 乔鹏.浅谈安全生产风险监测预警系统的建设[J].山西电子技术,2020(4):71-73,79.

[13] 秦楠楠.浅析食品安全检测中分析化学技术的应用[J].新农业,2020(7):84-85.

[14] 秦维阳.矿井安全监测监控系统论述[J].煤炭科技,2017(2):187-189.

[15] 任金宝.自动控制系统在化工安全生产中的应用[J].化工管理,2020(24):88-89.

[16] 杨吉祥,彭学慈.快速检测技术在食品安全检测中的应用[J].食品安全导刊,2020(24):109.

[17] 姚建华.光谱技术在食品安全检测中的应用[J].现代食品,2020(11):139-140,143.

[18] 张瀚超.现阶段煤矿安全监测监控系统应用探讨[J].煤,2020,29(4):71-72,79.

[19] 张乃禄,徐竞天,薛朝妹.安全检测技术[M].西安:西安电子科技大学出版社,2007.

[20] 张宇峰,杨迪.检测与监测为何如此重要?[J].中国公路,2020(16):30-33.

[21] 赵建华.现代安全监测技术[M].合肥:中国科学技术大学出版社,2006.